国家电网有限公司
STATE GRID
CORPORATION OF CHINA

国家电网有限公司
技能人员专业培训教材

U0220998

水工监测

国家电网有限公司 组编

中国电力出版社
CHINA ELECTRIC POWER PRESS

图书在版编目（CIP）数据

水工监测 / 国家电网有限公司组编. —北京：中国电力出版社，2020.7
国家电网有限公司技能人员专业培训教材
ISBN 978-7-5198-4504-9

Ⅰ．①水… Ⅱ．①国… Ⅲ．①水工建筑物–监测–技术培训–教材 Ⅳ．①TV698.1

中国版本图书馆 CIP 数据核字（2020）第 055530 号

出版发行：中国电力出版社
地　　址：北京市东城区北京站西街 19 号（邮政编码 100005）
网　　址：http://www.cepp.sgcc.com.cn
责任编辑：姜　萍（010-63412368）　马雪倩
责任校对：黄　蓓　马　宁
装帧设计：郝晓燕　赵姗姗
责任印制：吴　迪

印　　刷：三河市百盛印装有限公司
版　　次：2020 年 7 月第一版
印　　次：2020 年 7 月北京第一次印刷
开　　本：710 毫米×980 毫米　16 开本
印　　张：18.25
字　　数：344 千字
印　　数：0001—1500 册
定　　价：58.00 元

本 书 编 委 会

前　言

为贯彻落实国家终身职业技能培训要求，全面加强国家电网有限公司新时代高技能人才队伍建设工作，有效提升技能人员岗位能力培训工作的针对性、有效性和规范性，加快建设一支纪律严明、素质优良、技艺精湛的高技能人才队伍，为建设具有中国特色国际领先的能源互联网企业提供强有力人才支撑，国家电网有限公司人力资源部组织公司系统技术技能专家，在《国家电网公司生产技能人员职业能力培训专用教材》（2010 年版）基础上，结合新理论、新技术、新方法、新设备，采用模块化结构，修编完成覆盖输电、变电、配电、营销、调度等 50 余个专业的培训教材。

本套专业培训教材是以各岗位小类的岗位能力培训规范为指导，以国家、行业及公司发布的法律法规、规章制度、规程规范、技术标准等为依据，以岗位能力提升、贴近工作实际为目的，以模块化教材为特点，语言简练、通俗易懂，专业术语完整准确，适用于培训教学、员工自学、资源开发等，也可作为相关大专院校教学参考书。

本书为《水工监测》分册，由孙效伟、赵新华、刘丽、朱德康、曹爱民、战杰、吴琦、刘争臻、查益华、黄汉辉、李广凯、张哲编写。在出版过程中，参与编写和审定的专家们以高度的责任感和严谨的作风，几易其稿，多次修订才最终定稿。在本套培训教材即将出版之际，谨向所有参与和支持本书籍出版的专家表示衷心的感谢！

由于编写人员水平有限，书中难免有错误和不足之处，敬请广大读者批评指正。

目　录

第二部分　自动化系统的使用

第三部分　大坝巡视检查与详查

第一部分

观测项目的测量

第一章

变 形 测 量

◢ 模块 1　测斜仪法测倾斜（ZY4202001001）

【模块描述】本模块包含测斜仪测量大坝倾斜的测量准备、测量方法、测量记录和数据整理。通过操作技能训练，掌握测斜仪的测量方法和数据整理。

【模块内容】

一、测斜仪法测倾斜原理

测斜仪法测倾斜是通过测斜仪测量测斜管轴线与铅垂线之间夹角的变化量，来监测土、岩石和建筑物的侧向位移。测斜仪法广泛应用于土石坝、混凝土坝的坝肩、坝基和坝体中侧向位移的监测。测斜仪原理图如图 1-1-1 所示。

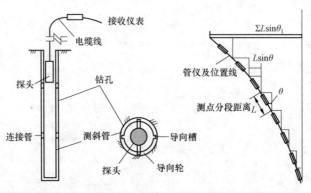

图 1-1-1　测斜仪原理图

二、测斜仪装置

测斜仪装置包括测斜仪探头、测斜管和接收仪表组成。测斜管通常安装在穿过不稳定土层至下部稳定地层的垂直钻孔内，安装时将一组导槽对准预期的位移方向，该导槽一般是"下倾"槽，应标记为"AO"槽，可保证位移为正值。

测斜仪有常规型和固定型两种。常规型测斜仪习惯称为滑动型测斜仪，导向滑动轮的测斜仪在测斜管中逐段测出产生位移后管轴线与铅垂线的夹角，分段求出水平位移，累加得出总位移量及沿管轴线整个孔深位移的变化情况；固定型测斜仪是把倾斜仪固定在测斜管某个位置上进行连续、自动、遥控测量仪器所在位置倾斜角的变化。测斜仪的传感器形式有多种，有伺服加速度计式、电阻应变片式、电位器式、钢弦式、电感式、差动变压器式等。国内多采用伺服加速度计式和电阻应变片式，其中伺服加速度计式测斜仪是建筑物及基础侧向位移观测中应用最多的一种，其精度高、长期稳定性好。

三、测量的方法

第一次观测可以建立起测斜管位移的初始断面，其后的观测会显示当地面发生运动时段面位移的变化。用测斜仪探头从管底自下而上，一般每隔 50cm 一个测点，逐次测定，平行测读两次，正测完毕后，需进行反测。正反测两次测值的平均值作为常数进行计算。以 Sinco 公司数字垂直活动测斜仪测量（见图 1-1-2）为例。

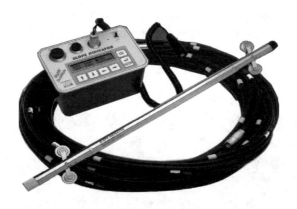

图 1-1-2　Sinco 公司数字垂直活动测斜仪装置

（一）设备检查及现场准备工作

（1）检查工作：

1）检查测斜仪读数仪的电池电压，从"Utilities"菜单中选择"Unit"，当电池完全充满的时候"Main battery"近似为 6.2V，如果显示低于 5.2V，说明电量不足，需要充电。

2）检查内存，在"DataMateSets"菜单中选择"Memory"以检查内存大小，DataMate 能存储 320 测量孔的 32 000 个深度上的数据。

（2）现场准备工作：

1）到达现场，将设备放置在铺开的塑料布或防水布上。

2）打开测斜套管保护盖的锁并拧下保护盖，将滑轮装置装好。

3）取下探头和控制电缆的保护盖。

4）将接头销对准探头销座，插入接头，拧紧螺母，使其可靠安全连接。

（二）具体测量步骤

（1）打开显示器，给加速度计供给能量，减少他们的电磁振动；将滑轮装置的高轮对准 AO 导槽，探头放入套管；慢慢将探头放到管底，严禁探头冲击管底，让探头适应套管内温度一般 5～10min。

（2）按 READ 键，再按 RECORD 键，进入测量模式，选择所测的孔号，连续按回车键，跳过记录器中的各种设置参数，直至出现数据后，等待出现"◆"符号标志出现时，说明数据已经稳定，按回车键，数据就自动存入记录器。

（3）以 50cm 或者 100cm 为一个段面向上提升探头，等数据出现"◆"符号标志时，按回车键，重复此过程直到套管顶部。

（4）取出探头并旋转 180°，将滑轮装置的低轮对准"AO"导槽；慢慢将探头放到管底部，按 CONTINUE 键，继续断面测量，直至测量到套管顶部。

（5）取出探头并擦净，对该组测量数据的有效性进行校核；按 VALIDATE 键查看均方差，均方差 A 向一般控制在 20 以内，B 向一般控制在 30 以内；若均方差超限，则应该重测。

（6）所有的倾斜孔测量完成，将记录器中的数据输入电脑，进行后续处理。

四、测量的注意事项

（1）在工作温度内使用，防止震动、严禁撞击孔底、防止探头突然加速、严禁提着电缆摇摆探头。

（2）连接探头和控制电缆时，避免将螺母过于拧紧，容易造成"O"形圈压扁，降低密封效果。

（3）在捆绑电缆线的时候严禁使用铁丝和金属类，最好使用绞盘或者绳类收线。

（4）及时擦净探头，清洁并干燥接头，润滑测轮和"O"形圈，注意防潮、清洁插座及面板。

（5）用完后严禁长期性让每个连接处不分开，这样会引起水分长期残留在探头内腐蚀接头。

（6）测试完成后，擦干探头和电缆，改好保护盖，将探头放入保护箱内。

（7）回到室内，擦干读数仪并给电池充电。

（8）最好让所有的接头在室内风干。

五、测量的结果分析

测量结束，操作员需将读数仪内的数据进行分析处理，以 Sinco 公司数字垂直活动测斜仪测量为例，操作员需将读数仪与电脑连接，然后运行数字读数仪管理程序（DMM）软件。DMM 软件会检索已记录的测量数据，并将其存储到容易处理的数据库中。倾斜测量结果中，向下游转动为正，向左岸转动为正，反之为负。

偏移量的变化称为位移，偏移量变化说明套管已经移动离开初始位置。各点的偏移量代表不同高程处的水平位移；由测斜管底部测点开始逐段累加，则可得到任一高程处的实际水平位移。由于导管与岩体结合在一起，导管的位移就代表了岩体的水平位移，见式（1-1-1）和式（1-1-2）。

$$d_i = l \sin \theta_i \qquad (1-1-1)$$

$$\sum d_i = d_1 + d_2 + \cdots + d_{i-1} + d_i \qquad (1-1-2)$$

式中　　d_i——任意测点相对水平位移，；

　　　　θ_i——任意测点偏移位置与初始断面夹角，；

　　　　l——提升间距。

　　$\sum d_i$——任意点累积位移。

左岸边坡倾斜 ZK1-A 方向测量原始测值见表 1-1-1。表中 ZK1-A 方向在孔深为 5m 处的相对位移量为 0.05mm，代表该位移相对于初始位移沿着滑坡体的方向移动了 0.05mm；累积位移量为-1.63mm，代表该点在滑坡体相反方向的实际位移 1.63mm。一般而言，在某一测段内连续几组数据保持相同方向的变化，就可以判断此部位岩层产生了移动。对自然边坡的监测量，最好结合降雨、地下水位、渗压等观测相结合。

ZK1-A 方向相对位移与深度关系曲线图如图 1-1-3 所示，ZK1-A 方向累计相对位移与深度关系曲线图如图 1-1-4 所示。

表 1-1-1　　　　　　　　左岸边坡倾斜 ZK1-A 方向测量原始测值

打印时间：2011 年 5 月 16 日								
首次测量时间：1995 年 6 月 14 日　7：20				本次测量时间：2011 年 5 月 16 日　9：00				
孔深（m）	首次测量值		首次位移值（mm）	本次测量值		本次位移值（mm）	相对位移量（mm）	累计位移量（mm）	备注
	AO	A180		AO	A180				
0.5	−28	23	−0.51	−124	118	−2.42	−1.91	−5.41	相对位移量：各断面
1	21	−29	0.5	−47	40	−0.87	−1.37	−3.5	

续表

孔深 (m)	首次测量值		首次位移值 (mm)	本次测量值		本次位移值 (mm)	相对位移量 (mm)	累计位移量 (mm)	备注
	AO	A180		AO	A180				
1.5	51	−63	1.14	10	−16	0.26	−0.88	−2.13	
2	5	−12	0.17	−9	3	−0.12	−0.29	−1.25	
2.5	−53	44	−0.97	−53	47	−1	−0.03	−0.96	
3	−121	113	−2.34	−111	106	−2.17	0.17	−0.93	
3.5	−127	121	−2.48	−119	115	−2.34	0.14	−1.1	
4	−130	126	−2.56	−120	116	−2.36	0.2	−1.24	
4.5	−132	128	−2.6	−123	118	−2.41	0.19	−1.44	本次位移值与首次位移值的差值
5	−80	75	−1.55	−79	71	−1.5	0.05	−1.63	
5.5	−24	26	−0.5	−32	28	−0.6	−0.1	−1.68	
6	5	−5	0.1	−42	41	−0.83	−0.93	−1.58	
6.5	30	−31	0.61	−3	1	−0.04	−0.65	−0.65	
7	52	−55	1.07	55	−60	1.15	0.08	0	
7.5	49	−48	0.97	48	−55	1.03	0.06	−0.08	
8	41	−41	0.82	50	−46	0.96	0.14	−0.14	
8.5	36	−38	0.74	40	−39	0.79	0.05	−0.28	
9	9	−10	0.19	14	−14	0.28	0.09	−0.33	
9.5	33	−36	0.69	37	−40	0.77	0.08	−0.42	
10	−3	1	−0.04	2	−1	0.03	0.07	−0.5	
10.5	−26	23	−0.49	−23	24	−0.47	0.02	−0.57	
11	−44	42	−0.86	−39	40	−0.79	0.07	−0.59	
11.5	−57	59	−1.16	−54	57	−1.11	0.05	−0.66	累计位移量：从本次孔底位移值加每个段面的相对位移值
12	−50	51	−1.01	−50	50	−1	0.01	−0.71	
12.5	−32	33	−0.65	−26	26	−0.52	0.13	−0.72	
13	−15	18	−0.33	−11	13	−0.24	0.09	−0.85	
13.5	−34	38	−0.72	−43	41	−0.84	−0.12	−0.94	
14	−68	70	−1.38	−80	79	−1.59	−0.21	−0.82	
14.5	−47	46	−0.93	−50	45	−0.95	−0.02	−0.61	
15	−32	31	−0.63	−31	25	−0.56	0.07	−0.59	
15.5	−57	53	−1.1	−60	53	−1.13	−0.03	−0.66	

续表

孔深 (m)	首次测量值		首次位移值 (mm)	本次测量值		本次位移值 (mm)	相对位移量 (mm)	累计位移量 (mm)	备注
	AO	A180		AO	A180				
16	−83	87	−1.7	−86	87	−1.73	−0.03	−0.63	
16.5	−99	102	−2.01	−98	98	−1.96	0.05	−0.6	
17	−104	103	−2.07	−104	99	−2.03	0.04	−0.65	
17.5	−100	98	−1.98	−98	96	−1.94	0.04	−0.69	累计位移量：从本次孔底位移值加每个段面的相对位移值
18	−63	60	−1.23	−62	57	−1.19	0.04	−0.73	
18.5	−44	46	−0.9	−43	37	−0.8	0.1	−0.77	
19	−36	34	−0.7	−34	28	−0.62	0.08	−0.87	
19.5	−54	57	−1.11	−59	55	−1.14	−0.03	−0.95	
20	−89	92	−1.81	−92	88	−1.8	0.01	−0.92	
20.5	−91	92	−1.83	−93	88	−1.81	0.02	−0.93	
21	−74	74	−1.48	−76	71	−1.47	0.01	−0.95	
21.5	−67	64	−1.31	−70	67	−1.37	−0.06	−0.96	
22	−62	62	−1.24	−64	60	−1.24	0	−0.9	
22.5	−64	64	−1.28	−62	61	−1.23	0.05	−0.9	
23	−56	54	−1.1	−53	52	−1.05	0.05	−0.95	
23.5	−46	45	−0.91	−48	47	−0.95	−0.04	−1	
24	−42	43	−0.85	−46	43	−0.89	−0.04	−0.96	
24.5	−48	49	−0.97	−50	45	−0.95	0.02	−0.92	
25	−51	51	−1.02	−50	47	−0.97	0.05	−0.94	
25.5	−73	74	−1.47	−79	75	−1.54	−0.07	−0.99	
26	−90	89	−1.79	−94	89	−1.83	−0.04	−0.92	
26.5	−90	87	−1.77	−95	91	−1.86	−0.09	−0.88	
27	−88	88	−1.76	−94	90	−1.84	−0.08	−0.79	
27.5	−85	82	−1.67	−108	100	−2.08	−0.41	−0.71	
28	−80	75	−1.55	−101	92	−1.93	−0.38	−0.3	
28.5	−57	55	−1.12	−64	58	−1.22	−0.1	0.08	
29	−30	29	−0.59	−23	18	−0.41	0.18	0.18	
29.5	0	0	0	0	0	0	0	0	

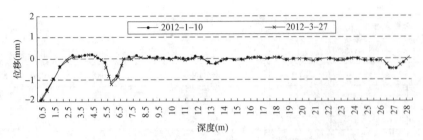

图 1-1-3 ZK1-A 方向相对位移与深度关系曲线图

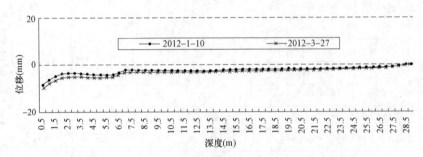

图 1-1-4 ZK1-A 方向累计相对位移与深度关系曲线图

【思考与练习】

（1）倾斜仪法测倾斜的测量原理是什么？

（2）倾斜仪测量注意事项是什么？

（3）什么是倾斜测量的相对位移和累积位移？

▲ 模块 2 静力水准法测倾斜（ZY4202001002）

【模块描述】本模块包含静力水准测量大坝倾斜的测量准备、测量方法、测量记录和数据整理。通过操作技能训练，掌握静力水准的测量方法和数据整理。

【模块内容】

一、测点布置

坝体和坝基的倾斜可采用连通管监测，测点布置应满足：基础附近测点宜设在横向廊道内，也可在下游排水廊道和基础廊道内对应设点；坝体测点与基础测点宜设在同一垂直面上，并应尽量设在垂线所在的坝段内；整个大坝倾斜的布置，在基础高程面附近宜设 1～3 处，在高坝坝顶和中部宜设 2～4 处；连通管应设在两端温差较小的部位。

　　混凝土重力坝某坝段基础倾斜用静力水准法测量，该系统安装在基础横廊内，共两个测点，分别为 A、B，两点间距离为 60m，系统安装高程为 230.75m，如图 1-2-1 所示。

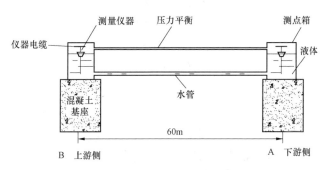

图 1-2-1　某坝段测点布置示意图

二、测量原理

　　静力水准法测量倾斜依据连通管原理的方法，用电容传感器，测量每个测点容器内液面的相对变化，再通过计算求得各点相对于基点的相对位移。

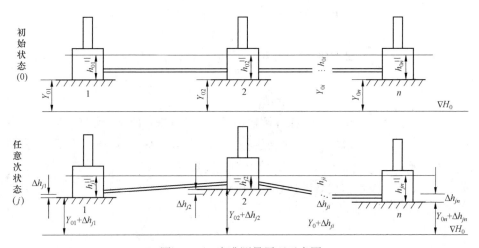

图 1-2-2　水准测量原理示意图

　　如图 1-2-2 所示，设共布设有 n 个测点，1 号点为相对基准点，初始状态时各测量安装高程相对于（基准）参考高程 H_0 间的距离则为：Y_{01}、Y_{02}、$\cdots$、Y_{0i}、$\cdots$、Y_{0n}（i 为测点代号，$i=0$、$1\cdots$、n）；各测点安装高程与液面间的距离则为 h_{01}、h_{02}、h_{0i}、$\cdots$、

h_{on} 则有：

$$Y_{01}+h_{01}=Y_{02}+h_{02}=\cdots=Y_{0i}+h_{0i}=\cdots=Y_{0n}+h_{on} \quad (1-2-1)$$

当发生不均匀沉陷后，设各测点安装高程相对于基准参考高程 H_0 的变化量为：Δh_{j1}、Δh_{j2}、$\cdots$、Δh_{ji}、$\cdots$、Δh_{jn}（j 为测次代号，$j=1$、2、3、$\cdots$）；各测点容器内液面相对于安装高程的距离为 h_{j1}、h_{j2}、$\cdots$、h_{ji}、$\cdots$、h_{jn}。由图 1-2-2 可得：

$$(Y_{01}+\Delta h_{j1})+h_{j1}=(Y_{02}+\Delta h_{j2})+h_{j2}=(Y_{0i}+\Delta h_{ji})+h_{ji}$$
$$=(Y_{0n}+\Delta h_{jn})+h_{jn} \quad (1-2-2)$$

则 j 次测量 i 点相对于基准点 1 的相对沉陷量 H_{i1} 为：

$$H_{i1}=\Delta h_{ji}-\Delta h_{j1} \quad (1-2-3)$$

由式（1-2-2）可得：

$$\Delta h_{j1}-\Delta h_{ji}=(Y_{0i}+h_{ji})-(Y_{01}+h_{j1})=(Y_{0i}-Y_{01})+(h_{ji}-h_{j1}) \quad (1-2-4)$$

由式（1-2-1）可得：

$$(Y_{0i}-Y_{01})=h_{01}-h_{0i} \quad (1-2-5)$$

将式（1-2-5）代入式（1-2-4）得：

$$H_{i1}=(h_{ji}-h_{j1})-(h_{0i}-h_{01}) \quad (1-2-6)$$

即只要用电容传感器测得任意时刻各测点容器内液面相对于该点安装高程的距离 h_{ji}（含 h_{j1} 及首次的 h_{0i}），则可求得该时刻各点相对于基准点 1 的相对高程差。如把任意点 g（$g=1$，2，$\cdots$，i，n）作为相对基准点，将 f 测次作为参考测次，则按式（1-2-6）同样可求出任意测点相对 g 测点（以 f 测次为基准值）的相对高程差 H_{ij}：

$$H_{ig}=(h_{ij}-h_{ig})-(h_{fj}-h_{fg}) \quad (1-2-7)$$

由式（1-2-2）可得出 i 测点第 j 测次相对于首次基准点的相对高程变化，即：

$$H_{ij}=(h_{ij}-h_{i1})-(h_{1j}-h_{10})=(h_{ij}-h_{1j})-(h_{i1}-h_{10}) \quad (1-2-8)$$

式中　h_{ij}、h_{i1}——第 i 测点仪器的第 j 次和首次读数；

$\qquad$ h_{1j}、h_{10}——基准点仪器第 j 次和首次读数。

计算结果为正，则测点相对基准点沉陷了 H_{ij}。

三、测量装置

如图 1-2-3 所示，电容式静力水准仪由主体容器、连通管、电容传感器等部分组成。当仪器主体安装墩发生高程变化时，主体容体相对于位置产生液面变化，引起装有中间极的浮子与固定在容器顶的一组电容极板间的相对位置发生变化，通过测量装置测出电容比的变化即可计算得测点的相对沉陷。静力水准仪实物图如图 1-2-4 所示。

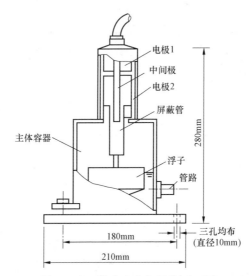

图 1-2-3 静力水准仪结构原理图

图 1-2-4 静力水准仪实物图

四、测量记录和数据处理

表 1-2-1 以图 1-2-1 中的 B 点为基准点，其首次读数为 22.75mm；A 点的首次读数为 21.15mm，倾斜向下游转动为正，向上游转动为负。

表 1-2-1 　　　　　静力水准测量大坝倾斜的记录表

时间	上游点 B 测值（mm）	下游点 A 测值（mm）	A 点本次相对基准点高程变化量（mm）	A 点与首次基准点的相对高程变化量（mm）	A 点本次相对基准点的倾斜（"）
1 月	22.863	21.45	-1.413	0.187	0.64
2 月	22.863	21.45	-1.413	0.187	0.64

时间	上游点 B 测值 （mm）	下游点 A 测值 （mm）	A 点本次相对基准点 高程变化量 （mm）	A 点与首次基准点 的相对高程变化量 （mm）	A 点本次相对基准 点的倾斜 （″）
3 月	22.856	21.456	−1.4	0.2	0.69
4 月	22.856	21.456	−1.4	0.2	0.69
5 月	22.863	21.456	−1.406	0.194	0.67
6 月	22.863	21.456	−1.406	0.194	0.67

五、注意事项

（1）静力水准管路一般应进行保护，尤其在坝顶等外露部位应采用隔热材料进行保温，避免温度变化对观测值的影响。

（2）测点仪器应进行隔热保护，同时防止泥水进入以及免遭破坏。

（3）应定期检查静力水准系统接头处是否存在漏水情况。

【思考与练习】

（1）静力水准仪的工作原理是什么？

（2）静力水准法测倾斜安装应注意什么？

▲ 模块 3　几何水准法测倾斜（ZY4202001003）

【模块描述】 本模块包含几何水准法测量大坝倾斜的测量准备、测量方法、测量记录和数据处理。通过操作技能训练，掌握几何水准法测量大坝倾斜的测量方法和数据处理。

【模块内容】

一、测量原理

几何水准法测倾斜的测量原理是利用水准仪提供的水平视线测出两个观测点的高差，由高差与两点之间距离之比计算出两点间的倾斜量。

二、测量装置

倾斜测量所需装置有数字（电子）水准仪、水准尺。水准仪由望远镜、水准器和基座三个主要部分组成。望远镜可以提供视线，并可读出远处水准尺上的读数；水准器用于指示仪器或视线是否处于水平位置；基座用于置平仪器，支承仪器的上部并能使仪器的上部在水平方向转动。水准仪结构图如图 1-3-1 所示，水准仪原理图如图 1-3-2 所示。

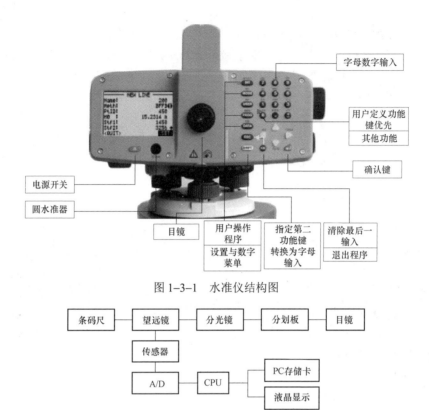

图 1-3-1　水准仪结构图

图 1-3-2　水准仪原理图

　　水准标尺均采用条形码分划，仪器内装图像识别器和处理系统，代替人们眼睛读数的是光电二极管阵列（CCD 探测器）。在水准测量中，仪器由人工完成照准调焦之后，条形码的影像通过一个分光器，将光线分为两束，一束转射到 CCD 探测器上，供电子读数；另一束转射到观测望远镜的分划板上，供目视观测。

三、测量准备

（1）充电：使用与水准仪专用充电器对电池进行充电。

（2）安装电池，插入 PC 卡。

（3）安置仪器。首先打开三脚架，安置三脚架要求高度适当、架头大致水平并牢固稳妥，然后把水准仪用中心连接螺旋连接到三脚架上，取水准仪时必须握住仪器的坚固部位，并确认已牢固地连结在三脚架上之后才可放手。

四、仪器的整平

（1）先旋转两个脚螺旋，然后旋转第三个脚螺旋。

（2）旋转两个脚螺旋时必须做相对的转动，即旋转方向应相反。

（3）气泡移动的方向始终和左手大拇指移动的方向一致。

用脚螺旋将圆水准器气泡居中，将仪器旋转 180°，检查气泡是否居中，如不居中须进行圆水准器改正。自动安平仪器由于采用了自动调平补偿装置，因此圆水准器可以有微小的偏移。

五、调节目镜对光螺旋消除视差

用望远镜照向远处的天空或白色物体为背景，转动目镜螺旋使十字丝线最黑最清晰。再瞄准水准尺，转动调焦螺旋使影像清晰，上下微微移动眼睛，确保尺分划和十字丝之间无相对移动。

六、观测方法和步骤

采用精密水准法，按一等水准观测坝体倾斜变化量。观测时，必须保证标心和标尺底面清洁无尘。每次观测均由往、返测组成，由往测转为返测时，标尺应该互换。

在奇数站采用"后一前一前一后"的操作顺序，在偶数站采用"前一后一后一前"的操作顺序。首先测读后尺读数，然后读前尺两次读数，再读后尺读数，完成半测回的观测——往测；返测只是将往测的前、后尺方向调换，步骤一样。往、返测构成一个测回，每一测站两个测回，其均值为该测站的观测高差。

观测微型条码水准尺时，最小读数读至 0.01mm。

七、资料整理及位移计算

现场观测结束后应立即对原始数据进行检查、计算，并将结果传入到结果数据库中。倾斜量计算公式：

$$倾斜量(\theta) = [(基准高差-观测高差)/距离] \times 206265 \qquad (1-3-1)$$

倾斜符号规定为：向下游、左岸转动为正；向上游、右岸转动为负。

八、限差及精度要求

（1）限差要求。两次读数之差小于 0.3mm、往返测高差不符值单站小于 0.15mm、倾斜组小于 0.5mm。

（2）精度要求。观测倾斜量中误差限值为±0.5″。

九、注意事项

（1）对仪器和水准尺要定期进行检查，特别注意要对微型水准尺进行零点不等差的检验和调整，使其零点不等值小于 0.1mm。

（2）精密水准法观测坝体倾斜只允许用一根水准尺进行观测。

十、【实例】某拱坝 2009 年汛前倾斜观测成果表及过程线

倾斜观测成果表见表 1-3-1，坝体倾斜观测值过程线如图 1-3-3 所示。

表 1-3-1 　　　　　　　　　倾 斜 观 测 成 果 表

观测日期	QE01	QE02	QE06	QE10	QE17	QE26	QE32	QE36
2009-01-07	14.41	5.99	11.26	36.24	56.17	23.11	9.43	-10.16
2009-02-16	10.01	7.71	9.96	33.22	51.88	24.85	8.57	-20.74
2009-03-02	10.81	11.13	18.63	39.69	75.90	40.55	-3.86	-11.85
2009-04-01	8.81	10.28	11.69	20.28	44.59	22.23	-1.29	-16.93
2009-05-04	18.42	8.56	-12.14	-18.13	7.71	11.77	-27.88	-40.20
最大值	18.42	11.13	18.63	39.69	75.90	40.55	9.43	-10.16
最大值日期	2009-05-04	2009-03-02	2009-03-02	2009-03-02	2009-03-02	2009-03-02	2009-01-07	2009-01-07
最小值	8.81	5.99	-12.14	-18.13	7.71	11.77	-27.88	-40.20
最小值日期	2009-04-01	2009-01-07	2009-05-04	2009-05-04	2009-05-04	2009-05-04	2009-05-04	2009-05-04
变幅	9.61	5.14	30.77	57.82	68.19	28.78	37.31	30.04
历史最大值	31.64	33.84	42.03	67.31	87.05	62.79	32.16	32.32
历史最大值日期	1999-12-01	2000-12-04	2008-02-01	2008-02-01	2008-02-01	2000-12-04	2005-12-05	1996-12-09
历史最小值	-2.41	-23.14	-49.40	-96.23	-88.34	-69.78	-76.76	-80.40
历史最小值日期	1997-08-06	2004-01-05	2006-08-09	1998-08-04	2003-07-03	2002-08-06	2002-07-08	2004-08-03
观测日期	QD06	QD10	QD17	QD26	QC10	QC17	QB11_2	QB11_3
2009-01-07	-10.92	20.26	32.33	26.55	52.01	7.96	47.03	39.41
2009-02-16	33.21	12.44	36.31	34.67	59.46	10.95	48.74	11.45
2009-03-02	36.93	27.09	34.48	27.20	63.19	15.22	49.13	5.04
2009-04-01	32.51	26.85	33.32	34.45	59.30	12.94	50.58	27.96
2009-05-04	26.71	14.15	32.82	30.06	57.68	11.66	48.08	31.16
最大值	36.93	27.09	36.31	34.67	63.19	15.22	50.58	39.41
最大值日期	2009-03-02	2009-03-02	2009-02-16	2009-02-16	2009-03-02	2009-03-02	2009-04-01	2009-01-07
最小值	-10.92	12.44	32.33	26.55	52.01	7.96	47.03	5.04
最小值日期	2009-01-07	2009-02-16	2009-01-07	2009-01-07	2009-01-07	2009-01-07	2009-01-07	2009-03-02
变幅	47.85	14.65	3.98	8.12	11.18	7.26	3.55	34.37
历史最大值	39.71	40.03	46.59	42.35	63.19	18.77	50.58	55.46
历史最大值日期	08-02-01	06-02-15	06-01-20	08-02-01	09-03-02	06-02-15	09-04-01	07-09-25
历史最小值	-27.41	-60.79	-37.81	-30.73	19.92	-37.13	21.54	-15.13
历史最小值日期	2004-09-01	2003-07-03	2004-07-05	2004-09-01	2004-09-01	2004-08-03	2003-03-04	1997-04-09

续表

观测日期	QB11_4	QB10	QB17_2	QB17_3	QB17	QB21_2	QB21_3	QB21_4
2009-01-07	16.19	29.91	44.95	39.56	40.97	50.85	53.62	39.95
2009-02-16	15.50	26.79	44.77	41.62	41.89	51.56	56.51	45.16
2009-03-02	17.44	26.97	41.60	39.37	39.15	51.77	59.81	43.42
2009-04-01	15.36	29.73	42.66	42.37	41.16	55.65	58.99	37.77
2009-05-04	19.38	31.85	47.24	42.00	43.35	54.83	50.80	50.80
最大值	19.38	31.85	47.24	42.37	43.35	55.65	59.81	50.80
最大值日期	2009-05-04	2009-05-04	2009-05-04	2009-04-01	2009-05-04	2009-04-01	2009-03-02	2009-05-04
最小值	15.36	26.79	41.60	39.37	39.15	50.85	50.80	37.77
最小值日期	2009-04-01	2009-02-16	2009-03-02	2009-03-02	2009-03-02	2009-01-07	2009-05-04	2009-04-01
变幅	4.02	5.06	5.64	3.00	4.20	4.80	9.01	13.03
历史最大值	22.97	33.31	49.89	52.50	49.19	56.46	61.87	55.58
历史最大值日期	2000-09-10	2007-11-19	2001-01-03	2008-01-02	2008-01-02	2008-01-02	2008-02-01	2000-10-17
历史最小值	-19.94	-13.64	9.69	12.56	12.32	23.68	31.76	11.94
历史最小值日期	1997-01-08	1997-04-09	2005-04-06	2005-05-16	2005-05-16	2003-07-03	2004-07-05	2005-04-06
观测日期	QB21							
2009-01-07	80.90							
2009-02-16	83.21							
2009-03-02	83.27							
2009-04-01	83.87							
2009-05-04	88.74							
最大值	88.74							
最大值日期	2009-05-04							
最小值	80.90							
最小值日期	2009-01-07							
变幅	7.84							
历史最大值	88.74							
历史最大值日期	2009-05-04							
历史最小值	55.99							
历史最小值日期	2003-07-03							

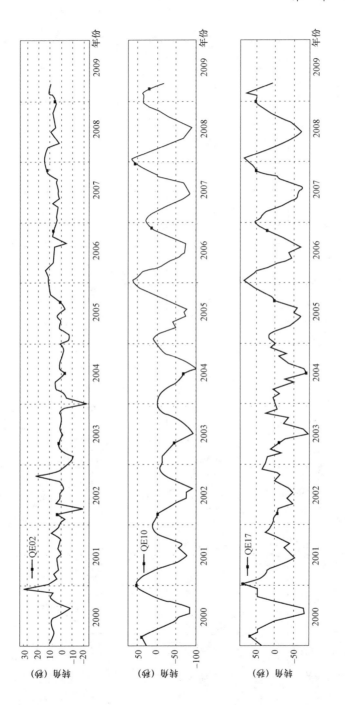

图 1-3-3 坝体倾斜观测值过程线（一）

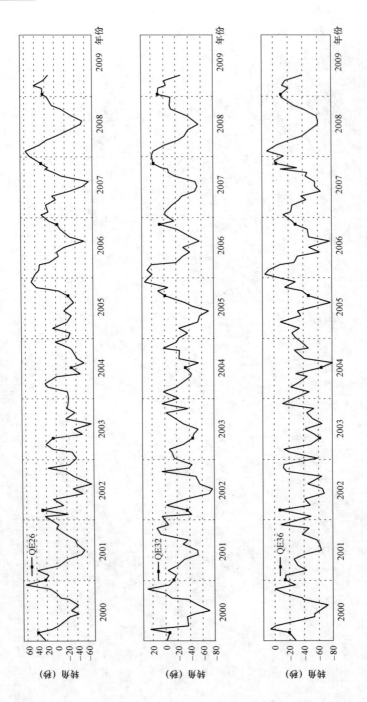

图 1-3-3 坝体倾斜观测值过程线（二）

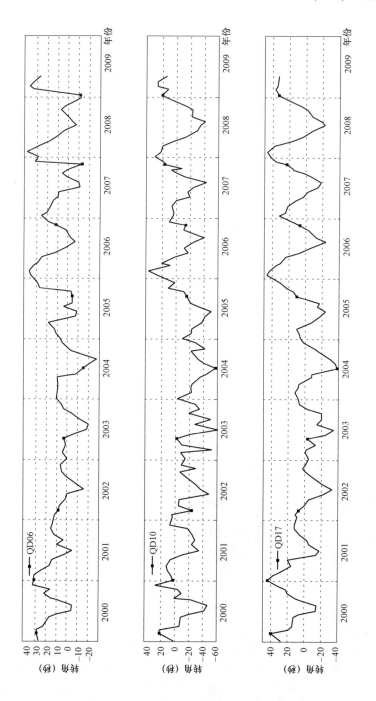

图 1-3-3　坝体倾斜观测值过程线（三）

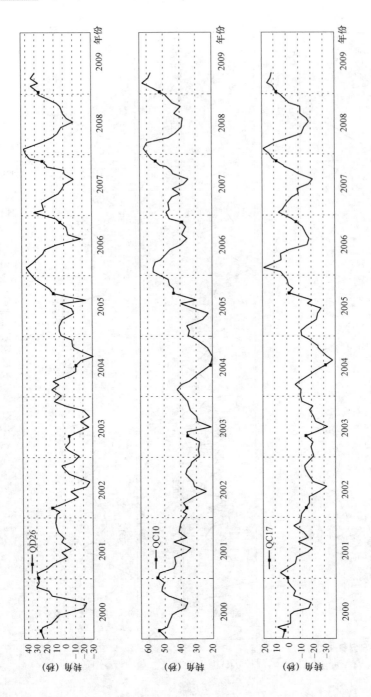

图 1-3-3 坝体倾斜观测值过程线（四）

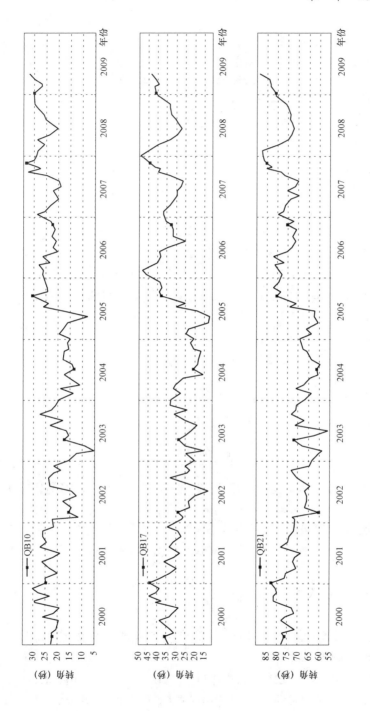

图 1-3-3 坝体倾斜观测值过程线（五）

十一、倾斜观测成果分析

从图 1–3–3 所示的倾斜量过程线及相应时段内的水位、气温过程线可以看出：2009 年汛前倾斜的变化规律和历年相同，呈明显的周期变化；同时可以看出坝体各组倾斜量与水位、气温都有很好的对应关系。340 高程及以上的测点尤其是中间坝段的测点随水位和气温的变化具有非常好的年周期变化规律，即气温升高或水位下降，坝体向上游转动；气温下降或水位增加，坝体则向下游转动。总的来说：高水位+低气温，坝体向下游转动；低水位+高气温，坝体向上游转动。这一规律和垂线径向位移的规律一致，而且从过程线可以看出同水平径向位移一样，倾斜测值向下游转动在温度最低月份达到最大值。这是因为坝体各测点的水平位移不是平行移动，而是伴随着倾斜同步发生的。因而，两个项目是相辅相成的，综合应用可以增加安全监测的科学性和可靠度。

2009 年汛前变幅最大的是，大坝中部 418 高程的测点 QE17，幅值为 68.19 秒，比 2008 年同期的减小 21.87（秒）。该点向下游转动最大值出现在 3 月份，测值为 75.91（秒），比 2008 年汛前增大 8.6（秒），此时正是高水位+低气温的运行工况。从各测点的数据可以看出，坝体上部的倾斜量较坝体下部的倾斜量大，河床坝段较岸坡坝段的倾斜量大。这是符合大坝的运行规律的。

从以上分析可以看出大坝的倾斜变化规律非常明显，且与拱坝的正常运行规律相符。

【思考与练习】

（1）几何水准法测倾斜的原理是什么呢？

（2）几何水准法测倾斜的步骤是什么呢？

（3）倾斜量计算公式是什么？

▲ 模块 4　大坝接缝与裂缝的测量（ZY4202002001）

【模块描述】本模块包含大坝接缝与裂缝测量项目的测量准备、测量方法、测量记录和数据整理。通过操作技能训练，掌握缝隙测量的方法和数据整理步骤。

【模块内容】

一、仪器的布置及原理

（一）仪器的布置

大坝接缝与裂缝测量是大坝变形监测的重要项目，一般布设单向测缝（裂缝）计、三向测缝计进行监测。

混凝土坝表面接缝和裂缝的变化可选择有代表性的部位埋设单向或三向机械测缝标点或遥测仪器进行监测；对运行或施工中出现危害性的裂缝，宜增设测缝计进行监测。

土石坝接缝和裂缝的监测主要针对混凝土面板堆石坝，混凝土面板接缝变形监测布置，应与坝体垂直位移、水平位移及面板应力应变监测布置统一考虑：

（1）周边缝的测点布置：周边缝应布设三向测缝计。宜在最大坝高断面底部布设1～2个测点；在两岸坡大约1/3、1/2及2/3坝高处各布置1个测点；在岸坡较陡、坡度突变及地质条件复杂的部位应酌情增加测点。

（2）面板垂直缝的测点布置：一般在受拉和拉压交替部位的面板垂直缝布设单向测缝计，高程分布宜与周边缝相同，且与周边缝测点组成纵横监测线。对高坝，宜在河床中部压性缝的中上部增设单向测缝计，有条件的可在垂直缝布设压应力计或在两侧面板增设应力（压力）监测仪器。当岸坡较陡或坝址为不对称峡谷时，可在靠近岸边的拉性缝上布置适量的两向测缝计，在监测接缝开合度的同时监测面板接缝平面剪切变形。

（3）面板水平施工缝的测点布置：对面板分期浇筑的高坝，宜在典型面板监测条块水平施工缝部位布设垂直于施工缝的裂缝计。

（二）仪器工作原理

1. 单向测缝（裂缝）计

单向测缝计用以差动电阻式测缝计为例进行单向测缝计的分析，该类仪器用于埋设在混凝土内部，遥测建筑物结构伸缩缝、周边缝的开合度。单向测缝计结构示意图如图1-4-1所示，测缝计埋设示意图如图1-4-2所示。

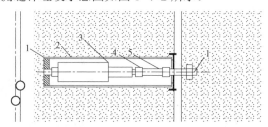

图1-4-1 单向测缝计结构示意图

1—锚固块；2—传感器保护管；3—LNJH-25位移计；4—万向节；5—连接杆

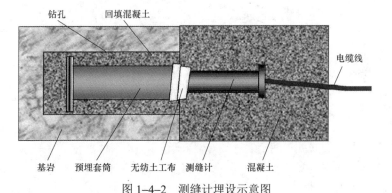

图1-4-2 测缝计埋设示意图

该测缝计为差阻式仪器，因此两次仪表测得的数据是仪器的电阻值与电阻比，通过必要的换算才能得到位移值，进而才能了解面板周边缝的位移情况。一般差阻式测缝计的计算公式如式（1-4-1）所示。

$$S = K(Z_i - Z_0) + b(t_i - t_0) \qquad\qquad (1-4-1)$$

式中　S——计算的测缝计位移。

　　　K——最小读数，mm/0.01%。

　　　Z_i——测读的测缝计输出电阻比。

　　　Z_0——工作初值。

　　　b——测缝计温度修正系数，mm/℃。

　　　t_i——测缝计温度测值（通过电阻与电阻比计算得到）。

　　　t_0——测缝计温度初值（通过电阻与电阻比计算得到）。

2. 三向测缝计

三向测缝计用以观测周边缝等的位移，包括垂直于布设面的挠曲（沉降）、垂直于接缝的开合及平行于接缝的滑动（剪切）位移三向位移。

如图 1-4-3 所示，S1～S3 是 3 支位移传感器，A、B、C、D 分别为传感器的固定端，A 与 B 固定于趾板上，C 固定于面板（在安装时 AB=AC=BC=900mm）。通过测量标点 C 相对于 A 和 B 点的位移，计算出周边缝的开合度。S3 用于观测面板相对于趾板的沉降（图中的 z 方向），S1、S2 用于观测面板相对于趾板的垂直周边缝方向开合度及平行周边缝方向（图中 x 与 y 方向）的剪切位移。当产生垂直面板方向的沉降时，S1、S2 位移计均拉伸，反之若仅有 x 及 y 向的位移时，S3 应无位移量输出。

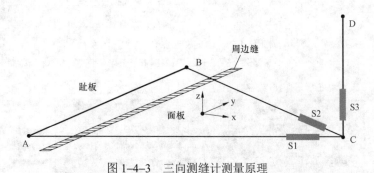

图 1-4-3　三向测缝计测量原理

以下以差阻式仪器为例进行测量工作的讲解，其他类型仪器具体测量方法等请在实际工作中参照仪器说明书进行。

二、测量的准备

大坝接缝与裂缝的测量在运行期土石坝一般为 1～4 次/月，混凝土坝为 1 次/月，施工期、首次蓄水期、初蓄期观测频率更高一些。

对于布设的差阻式仪器观测可采用南京水工仪器仪表厂生产的 SQ–2A 型数字水工比例电桥。

至少配备两人进行观测工作，一人观测，一人记录。

三、测量方法

（一）观测步骤

（1）将读数仪插接线有五个接线头的一端按颜色分别连接到读数仪面板对应的接线柱上。

（2）开机。按下操作面板上"ON"键，按"测量"键选择需要测量的模式，然后按"确定"键即可开始进行测量。

（3）将读数仪插接线有五个测针的一端插入自动化监测数据采集单元中需测量的通道接口，插入时要注意接线颜色对应。

（4）读数仪液晶显示窗上显示测量结果，待读数稳定后，将测量结果计入记录表中。

（5）如需测量多个通道，重复执行第（3）、（4）步操作。

（6）全部测量完毕后，按下"OFF"键关闭仪器。

（二）测量注意事项

（1）使用前应充电以保证测量过程中电量充足，可使用仪器内部的"测量机内电压"功能测量剩余电量，如电压低于 11V 则应进行充电，充电一般不超过 7h，且充电时严禁开机。

（2）移动 SQ–2A 时应轻拿轻放，以防震荡造成仪器损害，由于该仪器背带不牢靠，建议使用专用背包以保护仪器，并且注意仪器防潮、防晒。

（3）测量记录。应按照相关规范要求进行记录，确保数据可靠性。

四、测量成果计算方法

（1）测缝计在实际工作中，受着温度及变形的双重作用，测量结果的计算公式如下：

$$J = f\Delta Z + b\Delta t \qquad (1\text{–}4\text{–}2)$$

式中　J——开合度或位移量，mm；

　　　f——测缝计的最小读数，由厂家给出，mm/0.01%；

　　　b——测缝计的温度修正系数，由厂家给出，mm/℃；

　　　ΔZ——电阻比相对基准值的变化量，0.01%；

　　　Δt——温度相对于基准值的变化量，℃。

（2）仪器内部的总电阻值 R_t，与仪器温度 t 有如下关系：

当 60℃≥t≥0℃时 　　　　　　　　$t = \alpha'(R_t - R_0')$ 　　　　（1-4-3）

当 0℃≥t≥-25℃时 　　　　　　　　$t = \alpha''(R_t - R_0')$ 　　　　（1-4-4）

式中　　t——埋设点的温度，℃；

　　　　R_t——仪器实测总电阻值，Ω；

　　　　R_0'——仪器计算冰点电阻值，由厂家给出，Ω；

　　　　α'——仪器零上温度系数，由厂家给出，℃/Ω；

　　　　α''——仪器零下温度系数，由厂家给出，℃/Ω。

某电站测缝计主要技术参数见表 1-4-1。

表1-4-1　　　　　　　　　某电站测缝计主要技术参数

型号		CF-5	CF-5GY	CF-12	CF-12GY	CF-40	LN-JN-25
测量范围（mm）	拉伸	5	5	12	12	40	50
	压缩	1	1	1	1	1～5	2
仪器长度（mm）		265	325	265	325	330	
最大直径（mm）				37		47	41
最小读数（mm/0.01%）				见仪器率定资料			
温度测量范围（℃）				-25～+60			
温度测量精度（℃）				±0.5			
温度修正系数（mm/℃）				见仪器率定资料			
绝缘电阻（MΩ）				≥50			
耐水压（MPa）		0.5	2	0.5	2	0.5	5

五、观测成果分析实例

1. 单向测缝计

测缝计可以较为直观的监测大坝面板结构缝及周边缝的变形情况，进而也可以了解大坝面板的变形。在正负值规定方面，正值代表拉伸、负值代表压缩。

以某电站某月观测资料为例进行分析，从表 1-4-2 中可以看出，除 Jb3、Jb9、Jb11 外其他测缝计变形幅度较小，说明这些部位的大坝结构缝变形量小结构稳定。从图 1-4-4 中也可以看出，变化较大的三个测缝计本月变化量总体较小。此外随着气温的下降，大部分测缝计监测成果表明结构缝开合度有逐渐增大的趋势，相关性较好。

表 1-4-2 　　　　　　　大坝面板结构缝观测成果特征值统计表 　　　　　　（mm）

设计编号	当月极值	蓄水初始值	当月极值观测日期	设计编号	当月极值	蓄水初始值	当月极值观测日期
Jb1	0.01	−0.12	2010−11−24	Jb7	0.71	0.38	20
Jb2	0.42	−1.09	2010−11−24	Jb8	−0.60	−0.33	2010−11−15
Jb3	2.21	−2.00	2010−11−24	Jb9	1.10	0.03	2010−11−24
Jb4	1.00	−0.74	2010−11−24	Jb10	无读数	−0.28	—
Jb5	−0.29	−0.96	2010−11−15	Jb11	1.90	0.49	2010−11−24
Jb6	−2.54	−0.56	2010−11−24	Jb12	0.48	−1.18	2010−11−24

注　特征值取当月变形量最大值。

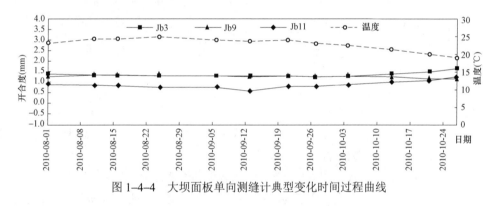

图 1-4-4　大坝面板单向测缝计典型变化时间过程曲线

2. 三向测缝计

大坝面板周边缝观测成果特征值统计表见表 1-4-3。

表 1-4-3 　　　　　　　大坝面板周边缝观测成果特征值统计表 　　　　　　（mm）

设计编号	当月极值	蓄水初始值	全月极值观测日期	设计编号	当月极值	蓄水初始值	当月极值观测日期
Jd1−k	1.62	4.19	2010−11−15	Jd6−k	2.83	0.00	2010−11−24
Jd1−c	0.38	−0.02	2010−11−15	Jd6−c	−0.60	0.00	2010−11−03
Jd1−v	7.36	−2.63	2010−11−24	Jd6−v	4.91	0.00	2010−11−15
Jd2−k	失效	0.15	—	Jd7−k	5.06	0.00	2010−11−15
Jd2−c	失效	0.29	—	Jd7−c	−1.03	0.00	2010−11−03
Jd2−v	18.23	−0.19	2010−11−24	Jd7−v	4.45	0.00	2010−11−24

续表

设计编号	当月极值	蓄水初始值	全月极值观测日期	设计编号	当月极值	蓄水初始值	当月极值观测日期
Jd3-k	失效	0.00	—	Jd8-k	0.66	-1.31	2010-11-24
Jd3-c	-1.53	0.00	2010-11-10	Jd8-c	失效	0.09	—
Jd3-v	3.31	0.00	2010-11-03	Jd8-v	失效	0.82	—
Jd4-k	-0.72	0.00	2010-11-24	Jd9-k	1.92	-0.07	2010-11-15
Jd4-c	-1.00	0.00	2010-11-15	Jd9-c	失效	-0.28	—
Jd4-v	18.49	0.00	2010-11-15	Jd9-v	16.65	-0.33	2010-11-15
Jd5-k	12.57	0.00	2010-11-24	Jd10-k	—	-1.34	—
Jd5-c	-0.02	0.00	2010-11-15	Jd10-c	0.86	-0.73	2010-11-10
Jd5-v	—	0.00	—	Jd10-v	16.12	1.18	2010-11-15

三向测缝计可以分别测量大坝面板周边缝开合度、错动位移以及垂直位移相对变形情况，因此对了解大坝周边缝以及大坝面板变形有非常重要的意义。其正负号规定：正值代表拉伸、负值代表压缩。

从表 1-4-3 中可以看到相对于蓄水初始值大部分三向测缝计观测成果表明大坝周边缝发生较为明显的变形。并且一些部位的垂直向与开合向发生较大变形。从目前周边缝变形发展趋势上看，随着本月气温的下降开合度观测指标均在缓慢增大，可见周边缝变形受温度影响较为显著。

从图 1-4-5 和图 1-4-6 中看出，对于变形较大的一些部位本月周边缝变化情况不明显，且变化平缓，未发生突变情况，从整体看，多数测点表明目前大坝周边缝变形在设计规律范围内，周边缝及大坝面板近期稳定安全。

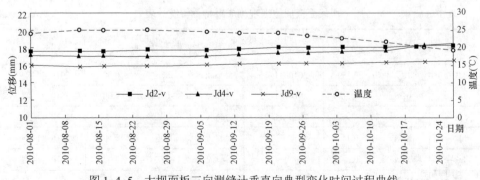

图 1-4-5　大坝面板三向测缝计垂直向典型变化时间过程曲线

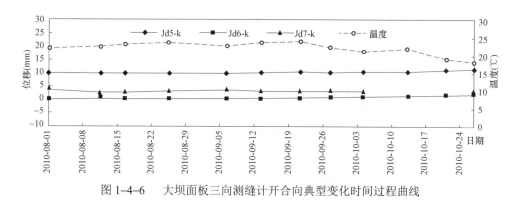

图1-4-6 大坝面板三向测缝计开合向典型变化时间过程曲线

【思考与练习】

（1）大坝接缝与裂缝监测的仪器布置原则是什么？

（2）大坝接缝与裂缝监测测量前应做哪些准备工作？

（3）SQ-2A观测大坝接缝与裂缝的步骤是什么？

▲ 模块5 大坝挠度的测量（ZY4202003001）

【模块描述】 本模块包含大坝挠度测量项目的测量原理，设备的组成与结构。通过对测量准备、测量方法、测量记录和数据整理的示范学习，掌握大坝挠度观测技能。

【模块内容】

一、挠度观测的设置

大坝挠度测量主要用于监测沥青混凝土、混凝土面板堆石坝面板和混凝土心墙坝心墙的挠度变形。挠度变形底部第一个测点应设在稳定基础上，顶部最末测点宜与表面测点同一位置。混凝土或沥青混凝土面板的挠度变形可采用固定式倾斜仪、电平器进行监测，应明确仪器耐高水压要求，目前固定式倾斜仪、电平器应用的效果均不理想；沥青混凝土或混凝土墙坝心墙的挠度变形，可采用活动测斜仪、固定测斜仪和倾角仪进行监测，应明确仪器耐高温及耐高水压要求，并对仪器进行保护，但由于施工干扰较大，仪器埋设成活率较低。

现介绍面板堆石坝挠度变形设置测斜管，使用测斜仪进行观测，其他观测方法原理与此类似，不再一一进行讲解。

测斜管主要由测量管（内径 75mm）、连接管、管座和管盖等部分组成。测斜管安装埋设示意图如图 1-5-1 所示。

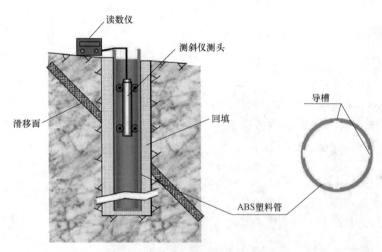

图 1-5-1　测斜管安装埋设示意图

二、测斜仪工作原理

测斜仪内采用里平衡伺服加速度仪，其内部的位置传感器可以探测摆锤的位置，并提供足够的恢复力使摆块恢复到铅直零位置。恢复力大小转变为电信号输出，在读数仪上显示，变成一种倾斜量的测量。恢复力和倾斜角度的正弦成正比，输出值也和倾斜角度的正弦成正比。测斜仪观测原理如图 1-5-2 所示，测斜仪系统如图 1-5-3 所示。

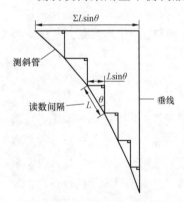

图 1-5-2　测斜仪观测原理

三、观测方法

（一）观测时间和次数安排

观测时间和次数考虑工程或试验研究的需要，制定观测方案或大纲。观测期间也要根据现场具体情况进行适当调整，但需说明调整原因。安装埋设后的 1～7 天，每天观测 1 次；以后每月观测 4 次。若设计有特殊要求或遇特殊情况，则按设计要求进行加密观测。

（二）初始读数

测斜管安装完成后，重复测读三次，待读数稳定后作为初始读数。

（三）观测步骤

（1）采用伺服加速度计式测头测斜仪时，用四位半数字显示测读仪接收。

（2）使用前详细阅读仪器使用说明书。

（3）将传输电缆的一端与测斜仪探头相连，另一端接入显示仪。

（4）将测头的导向轮对准测斜管的被测导向槽，轻轻放入，直至被测最深处，等待 15min，使测头的温度与被测位置的温度相近。

（5）测读，每间隔 0.5m 测读一次，并保存在显示仪中。

（6）测读完最后一次，提出测斜仪探头，将测斜仪探头另一端与传输电缆相接，重复（4）、（5）步。

（7）测读完后，将测斜仪探头擦干净，放回测斜仪探头盒中，妥善保管，将传输电缆盘好。

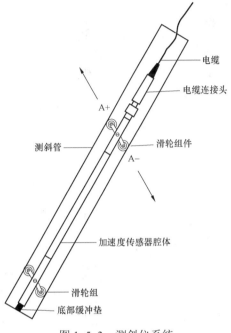

图 1-5-3　测斜仪系统

（四）数据处理

数据处理指将显示仪与计算机相连接，将观测数据传入计算机中，进行数据处理。测斜仪数据记录表见表 1-5-1。

表 1-5-1　　　　　　　　测 斜 仪 数 据 记 录 表

深度（m）	读数				零漂检验		数字变化量		位移量		累积位移（mm）		孔深（m）
Depth	A+	A-	B+	B-	SumA	SumB	.SA	SB	CA	CB	DeflA	DeflB	
70	11 474	-11 327	2491	-6402	147	-3911	-107	-10 414	-3	-260	-3	-260	-70
69	11 305	-11 153	2483	-6459	152	-3976	-164	-10 080	-4	-252	-7	-512	-69
68	11 226	-11 078	2490	-6255	148	-3765	-148	-10 107	-4	-253	-10	-765	-68
67	11 181	-11 041	2459	-6193	140	-3734	-59	-10 043	-1	-251	-12	-1016	-67
66	11 319	-11 184	2410	-6172	135	-3762	-93	-10 414	-2	-260	-14	-1276	-66

续表

深度(m)	读数				零漂检验		数字变化量		位移量		累积位移(mm)		孔深(m)
Depth	A+	A−	B+	B−	SumA	SumB	.SA	SB	CA	CB	DeflA	DeflB	
65	11 122	−10 987	2391	−6365	135	−3974	−181	−9934	−5	−248	−19	−1525	−65
64	11 033	−10 898	2529	−6379	135	−3850	−75	−9497	−2	−237	−21	−1762	−64
63	11 081	−10 953	2339	−6262	128	−3923	−70	−9904	−2	−248	−22	−2010	−63
62	11 137	−11 004	2249	−6079	133	−3830	11	−10 202	0	−255	−22	−2265	−62
61	11 105	−10 971	2185	−6091	134	−3906	−104	−10 303	−3	−258	−25	−2522	−61
60	11 074	−10 939	1961	−5939	135	−3978	−108	−10 622	−3	−266	−27	−2788	−60

（五）成果整理和计算

所有量测数据于 24h 内进行校对、整理、计算，并简单绘出时间与位移的关系曲线，遇有异常数据时及时核实，确保测读值准确无误。伺服加速度计测斜仪的结果公式：

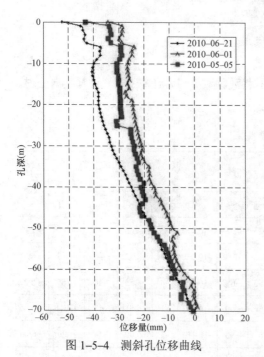

$$\lambda = L\sin\theta \qquad (1\text{-}5\text{-}1)$$

式中　λ ——测斜仪轮距长为 L 的相对铅垂线的位移量，mm；

L ——测斜仪轮距长，mm；

θ ——与铅垂线的偏角，mm。

电阻片式测斜仪的结果公式为：

$$\lambda = K\Delta\varepsilon \qquad (1\text{-}5\text{-}2)$$

式中　K ——仪器率定常数；

$\Delta\varepsilon$ ——观测的应变，$\times10^{-6}$。

（六）绘制有关曲线及图件

（1）绘制位移曲线。测斜孔位移曲线如图 1-5-4、图 1-5-5 所示。

（2）绘制同一测点位移过程线。一般使用较少，可用长时间序列的位移曲线来进行比较。

图 1-5-4　测斜孔位移曲线

（七）关键控制点

（1）在测斜管外管壁做好标记，使接头键槽安装到位，确保侧斜管连接紧密。

（2）测斜管接头处用生胶带或橡皮泥密封防止水泥砂浆进入。

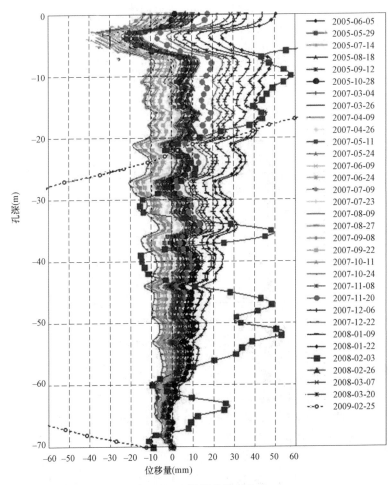

图 1-5-5　测斜孔位移曲线

四、监测资料分析实例

以某电站 IN2 测斜孔某月的观测资料为例进行观测分析，IN2 测斜孔位移曲线如图 1-5-6 所示。其中正值表示垂直面板向外方向，负值表示垂直面板向内方向。

从本月该孔测斜值上来看，变化规律上两次观测数据变化规律基本一致，说明面板挠度没有发生异常变形。从该孔两次观测变化规律来看，距离孔口越近，变化幅度越大，测值也越大，总的位移-孔深变化规律基本一致。

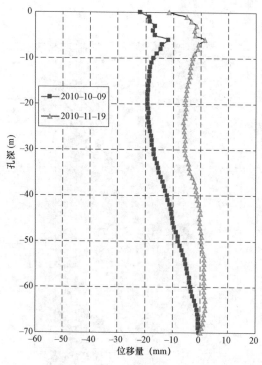

图 1-5-6　IN2 测斜孔位移曲线

【思考与练习】

（1）大坝挠度测量的布置原则是什么？

（2）测斜仪的工作原理是什么？

（3）大坝挠度的观测步骤是什么？

▲ 模块 6　大坝混凝土内部温度测量（ZY4202004001）

【模块描述】本模块包含大坝混凝土内部温度测量项目的测量准备、测量方法、测量记录和数据整理。通过操作技能训练，掌握温度测量的方法和数据整理步骤。

【模块内容】

混凝土大坝内部温度测量属于内部测量，是使用比例电桥进行的。比例电桥是一种内部装有复式电路设备的仪器，通过电阻电流的变化对埋设在混凝土内仪器进行测量，从而计算出其电阻变化，进而计算出大坝内部的变化情况。

一、测量准备

混凝土坝体内部温度观测为每月一次，在进行以上各项观测时应同时观测气温和上、下游水位。

观测仪器为南京电力自动化设备总厂生产的 SQ-2A 型数字式（水工比例）电桥，如图 1-6-1 所示。

二、测量方法

（一）开机、关机

（1）操作面板上"ON"键，显示器上应在左方依次显示"5""4""3""2""1"字样显示完"1"后，显示器显示上次关机时间，开机即告成功。

（2）仪表使用完后，按"OFF"键切断电源。

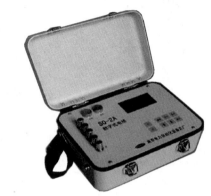

图 1-6-1　SQ-2A 型数字式（水工比例）电桥

（3）如仪表长时间不用，机内电池可能没有电能，这时可用外接电源开关机器，外接电源的钮子开关此时必须指向"14V"字样，且外接电源 14V 绿色指示灯亮。开关机器成功后，使机器处于关机状态，将外接电源钮子开关拨向"150mA"字样，这样外电源红色指示灯点亮，充电开始，机器充电时间不得开关机器，只有当外接电源的钮子开关打向"14V"字样，且绿色指示灯点亮后方可开关机器电源，否则可能发生机器故障。

（4）本仪表机内电压低于 10.8V 需充电，充电 10～15h，也可少用少充。

（5）外接电源可用于室内交流 220V、50Hz 电源场合使用电桥。

（二）日期有及时间设定

（1）开机成功后，显示器显示"DT""HH""XX""SS"。其中"HH"为小时，"XX"为分钟，"SS"为秒。这时操作"*"键一次，显示器将显示"DT""YY""MM""DD"，其中"YY"为年且闪烁，"MM"为月份，"DD"为日期。这时欲改变"YY"的数值操作"↑""↓"两键将 YY 调整到准确的数值后操作"←"键一次，这时"MM"将闪烁，用"↑""↓"调整到准确值后操作"←"一次，这时"DD"将闪烁，用"↑""↓"调整到准确值后操作"←"一次，这时"HH"将闪烁，用"↑""↓"调整到准确值后操作"←"一次，这时 XX 将闪烁，用"↑""↓"调整到准确值后操作"←"一次，这时年、月、日、时、分、秒依次设定完成。

（2）以上工作在每次测量前必须部分执行，以保证内存数据记下准确的检测时间。

（三）默认芯线数设定

（1）有时观测人员必须经常性地进行 3、4 芯或 5 芯传感器的测量，进行以下操作可进行默认传感器芯线设定。

（2）在开机或复位后操作"←"一次，显示器显示年、月、日。

（3）操作"↑""↓"键将显示器左边调整为"04"后操作"*"键，操作"←"键各一次，这时"04"闪烁。

（4）操作"↑""↓"键调整显示到欲要芯线数后，操作"←"键设定即完成。以后的测量工作将全部默认芯线工作，测量工作中"↑""↓"键操作省略。

三、测量记录

为了保证测量的准确性，每次观测完毕，电缆接头应重新套上套管，以防受潮和黏上灰尘，电缆集线箱应经常清扫，保持干净，应按照相关规范要求进行记录，确保数据可靠性。

温度观测与计算成果应随时填入记录表和成果表，见表 1-6-1。

表 1-6-1　　　　混凝土坝温度测量记录表和成果表

混凝土坝温度计记录表

测　点　编　号：＿＿＿＿＿　　　埋　设　日　期：＿＿＿＿＿
仪　器　出　厂　号　码：＿＿＿＿＿　埋　设　位　置：＿＿＿＿＿
电阻 R_0（0℃时电阻）：＿＿＿Ω　　温度灵敏度 α'：＿＿＿℃/Ω

年 月 日	时	电阻 R（Ω）	电阻变化ΔR（Ω）	温度 T（℃）$\Delta Ra'$	备注

计算者：＿＿＿＿　观测者：＿＿＿＿

混凝土坝温度观测记录成果表

观测时间		上游水位	m	下游水位		m	气温		℃
坝体混凝土温度（℃）		基岩温度（℃）			下游坝面温度（℃）				
测点编号	温度	测点编号		温度	测点编号		温度		

校核者：＿＿＿　计算者：＿＿＿　观测者：＿＿＿

四、数据整理

场观测资料，应及时进行计算，并点绘坝体温度线，对于计算成果和点绘的图形，应经校对、审核。计算公式如下：

温度计：

$$T_C = \alpha(R_t - R_0) \qquad (1\text{-}6\text{-}1)$$

式中 α ——电阻温度系数（厂家给定 5℃/Ω）；

R_t ——测量电阻值；

R_0 ——零度时电阻值（厂家给定 $R_0 = 46.60$）。

同时应进行下列各项整理工作：

（1）以温度为纵坐标，时间为横坐标，绘制各测点的温度过程线，如图 1-6-2 所示，同一高程的各测点，可以绘制在同一坐标图内。

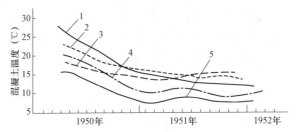

图 1-6-2 混凝土温度过程线

1—断面中心测点；2—距下游面 5m 测点；3—距下游面 1m 测点；

4—距上游面 5m 测点；5—距上游面 1m 测点

（2）绘制不同时期的坝体内部温度分布的等温图，如图 1-6-3 所示。

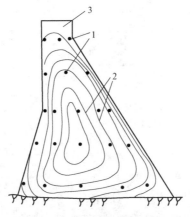

图 1-6-3 坝体等温线图

1—测点；2—等温线；3—观测断面

（3）绘制不同高程观测截面的温度分布及变化过程图，如图 1-6-4 所示。

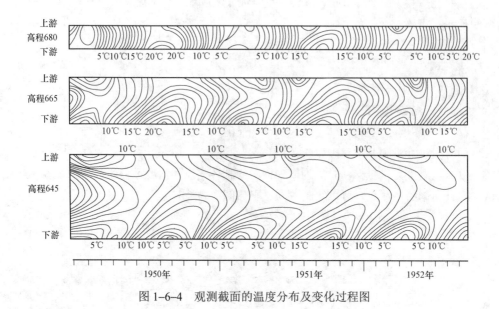

图 1-6-4　观测截面的温度分布及变化过程图

（4）根据等温线图，可量出不同温度的分布面积，计算平均温度，并绘制坝体平均温度过程线图，如图 1-6-5 所示。

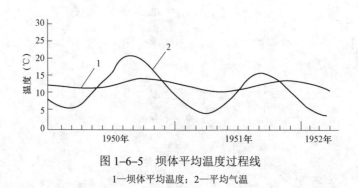

图 1-6-5　坝体平均温度过程线

1—坝体平均温度；2—平均气温

【思考与练习】

（1）如何进行混凝土内部温度测量？

（2）大坝混凝土内部温度测量如何记录？

（3）大坝混凝土内部温度测量后数据整理有哪些工作？

◢ 模块7　大坝应力应变测量（ZY4202004002）

【模块描述】 本模块包含应力计、应变计、无应力计、钢筋计测量项目的测量准备、测量方法、测量记录和数据整理。通过操作技能训练，掌握应力和应变测量的方法和数据整理步骤。

【模块内容】

混凝土大坝应力应变测量属于内部测量项目，测量原理与内部温度测量类似，是使用比例电桥进行的。比例电桥是一种内部装有复式电路设备的仪器，通过电阻电流的变化对埋设在混凝土内仪器进行测量，从而计算出其电阻变化，进而计算出大坝内部的变化情况。

一、测量准备

混凝土坝体内部应力、应变，仪器被混凝土掩埋前后，各进行一次观测，测读仪器的电阻、电阻比及总电阻和分线电阻。

仪器被混凝土掩埋后，一般可在混凝土龄期1、2、3、5、8、12、18、24h各测电阻和电阻比一次；第2～3天每4h观测一次电阻比和电阻，每天观测一次总电阻；第四天至混凝土温度达到最高温度时每天观测2～3次。

混凝土温度达到最高温度以后，每隔一天观测一次，共延续15天。再往后，可根据资料变化规律适当减少测次。混凝土全部竣工后，对于重型坝每月至少观测两次，对于轻型坝每周观测两次。

第一年内，每月检查一次仪器的总电阻和分线电阻；第二年内，每季度检查一次；第三年起，每半年或一年检查一次。

观测为每月一次，应变计组示意图如图1-7-1所示。

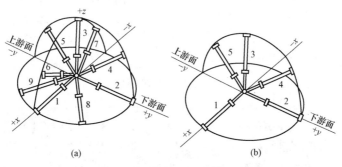

图1-7-1　应变计组示意图（一）

（a）九向应变计组；（b）五向应变计组

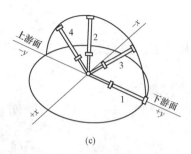

图 1-7-1 应变计组示意图（二）

（c）四向应变计组

图 1-7-2 SQ-2A 型数字（水工比例）电桥

观测仪器为南京电力自动化设备总厂生产的 SQ-2A 型数字（水工比例）电桥，如图 1-7-2 所示。

二、测量方法

（一）开机、关机

（1）操作面板上 "ON" 键，显示器上应在左方依次显示 "5""4""3""2""1" 字样显示完 "1" 后，显示器显示上次关机时间，开机即告成功。

（2）仪表使用完后，按 "OFF" 键切断电源。

（3）如仪表长时间不用，机内电池可能没有电能，这时可用外接电源开关机器，外接电源的钮子开关此时必须指向 "14V" 字样，且外接电源 14V 绿色指示灯亮。开关机器成功后，使机器处于关机状态，将外接电源钮子开关拨向 "150mA" 字样，这样外电源红色指示灯点亮，充电开始，机器充电时间不得开关机器，只有当外接电源的钮子开关打向 "14V" 字样，且绿色指示灯点亮后方可开关机器电源，否则可能发生机器故障。

（4）本仪表机内电压低于 10.8V 需充电，充电 10~15h，也可少用少充。

（5）外接电源可用于室内月交流 220V、50Hz 电源场合使用电桥。

（二）日期有及时间设定

（1）开机成功后，显示器显示 "DT""HH""XX""SS"。其中 "HH" 为小时，"XX" 为分钟，"SS" 为秒。这时操作 "*" 键一次，显示器将显示 "DT""YY""MM""DD"，其中 "YY" 为年且闪烁，"MM" 为月份，"DD" 为日期。这时欲改变 "YY" 的数值，操作 "↑""↓" 两键将 YY 调整到准确的数值后操作 "←" 键一次，这时 "MM" 将闪烁，用"↑""↓"调整到准确值后操作"←"一次，这时"DD"将闪烁，用"↑"
"↓"调整到准确值后操作"←"一次，这时"HH"将闪烁，用"↑""↓"调整到准
确值后操作"←"一次，这时"××"将闪烁，用"↑""↓"调整到准确值后操作"←"
一次，这时年、月、日、时、分、秒依次设定完成。

（2）以上工作在每次测量前必须部分执行，以保证内存数据记下准确的检测时间。

（三）默认芯线数设定

（1）有时观测人员必须经常性地进行 3、4 芯或 5 芯传感器的测量，进行以下操作
可进行默认传感器芯线设定。

（2）在开机或复位后操作"←"一次，显示器显示年、月、日。

（3）操作"↑""↓"键将显示器左边调整为"04"后操作"*"键，操作"←"
键各一次，这时"04"闪烁。

（4）操作"↑""↓"键调整显示到欲要芯线数后，操作"←"键设定即完成。以
后的测量工作将全部默认芯线工作，测量工作中"↑""↓"键操作省略。

三、测量记录

为了保证测量的准确性，每次观测完毕，电缆接头应重新套上套管，以防受潮和
黏上灰尘，电缆集线箱应经常清扫，保持干净。

应按照相关规范要求进行记录，确保数据可靠性。

四、数据整理

观测资料，应及时进行计算，并点绘坝体温度线，对于计算成果和点绘的图形，
应经校对、审核。计算公式如下：

（1）应力计：

$$\sigma = f' \cdot \Delta Z + b \cdot \Delta T \tag{1-7-1}$$

式中　f'——修正的灵敏度系数（厂家给定）；

　　　ΔZ——观测的电阻比的变化值；

　　　b——温度补偿系数（厂家得定）；

　　　ΔT——观测后经换算的温度变化值。

（2）应变计：

$$\varepsilon_m = f' \cdot \Delta Z + b \cdot \Delta T \tag{1-7-2}$$

$$\varepsilon_m = \varepsilon + \varepsilon_T - \varepsilon_G \tag{1-7-3}$$

式中　ε_m——为实测应变；

　　　ε——应力引起的变形；

　　　ε_T——混凝土膨胀引起的变形；

　　　ε_G——混凝土本身体质的变形。

此项计算较烦，一般有科研单位用电算进行。

混凝土的龄期为横坐标，实测应变为纵坐标，将算出的实测应变，点在图上，联成一条平滑的混凝土实测应变过程线，如图 1-7-3 所示。

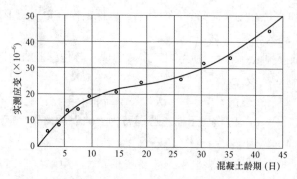

图 1-7-3 混凝土实测应变过程线

以应力为纵坐标，以时间为横坐标，为便于资料分析，还应在同一张图上绘出气温、混凝土温度、坝块浇筑高程及上、下游水位等项过程线，如图 1-7-4 所示。

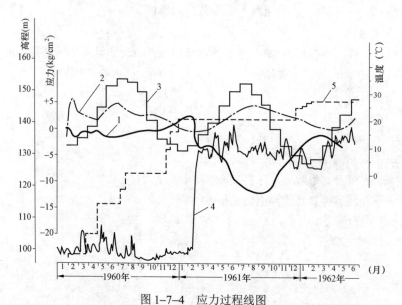

图 1-7-4 应力过程线图

1—应力；2—混凝土温度；3—月平均气温；4—水位；5—混凝土浇筑高程

首先按照一定的纵横比例绘制建筑物观测横断面图，并绘制仪器埋设的位置及理论应力分布图，然后选择有代表性的应力观测成果，按比例绘制在横断面上，联成曲线，如图 1-7-5 所示。

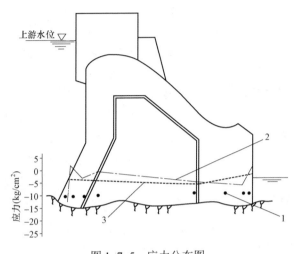

图 1-7-5　应力分布图

1—测点；2—实测应力；3—理论应力

五、一般事项

（1）比例电桥应定期率定和维护。除平时用率定器率定外，每年应将比例电桥和率定器一同送厂家率定一次，为不中断观测，一般需要备置比例电桥两台。

（2）比例电桥使用时必须安放平稳，轻拿轻放，用完后保管在干燥且无振动的地方。电源电池应定期更换。

（3）测量时，在调节比例电桥平衡过程中，如检流计指针有反常走动情况发生，或与前次观测差值较大，即应中止观测，进行检查，检查后进行复测。

【思考与练习】

（1）如何进行大坝应力应变测量？

（2）大坝应力应变测量使用水工比例电桥的一般注意事项有哪些？

（3）大坝应力应变测量数据计算和整理有哪些工作？

▲ **模块 8　几何水准法测量大坝垂直位移（ZY4202005001）**

【模块描述】本模块包含用水准仪测量大坝垂直位移的布置方式、测量准备、限差设置、测量方法、测量记录和数据处理。通过操作技能训练，掌握施测实务和数据处理方法。

【模块内容】

一、测量原理

水准测量是利用水准仪提供的水平视线在水准尺上读数，直接测定地面上两点间

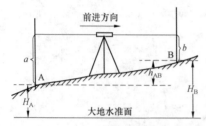

图 1-8-1 水准测量原理图

的高差，然后根据已知点高程及测得的高差来推算待定点的高程。如图 1-8-1 所示，地面上有 A、B 两点，设 A 为已知点，其高程为 H_A，B 点为待定点。在 A、B 两点中间安置一台水准仪，在 A、B 两点上竖立水准尺，读数 a 称为"后视读数"，读数 b 称为"前视读数"。点名（点号）：由大写英文字母、阿拉伯数字、汉字、罗马数字

等组成。地面点沿铅垂线方向到大地水准面的距离，当该地面点在大地水准面之上时取正值，反之取负值。高差具有方向性，其值可正可负。

$$h_{AB} = \Delta H_{AB} = H_B - H_A = a - b = -\Delta H_{BA} = -h_{BA}$$

水准测量原理图如图 1-8-2 所示，当两点相距较远或高差太大时，则可分段连续进行，从图 1-8-2 中可得：

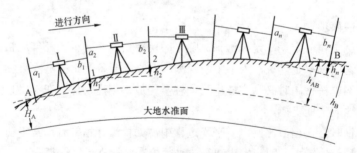

图 1-8-2 水准测量原理图

$$h_1 = a_1 - b_1$$
$$h_2 = a_2 - b_2$$
$$\cdots$$
$$h_n = a_n - b_n$$
$$h_{AB} = \sum h = \sum a - \sum b$$

二、测量目的与装置

（1）测量目的。大坝垂直位移的观测目的是监测坝内沉陷观测网工作基点变形情况。

（2）测量装置。水准测量所需装置有数字（电子）水准仪、水准尺和尺垫。水准仪由望远镜、水准器和基座三个主要部分组成。望远镜可以提供视线，并可读出远处水准尺上的读数；水准器用于指示仪器或视线是否处于水平位置；基座用于置平仪器，支承仪器的上部并能使仪器的上部在水平方向转动。DNA03 水准仪结构图如图 1-8-3 所示，DNA03 水准仪原理图如图 1-8-4 所示。

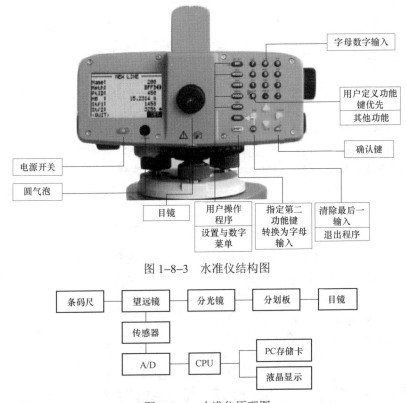

图 1-8-3　水准仪结构图

图 1-8-4　水准仪原理图

水准标尺均采用条形码分划，仪器内装图像识别器和处理系统。代替人们眼睛读数的是光电二极管阵列（CCD 探测器）。在水准测量中，仪器由人工完成照准调焦之后，条形码的影像通过一个分光器，将光线分为两束，一束转射到 CCD 探测器上，供电子读数；另一束转射到观测望远镜的分划板上，供目视观测。因此，如果使用传统水准尺，数字水准仪又可以像普通自动安平水准仪一样使用。不过这时的测量精度低于电子测量的精度，特别是精密电子水准仪，由于没有光学测微器，当成普通自动安平水准仪使用时，其精度更低。

在精密水准测量作业时,水准标尺应竖立于特制的具有一定重量的尺垫或尺桩上。在精密水准标尺的尺身上应附有圆水准器装置,作业时扶尺者借以使水准标尺保持在垂直位置。在尺身上一般还应有扶尺环的装置,以便扶尺者使水准标尺稳定在垂直位置。

三、测量准备

(1)充电:使用水准仪专用充电器对电池进行充电。

(2)安装电池,插入 PC 卡。

(3)安置仪器。首先打开三脚架,安置三脚架要求高度适当、架头大致水平并牢固稳妥,然后把水准仪用中心连接螺旋连接到三脚架上,取水准仪时必须握住仪器的坚固部位,并确认已牢固地连结在三脚架上之后才可放手。

(4)仪器的整平:

1)先旋转两个脚螺旋,然后旋转第三个脚螺旋。

2)旋转两个脚螺旋时必须做相对的转动,即旋转方向应相反。

3)气泡移动的方向始终和左手大拇指移动的方向一致。

4)用脚螺旋将圆水准器气泡居中,将仪器旋转 180°,检查气泡是否居中,如不居中须进行圆水准器改正。自动安平仪器由于采用了自动调平补偿装置,因此圆水准器可以有微小的偏移。

(5)调节目镜对光螺旋消除视差。用望远镜照向远处的天空或白色物体为背景,转动目镜螺旋使十字丝线最黑最清晰。再瞄准水准尺,转动调焦螺旋使影像清晰,上下微微移动眼睛,确保尺分划和十字丝之间无相对移动。

四、限差设置

一、二等水准测量限差表见表 1-8-1。

表 1-8-1 　　　　　　　　一、二等水准测量限差表　　　　　　　　(m)

等级	仪器类别	视线长度		前后视距差		任一测站上前后视距差累积		视线高度		数字水准仪重复测量次数
		光学	数字	光学	数字	光学	数字	光学(下丝读数)	数字	
一等	DSZ05、DS05	≤30	≥4 且 ≤30	≤0.5	≤1.0	≤1.5	≤3.0	≥0.5	≤2.80 且 ≥0.65	≥3 次
二等	DSZ1、DS1	≤50	≥3 且 ≤50	≤1.0	≤1.5	≤3.0	≤6.0	≥0.3	≤2.80 且 ≥0.55	≥2 次

注　下丝为近地面的视距丝。几何法数字水准仪视线高度的高端限差一、二等允许到 2.85m,相位法数字水准仪重复测量次数可以为上表中数值减少一次,所有数字水准仪,在地面震动较大时,应随时增加重复测量次数。

五、测量方法

下面以一条附合路线（见图 1-8-5）为例，进行一次水准路线测量。

图 1-8-5 附合路线

将 DNA03 水准仪架设在点 TZB 与点 1 之间，整平之后，按"电源开关键" ⏻ 启动电源。此时出现如图 1-8-6 所示的"水准测量"界面。

按"程序键" PROG 进入程序菜单，光标移动到"2 线路测量"，如图 1-8-7 所示的界面。

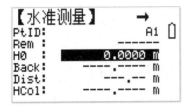

图 1-8-6 "水准测量"界面

图 1-8-7 "线路测量"界面（一）

按"确定键" ↵，进入"线路测量"程序，光标移动到"1 设置作业"，出现如图 1-8-8 所示界面。

按"确定键" ↵，进入"设置作业"步骤，出现如图 1-8-9 所示的界面，光标移动到"JOb"。

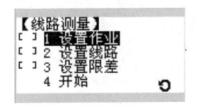

图 1-8-8 "设置作业"界面

图 1-8-9 "设置作业"步骤界面

输入作业名"JOb"、操作者"Oper"、注释 1"Cmt1"、注释 2"Cmt2"、如图 1-8-10 所示界面。

光标移动到"回车键" ↵，完成"1 设置作业"步骤，同时光标自动停留在"2 设置线路"步骤，出现如 1-8-11 所示界面。

按"确定键" ↵，进入"设置线路"步骤，在"线路名称 Name"中输入新线路的名称；在"方法 Meth"中选择测量方法，并输入已知水准点点号与高程，及两把水准尺的编号。如图 1-8-12 所示。

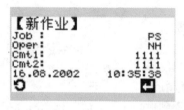

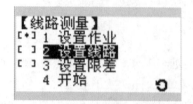

图 1-8-10 "新作业"界面   图 1-8-11 "设置线路"界面

　　光标移动到"回车键" ↵ 上，完成"2 设置作业"步骤，同时光标自动停留在"3 设置限差"步骤，如图 1-8-13 所示。

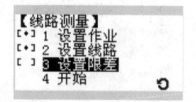

图 1-8-12 "新线路"界面   图 1-8-13 "设置限差"界面

　　按"确定键" ↵，进入"设置限差"步骤，如图 1-8-14 所示。

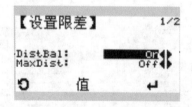

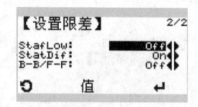

图 1-8-14 "设置限差"步骤界面

　　根据水准测量精度要求，按"左右键"↔ 设置各项限差的开关，并将光标移动到**值**上，按 ↵ 键设置各项限差的数值。设置完毕，光标移动到"回车键" ↵ 上，完成"3 设置限差"步骤，同时光标自动停留在"4 开始"步骤，如图 1-8-15 所示。

　　按 ↵ 键，进入如图 1-8-16 所示界面，该界面重申该水准线路的当前设置，确认无误后，将光标移动到"回车键" ↵ 上，按 ↵ 键确认，所有关于水准测量的设置都已完成，正式进入"线路水准测量"，如图 1-8-17 所示。

图1-8-15　"开始"步骤界面

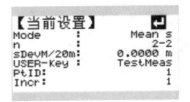
图1-8-16　"当前设置"界面

人工瞄准后视点 TZB，按仪器侧面的红色触发键 ，DNA03 水准仪开始进行测量，如图 1-8-18 所示，仪器自动测量，并显示相应的数据。

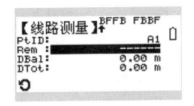
图1-8-17　"线路测量"界面（二）

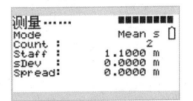
图1-8-18　"测量"界面

此次测量完毕，出现如 1-8-19 所示界面，提示仪器瞄准前视点 1；人工瞄准前视点 1 后，同样按红色触发键，对前视点 1 进行测量。

同理，遵循仪器屏幕上方的"指示键" ，再次瞄准前视测量，瞄准后视测量。测量完毕，如果各项误差都满足以上所设限差的要求，DNA03 水准仪顺利通过第一测站的水准测量，出现如图 1-8-20 所示界面，提示进行下一测站的测量。

图1-8-19　"线路测量"界面（三）　　　图1-8-20　"线路测量"界面（四）

此时，在 DNA03 水准仪不关机的情况下，将仪器搬至点 1 与点 2 中间，整平。遵循仪器屏幕上方的"指示键" ，依次瞄准前视 F，后视 B，后视 B，前视 F，测量，从而完成第二测站的水准测量。

同理，完成任何一个测站的水准测量，直到最后一站。

光标移动到测站上，按 键确认，查询上一次观测数据，出现如图 1-8-21 所示界面。

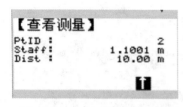

图 1-8-21 "查看测量"界面

光标移动到**查看**上，按 键确认，查询上一测站观测数据，出现如图 1-8-22 所示界面。

如果在水准线路测量的过程中出现误差超限，DNA03 将自动报警，提示重测。重测的过程中，遵循仪器屏幕上方的"指示键" ，进行测量即可。

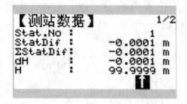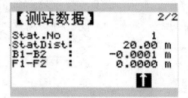

图 1-8-22 "测站数据"界面

六、数据处理

（一）水准测量数据的下载

经过一整条水准线路测量，得到了一个水准线路测量的数据文件，分为以下几个步骤将该文件下载到电脑：

1. 硬件连接

使用 DNA03 水准仪仪器箱内配有的 625 数据通信电缆，一端连接电脑主机的"COM1"端口，一端连接 DNA03 水准仪的"RS232"端口。

2. 设置通信参数

（1）DNA03 通信参数的设置。按"电源开关键" 开机，再按"第二功能键" ，然后按"程序键" ，进入"菜单"/"2 完全设置"/"3 通信"。

将： Baudrate（波特率）	设置为：9600。
Databits（数据位）	设置为：8。
Parity（检校位）	设置为：NONE。
Endmark（分行符）	设置为：CR/LF。
Stopbits（停止位）	设置为：1。

设置完毕，按"回车键" 记录该设置。按"电源开关键" 持续 1s，关机。

（2）"测量办公室"通信参数的设置。鼠标双击电脑桌面上的 图标，即打开了"测量办公室"软件；点击菜单"设置"/"通信设置"，打开"设置"对话框如 1-8-23 所示。

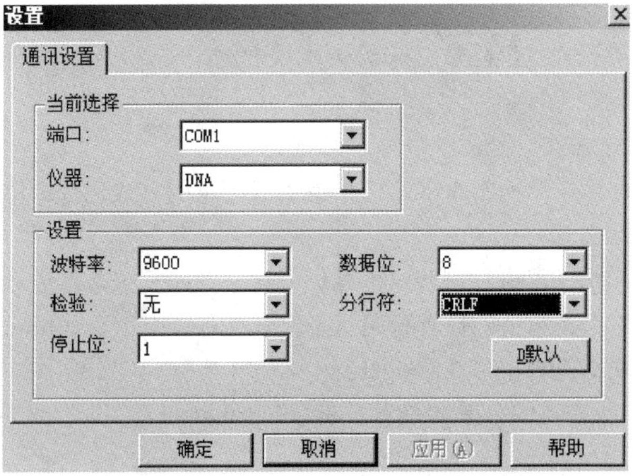

图 1-8-23 "设置"对话框

选择"端口"为"COM1"，选择"仪器"为"DNA"，通信参数的设置和 DNA03 的设置一样，即：

将：波特率　　　　设置为：9600。

　　数据位　　　　设置为：8。

　　检验　　　　　设置为：无。

　　分行符　　　　设置为：CRLF。

　　停止位　　　　设置为：1。

设置完毕，按"确定"确认。

（3）数据文件下载找到水准线路测量数据文件名——PS，鼠标定位到"作业"下面的"测量数据"，用鼠标拖曳的方法，将其拖曳到电脑"D"盘/Test 目录上。

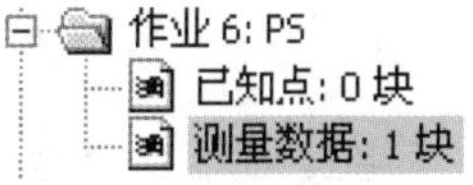

将弹出对话框，在"格式文件"下拉框中选择"LineLevel.frt"，即

，同时将文件名一栏设置为"Sample.mdt"，单击"确认"。

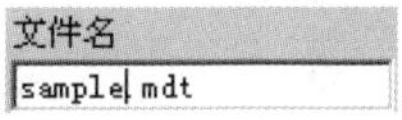

仪器开始下载测量值，稍候片刻，将会在电脑 D 盘的根目录下出现刚才下载的文

件"Sample.mdt"。

（二）资料整理及位移计算

外业工作完成后，必须及时进行原始数据的检查、计算，并将成果添加到垂直位移成果库中。

垂直位移计算公式：沉陷量（mm）=本次观测平差高度−基准高度（下沉为正，上升为负）。

（三）精度及限差要求

（1）直位移观测采用精密水准法按一等水准测量的方式进行。位移中误差的限值不应超过±1.0mm。

（2）对仪器和水准尺进行检验。水准尺的检验参照有关条款进行，特别对微型水准尺进行零点和零点不符值的检查和调整，使其不符值应小于 0.1mm。

（3）坝体及坝基垂直位移观测的限差：

1）基辅分划所测点的高差之差小于或等于±0.4mm。

2）前后视距差小于或等于±0.5m。

3）前后视距累积差小于或等于±1.5m。

4）往返测高差不符值 $1.8\sqrt{K}$ mm（K 为测段长度，km）。

5）水准环闭合差 $2\sqrt{L}$ mm（L 为闭合路线长度，km）。

【思考与练习】

（1）水准测量的目的是什么？

（2）数字水准仪如何整平？

（3）水准测量的原理是什么？

模块9 静力水准法测大坝垂直位移
（ZY4202005002）

【模块描述】本模块包含静力水准测量大坝倾斜的测量准备、测量方法、测量记录和数据整理。通过操作技能训练，掌握静力水准的测量方法和数据整理。

【模块内容】

连通管法（即流体静力水准法）适用于测量坝体和坝基的垂直位移，连通管系统应设在水平廊道内，两端应设垂直位移工作基点。测点数的多少与大坝的长短有关，但工作原理及测量方法与静力水准测量大坝倾斜相同，在此不再叙述。某坝段测点布置示意图如 1−9−1 所示。

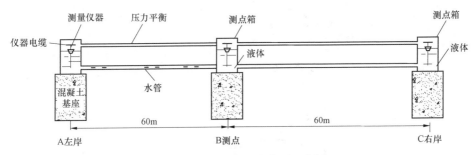

图 1-9-1 某坝段测点布置示意图

▲ 模块 10 双金属标测量大坝垂直位移（ZY4202005003）

【模块描述】本模块包含用双金属标测量大坝垂直位移的布置方式、测量准备、测量方法、测量记录和数据处理。通过操作技能训练，掌握双金属标测量的方法和数据整理方法。

【模块内容】

垂直位移测量是大坝变形测量的主要内容之一，是大坝安全监测中的必设项目之一。双金属标常用作水准测量的基点，尤其在大坝廊道内水准测量需要起测基点，如果从坝外引测，则增加工作量又加大测量难度，此时可以在廊道的左右岸岩体处各布置一套双金属标，作为附合测量的基点，也可以只设一个双金属标作为闭合水准测量的基点。

一、双金属标装置

双金属标是指从坝顶或廊道底板钻孔到坝基垂直方向位移可忽略处，在钻孔中埋设保护钢管，其中平行安装钢管和铝管，测量孔口相对于孔底的变形，如若在管口处分别设位移传感器（如差阻式、钢弦式测缝计）则可实现自动化监测。双金属标结构图如图 1-10-1 所示，一般认为，铝、钢的线膨胀系数是两倍的关系。双金属标的钢管和铝管，其长度相同，并处于同一环境下，测定两者轴线方向的变形量，即可求得温度改正量，扣除温度变化对垂直位移测量的影响，即可求得坝体的实际位移量。

钢管：
$$h_{钢} = \varepsilon + \varepsilon_{钢} = \varepsilon + \alpha_{钢} \times \Delta T \qquad (1-10-1)$$

铝管：
$$h_{铝} = \varepsilon + \varepsilon_{铝} = \varepsilon + \alpha_{铝} \times \Delta T \qquad (1-10-2)$$

式中 $h_\text{钢}$、$h_\text{铝}$——钢管、铝管相对于初始值的变化量；

ε——孔口的垂直位移；

$\alpha_\text{钢}$、$\alpha_\text{铝}$——分别为钢管、铝管的线膨胀系数；

$\varepsilon_\text{钢}$、$\varepsilon_\text{铝}$——分别为温度引起的钢管、铝管的轴向变形。

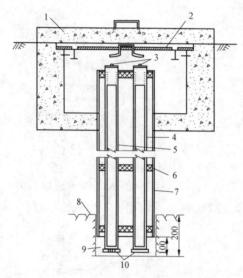

图 1-10-1 双金属标结构图（单位：cm）

1—钢筋混凝土标盖；2—钢板标盖；3—标心；4—钢心管；5—铝心管；

6—橡胶环；7—钻孔保护管；8—新鲜基岩；

9—200 号水泥砂浆；10—心管底板和根络

二、测量的方法

通过几何水准测量各垂直位移标点相对起测基点的位移情况，即可测得各点的垂直位移变化情况，叠加双金属标测得标点位置的变形量，即可测得各位移标点的绝对位移变化量。在通过静力水准法测量大坝垂直位移中，双金属标作为静力水准的基点，起着承上启下的作用。

三、测量的结果分析

通过几何水准测量测得各点的高程值及高程变化量，见表 1-10-1，则可求得各点的绝对位移变化量。如"厂 2"点的位移变化量=初次测量高程−本次测量高程，则变化量值为−0.8mm，叠加上双金属标 DS1 点的位移变化量−0.3mm，则厂 2 点的绝对位移变化量为−1.1mm，代表坝体该点的实际位移变化值，其中双金属标" DS1-1（铝）"点的位移变化量−0.3mm 是通过公式 $2h_\text{钢} - h_\text{铝}$ 所得。

表 1-10-1

测点	本次高程（m）	上次高程（m）	沉陷值（mm）	初次高程（m）	累计值（mm）	最终累计值（mm）	备注
DS1-1（铝）	-2.501 4	-2.501 7	-0.3	-2.501 7	-0.3	-0.3	
DS1-2（钢）	-2.507 7	-2.507 9	-0.2	-2.508 0	-0.3		
厂 1	-3.139 7	-3.139 9	-0.2	-3.139 7	0.0	-0.3	
厂 2	-3.511 6	-3.511 9	-0.3	-3.512 4	-0.8	-1.1	
厂 3	-3.796 6	-3.796 9	-0.4	-3.797 3	-0.7	-1.0	
厂 4	-3.944 8	-3.945 0	-0.2	-3.945 1	-0.3	-0.6	
厂 5	-4.216 2	-4.216 4	-0.2	-4.217 2	-1.0	-1.3	
厂 6	-4.361 8	-4.362 2	-0.4	-4.362 8	-1.0	-1.3	测点始测日期：2001年10月16日
灌 1	-4.407 0	-4.408 0	-1.0	-4.408 1	-1.1	-1.4	双金属标始测日期：2001年9月28日 为了和自动化符号统一
灌 2	-4.113 8	-4.114 7	-0.9	-4.115 3	-1.5	-1.8	
灌 3	-4.025 3	-4.025 9	-0.6	-4.026 5	-1.2	-1.5	
灌 4	-4.111 6	-4.112 1	-0.5	-4.112 9	-1.3	-1.6	累计值：初次高程-本次高程
灌 5	-4.088 5	-4.090 1	-1.6	-4.090 4	-1.9	-2.2	
灌 6	-1.059 6	-1.060 0	-0.4	-1.059 5	0.1	0.2	
灌 7	-1.040 4	-1.041 0	-0.6	-1.041 1	-0.7	-0.6	由于 DS2-1、DS2-2 是从灌17引测，故灌17高程最终每次采用2个灌17高程的平均值。DS2-1、DS2-2双金属标最终累计值用2倍钢标-铝标-灌17累计值算出
灌 8	-1.064 9	-1.065 5	-0.6	-1.064 9	0.0	0.1	
灌 9	-1.081 6	-1.082 1	-0.5	-1.082 0	-0.4	-0.3	
灌 10	-1.075 8	-1.076 3	-0.5	-1.075 4	0.4	0.5	
灌 11	-1.087 6	-1.087 8	-0.2	-1.087 5	0.1	0.2	
灌 12	-1.045 8	-1.045 1	0.7	-1.044 3	1.5	1.6	
灌 13	-1.052 0	-1.051 3	0.7	-1.050 9	1.1	1.2	
灌 14	-1.060 0	-1.059 4	0.6	-1.059 2	0.8	0.9	
灌 15	-1.056 5	-1.056 0	0.5	-1.056 6	-0.1	0.0	
灌 16	-1.082 1	-1.081 5	0.6	-1.081 7	0.4	0.5	
灌 17	0.057 6	0.057 8	0.2	0.057 7	0.1	0.2	
DS2-1（铝）	-0.458 8	-0.458 7	0.1	-0.459 2	-0.4	0.1	
DS2-2（钢）	-0.441 4	-0.441 2	0.2	-0.441 5	-0.1		

【思考与练习】

（1）试画出双金属标装置结构图。

（2）双金属标测量原理是什么？

（3）双金属标测量结果如何进行计算？

▲ 模块 11　水管沉降仪法测量大坝垂直位移
（ZY4202005004）

【模块描述】本模块包含用水管沉降仪法测量大坝垂直位移的布置方式、测量准备、测量方法、测量记录和数据处理。通过操作技能训练，掌握水管沉降仪测量的方法和数据整理方法。

【模块内容】

一、布置方式

水管式沉降仪是土石坝，特别是混凝土面板坝普遍采用的内部垂直变形测量仪器，用来观测大坝内部和库盆下方的沉降。水管式沉降仪具有结构简单、性能稳定、工作可靠、经久耐用等优点，自 20 世纪 80 年代研制成功以来，已在我国许多大中型工程中应用，对大坝安全监测发挥了重要作用。根据施工填筑断面及坝体计算的垂直位移的分布（预计测点及沿线沉降量），确定各测点埋设高程，按一定折线坡度放坡形成安装条带。坝后坡永久测站可为半嵌入式，也可为外露式。安装条带施工多采取半开挖半预留的方法，上游第一个测点埋设高程为起坡高程，平均坡度宜控制在 0.5%～2%。水管式沉降仪安装标准图如图 1–11–1 所示。

水管式沉降仪即静水溢流管式沉降仪，是利用液体在连通管两端口保持同一水平面原理，将坝体内部监测点的垂直位移传递到坝外的观测房，通过测量水管内的水位实现坝体内部垂直位移的观测，当坝体内沉降测点发生沉降时，观测房内连通管的水位也相应下降，观测房内水位变化值加上自身沉降即为坝体内沉降测点的沉降量，如图 1–11–2 所示。

当观测人员在观测房内测出连通管一个端口的液面高程时，便可知另一端（测点）的液面高程，前后两次高程读数之差即为该测点的沉降量，计算公式如下：

$$S_1=(H_0-H_1)\times1000 \tag{1–11–1}$$

式中　S_1——测点的沉降量，mm；

H_0——埋设时沉降测头的溢流测量管口的高程值，m；

H_1——观测时刻测得的液面高程值，m。

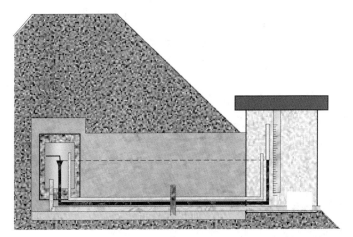

图 1-11-1　水管式沉降仪安装标准图二、水管式沉降仪原理

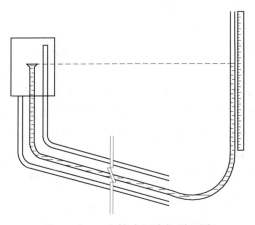

图 1-11-2　水管式沉降仪原理图

水管式沉降仪主要由沉降测头、管路和量测板（观测台）等三部分构成（见图 1-11-3）。

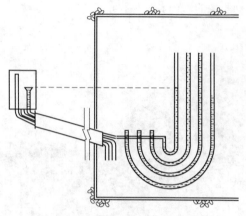

图 1-11-3　水管式沉降仪

二、水管式沉降仪观测

（一）测量前准备

1. 人员配置

水管式沉降仪观测应安排 2 人，作业人员应熟悉设备的操作，作业时应注意着装以保护人身安全，如穿平底鞋防滑等。

2. 工器具的准备

气筒一个、观测房钥匙、记录本等。

（二）观测方法

（1）每次观测时，应测出量测板（观测台）本身的沉陷量。

（2）检查水管式沉降仪各部件的工作性能，先读出各测点量测板玻璃管上的水位，记作为校验仪器工作性能的读数，然后开始逐个向测头连通管的水杯充水排气，其步骤：

1）打开脱气水箱的供水开关向压力水罐供水，水满后关进水阀（必要时需排除压力水罐中的气体）。

2）向压力水罐施加 1～5m 的水头压力。

3）打开压力水罐的出水三通开关，使压力水罐向沉降测头水杯及测量板上玻璃管供水（此时沉降测头水杯与测量板上玻璃管的水路已连通），使量测管水位比初始水位升高，但勿溢出管口，即关进水管开关，并使玻璃测量管与测头水杯连接的连通管连通。首次观测或长时未观测后应使压力水罐向沉降测头水杯持续供水，直至该沉降测头水杯溢流出的水从排水管排出（当排水管破损或堵塞时水无法排出）。

4）同前述的步骤，做其他测头的连通管路内的排气，待各测量板上玻璃管的水位稳定，读出的数即为测读数。

5）重复上述 3）、4）款进行测读。观测结束，关闭向压力水罐供水的进水阀。

（三）操作注意事项

（1）量测管的稳定数值判定标准是每 5～20min 测读一次，精确到 1mm，直至最后两次读数较差不大于 2mm 为止，取最后两次读数之中数作为本次观测值。若读的数值与排气前的读数相同或稍大点均属正常，若低些或大得较多均属不正常，应分析原因，主要应考虑前后排气工作做得是否正确，次之应考虑可能的其他原因。

（2）每次观测时，均应测读各量测管的稳定水位（即测头水杯的水位，以量测管水位凹面为准）并测算出量测板的本身沉陷量，换算出测头实际沉陷量。向连通管路进水时，进水速度不应太快，否则容易使测头腔内的积水水位上升，溢流出的水会进入通气管，堵塞与大气的连通，导致测量系统工作失常。若通气管堵塞可向管路内吹气，或抽气进行疏通，并应重做连通管的进水排气工作。

（3）测量管阀门为三通阀，有四种状态，即关闭、测头端水管注水、测量管注水和测量。

（4）开始测量时观察测量管中的水位与前一次测量所得的数值进行比较如相差较大则需要少量多次注水，同时注意注水速率小于排水速率。

（5）当排水管堵塞需要对通气管打压时应首先将相应的测量管三通阀打到关闭状态，这样会避免测量管中的水位上升，同时压力不能过大防止通气管爆裂，在给通气管打压的同时用手堵住排水管大约 5s 后松开，重复此操作直到有连续水流出且听到水泡声，说明排水管打通可以进行正常测量。

（6）测量管注水到需要水位后将阀门转到测量位置水位不下降，可能原因是为测量管注水时注水过高速度太快使水杯中的水溢出堵住排水管，使内部气压大于外部气压，此时需要为与其相对应的通气管打压将堵住排水管的水排出。

（7）测量管注水到需要水位后将阀门转到测量位置水位继续上升，可能原因是其三通阀漏气或进水管中有堵塞的地方。

三、观测数据的整编与分析

（1）竖向位移的正负号规定为：向下为正，向上为负。

（2）数据记录及整理。人工监测应做好所采集数据的记录。记录应有固定的格式，数据的记载应准确、清晰、齐全，应计入监测日期、责任人姓名及监测条件的必要说明。应做好原始监测数据的记录、检验，监测物理量的计算、填表和绘图，初步分析和异常值之判识等日常资料整理工作。水管式沉降仪观测记录表见表 1-11-1、水管式沉降仪原始记录表见表 1–11–2、水管式沉降仪数据记录表见 1–11–3。

表 1–11–1　　　　　　　　　　　　水管式沉降仪观测记录表

1 号观测房水管沉降仪观测记录										
观测房编号	1 号		断面编号	1	桩号		坝 0+255.91	坝顶高程 413.80	温度（℃）	观测房高程（m）
观测时间	测点编号									
	TCA-1 号	TCA1-2	TCA1-3	TCA1-4	ICA1-5	TCA1-6	TCA1-7	ICA1-8		

记录：　　　　　　　　　　　　　　　　　　校核：

表 1–11–2　　　　　　　　　　　　水管式沉降仪原始记录表

观测断面：I			桩号：坝 0+255.91			仪器编号：TCA1	
起始高程	352.373	352.378	352.371	352.368	352.371	352.366	352.367	352.364
坝轴距 m	坝下 0–75.0	坝下 0–41.33	坝下 0–20.0	坝上 0+0.00	坝上 0+25.70	坝上 0+50.0	坝上 0+70.0	坝上 0+100.2

续表

各测点沉降量（cm）									（m）
测点编号	TCA1-1	TCA1-2	TCA1-3	TCA1-4	TCA1-5	TCA1-6	TCA1-7	TCA1-8	填盖厚度
13-07-03		-68.2	-55.5	-52.6	-48.4	-38.5	-41.1	-29.8	61.80
13-07-09		-68.1	-55.7	-52.5	-48.3	-38.6	-41.0	-29.9	61.80
13-07-15		-68.2	-55.7	-52.6	-48.4	-38.6	-41.1	-30.0	61.80
13-07-24		-68.2	-55.8	-52.5	-48.4	-38.6	-41.0	-29.9	61.80
13-08-06		-68.2	-55.7	-52.6	-48.4	-38.6	-41.0	-29.9	61.80
13-08-12		-68.2	-55.7	-52.6	-48.5	-38.5	-40.9	-30.0	61.80
13-08-21		-68.2	-55.7	-52.6	-48.4	-38.5	-40.9	-30.1	61.80
13-08-27		-69.1	-55.8	-52.7	-48.2	-38.6	-40.9	-30.1	61.80
13-09-02		-68.9	-55.6	-52.6	-48.4	-38.4	-40.8	-30.0	61.80
13-09-11		-69.0	-55.8	-52.4	-48.3	-38.3	-40.6	-29.9	61.80
13-09-17		-68.7	-55.8	-52.8	-48.3	-38.8	-40.6	-30.1	61.80
13-09-23		-68.5	-55.8	-52.3	-48.3	-38.9	-40.6	-29.9	61.80
13-10-03		-69.0	-56.2	-51.9	-48.7	-38.2	-40.9	-30.2	61.80
13-10-09		-68.8	-56.1	-51.9	-38.6	-38.0	-40.8	-30.5	61.80

表 1-11-3　　　　　　　　　水管式沉降仪 TCA1 观测记录表

测点编号	TCA1-1	TCA1-2	TCA1-3	TCA1-4	TCA1-5	TCA1-6	TCA1-7	TCA1-8	坝顶高程	房顶高程	温度
13-05-02		0.844	0.978	1.012	1.049	1.133	1.112	1.214	413.80	354.043	20.0
13-05-09		0.846	0.975	1.010	1.047	1.131	1.117	1.217	413.80	354.043	15.0
13-05-15		0.846	0.977	1.011	1.048	1.132	1.116	1.213	413.80	354.043	27.0
13-05-21		0.847	0.977	1.011	1.048	1.132	1.117	1.216	413.80	354.043	24.0
13-06-03		0.847	0.978	1.012	1.048	1.133	1.117	1.217	413.80	354.043	24.0
13-06-09		0.846	0.979	1.010	1.048	1.132	1.115	1.219	413.80	354.043	25.0
13-06-18		0.845	0.981	1.011	1.046	1.135	1.116	1.217	413.80	354.043	23.0
13-06-24		0.846	0.981	1.012	1.047	1.136	1.117	1.22	413.80	354.043	23.0
13-07-03		0.848	0.983	1.013	1.048	1.138	1.120	1.223	413.80	354.043	26.0
13-07-09		0.849	0.981	1.014	1.049	1.137	1.121	1.222	413.80	354.043	27.0
13-07-15		0.848	0.981	1.013	1.048	1.137	1.120	1.221	413.80	354.043	25.0
13-07-24		0.848	0.98	1.014	1.048	1.137	1.121	1.222	413.80	354.043	29.0
13-08-06		0.848	0.981	1.013	1.048	1.137	1.121	1.222	413.80	354.043	31.0
13-08-12		0.848	0.981	1.013	1.047	1.138	1.122	1.221	413.80	354.043	29.0

（3）数据分析及报告。资料分析通常用比较法、作图法、特征值统计法及数学模型法。资料分析应分析了解各监测物理量的大小、变化规律、趋势及效应量与原因量

之间（或几个效应量之间）的关系和相关程度；并应对监测成果进行综合分析，揭示大坝的异常情况和不安全因素，评估大坝的工作状态，并确定安全监控指标，预报将来的变化。资料分析后，提出资料分析报告。水管式沉降仪数据汇总表见表 1-11-4，坝体阶段沉降量水平分布曲线图如图 1-11-4 所示。

表 1-11-4　　　　　　　　　水管式沉降仪数据汇总表

编号	项目	1	2	3	4	5	6	7	8	9	10
TCA1-	初始值	45.7	40.4	43.9	40.2	44.6	40.3	29.2	24.5		
	当前值	49.6	80.5	51.0	48.7	45.9	40.7	34.4	26.2		
	沉降量	3.9	40.1	7.1	8.5	1.3	0.4	5.2	1.7		
TCA2-	初始值	59.5	62.0	58.1	46.8	32.3	33.8	24.7	21.5	21.4	23.3
	当前值	62.2	64.2	59.5	49.5	33.8	41.1	35.9	35.2	27.4	26.3
	沉降量	2.7	2.2	1.4	2.7	1.5	7.3	11.2	13.7	6.0	3.0
TCA3-	初始值	42.3	37.2	32.4	29.7						
	当前值	47.3	43.3	34.4	29.6						
	沉降量	5.0	6.1	2.0	-0.1						
TCB1-	初始值	66.3	44.6	38.3	44.8	41.1	39.7	28.1	21.1	20.4	
	当前值	66.3	64.2	60.0	46.5	40.5	38.5	29.3	21.0	20.2	
	沉降量	0.0	19.6	21.7	1.7	-0.6	-1.2	1.2	-0.1	-0.2	
TCB2-	初始值	34.6	33.6	40.5	23.1						
	当前值	42.4	37.7	39.2	30.4						
	沉降量	7.8	4.1	-1.3	7.3						

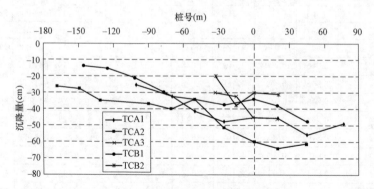

图 1-11-4　坝体阶段沉降量水平分布曲线图

监测报告和整编资料，应按档案管理规定，及时存档。

四、观测成果分析实例

坝 0+255.91 段面水管式沉降仪测点分布图如图 1-11-5 所示。

各水管式沉降仪测值变化情况见表 1–11–5～表 1–11–7 中累计的观测成果，可以看出除个别因仪器自身问题导致测值不稳的个别测点（TCA2–10）外，其他测点测值均变幅较小，且无突变情况发生。个别测点出现的"隆起"现象分析认为主要受测量误差影响所致，并且其观测值均较小，在仪器误差允许范围内。

如图 1–11–6 所示，目前大坝内部沉降变形主要规律为：沉降量与堆石体厚度有明显相关性，沉降最大值发生在靠近坝轴线附近的测点。从近阶段变化趋势上看，堆石体沉降变形基本结束，多数测点测值变化在"0"附近波动。

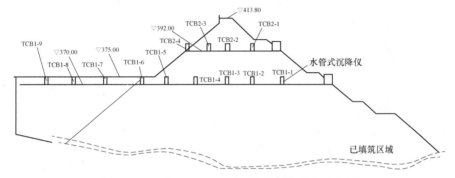

图 1–11–5　坝 0+255.91 段面水管式沉降仪分布图

表 1–11–5　　　　　　1 号观测房 TCA1 水管沉降仪 10 月观测成果　　　　　　（cm）

观测时间	TCA1–1	TCA1–2	TCA1–3	TCA1–4	TCA1–5	TCA1–6	TCA1–7	TCA1–8
2010–10–04		−60.4	−54.9	−54.9	−46.4	−39.1	−49.1	−25.6
2010–10–27		−60.4	−55.1	−54.9	−46.6	−39.1	−49.1	−25.6
2010–10		0	−0.2	0	−0.2	0	0	0

注　负值表示沉降。

表 1–11–6　　　　　　2 号观测房 TCA2 水管沉降仪 10 月观测成果　　　　　　（cm）

观测时间	TCA2–1	TCA2–2	TCA2–3	TCA2–4	TCA2–5	TCA2–6	TCA2–7	TCA2–8	TCA2–9	TCA2–10
2010–10–04	−63.5	−67.7	−72.0	−51.3	−33.4	−25.4	−30.3	−30.3	−32.3	−36.2
2010–10–27	−63.8	−67.8	−72.2	−51.5	−33.8	−25.5	−30.2	−30.5	−32.3	−36.3
2010–10	−0.3	−0.1	−0.2	−0.2	−0.4	−0.1	0.1	−0.2	0	−0.1

注　负值表示沉降。

表 1–11–7　　　　　　3 号观测房 TCA3 水管沉降仪 10 月观测成果　　　　　　（cm）

观测时间	TCA3–1	TCA3–2	TCA3–3	TCA3–4
2010–10–04	−47.8	−43.7	−39.1	−31.4
2010–10–27	−48.0	−43.9	−39.2	−31.5

续表

观测时间	TCA3–1	TCA3–2	TCA3–3	TCA3–4
2010–10	–0.2	–0.2	–0.1	–0.1

　注　负值表示沉降。

　　4 号观测房 TCB1 水管沉降仪 10 月观测成果见表 1–11–8，5 号观测房 TCB2 水管沉降仪 10 月观测成果见表 1–11–9。

表 1–11–8　　　　　　　4 号观测房 TCB1 水管沉降仪 10 月观测成果　　　　　　（cm）

观测时间	TCB1–1	TCB1–2	TCB1–3	TCB1–4	TCB1–5	TCB1–6	TCB1–7	TCB1–8	TCB1–9
2010–10–04	–60.0	–59.9	–64.5	–45.8	–33.3	–24.0	–25.9	–25.2	–30.0
2010–10–27	–60.1	–59.9	–64.5	–45.7	–33.5	–23.9	–25.8	–25.4	–30.2
2010–10	–0.1	0	0	0.1	–0.2	0.1	0.1	–0.2	–0.2

　注　负值表示沉降。

表 1–11–9　　　　　　　5 号观测房 TCB2 水管沉降仪 10 月观测成果　　　　　　（cm）

观测时间	TCB2–1	TCB2–2	TCB2–3	TCB2–4
2010–10–04	–44.5	–41.3	–41.6	–25.9
2010–10–27	–44.7	–41.4	–41.8	–26.2
2010–10	–0.2	–0.1	–0.2	–0.3

　注　负值表示沉降。

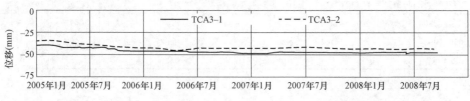

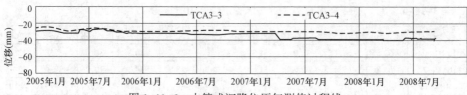

图 1–11–6　水管式沉降仪历年测值过程线

【思考与练习】

（1）水管式沉降仪的布置方式是什么？

（2）水管式沉降仪的工作原理是什么？

（3）水管式沉降仪的观测方法是什么？

（4）水管式沉降仪操作的注意事项有哪些？

模块 12　前方交会法测量大坝水平位移
（ZY4202006001）

【模块描述】本模块包含视前方交会测量大坝水平位移的布置方式、测量准备、测量方法、测量记录和数据处理。通过操作技能训练，掌握前方交会测量的方法和数据整理方法。

【模块内容】

一、测点布置图

前方交会法测点及已知点布置图如图 1-12-1 所示。

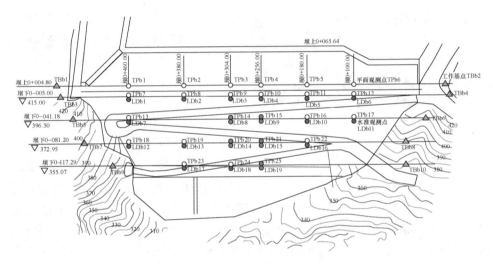

图 1-12-1　前方交会法测点及已知点布置图

二、测量原理

前方交会是在至少两个已知点上分别架设全站仪，测定已知点与观测点间夹角，求定观测点坐标的方法。

三、测量前的准备（以 TCA2003 全站仪为例）

TCA2003 全站仪主要界面及功能键介绍如图 1-12-2 所示。

（1）将全站仪从保护箱中拿出，安放在观测墩上的强制对中底盘上。一只手拿住仪器上方把手，另一只手旋转仪器最下方底座，旋转底座应旋紧。

（2）利用仪器的圆水准泡进行大致调平，按 ON/OFF 键开机，注意有时开机键可能不灵敏，需要轻按 5s 后松开，等待 10～20s 出现开机画面。

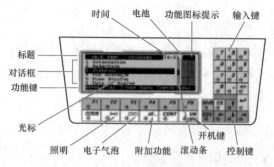

图 1-12-2 主要界面及功能键介绍

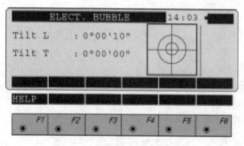

图 1-12-3 电子气泡界面

（3）仪器大致调平后，则使用电子气泡进行精确调平，具体方法是按仪器最下一排从左第 4 个键，这时屏幕将出现图 1-12-3 所示界面，这时通过调整脚螺旋使两圆圆心重合。并将仪器旋转 90°，如气泡偏离则继续进行调整，直至仪器旋转后气泡也居中。然后按 ESC 键，回到开机界面。

（4）以上步骤完成后，则可进行设站。在设站前最好将历史数据删除，具体方法可参考常见问题。此时仪器的界面中的功能键应如图 1-12-4 所示类似。这时应按 F5 键，即选择 SETUP 进行设站，这时屏幕会显示如图 1-12-5 所示界面。在该界面下可以选择文件保存的有关信息，例如保存在哪个位置、文件名称是哪个等，应注意的是如果选择已经有内容的文件名，已有数据将会消失。

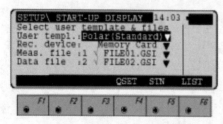

图 1-12-4 开机界面（每台仪器可能不同）

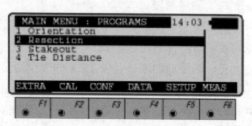

图 1-12-5 建立工作界面

（5）一般情况下在图 1-12-5 中界面不需要进行修改，可直接按 F5 键即 STN 功能键进入设站界面，与如图 1-12-6 所示类似。这时需要将仪器在正镜模式下对准后视棱镜，然后将 station no.设为仪器所架设位置的编号，将 Inst.Height 设为全站仪的仪高。其他一般不需要进行设置。这时可按 F4 键即 Hz0，这时仪器会自动归零，完成后又会回到图 1-12-6 界面，此时按 F3 即 REC 键将该站信息保存，至此设站工作完成。

四、测量方法（以 TCA2003 全站仪为例）

（1）设站完成后即可按 ESC 键退出，回到开机界面，然后按 F6 即 MEAS 功能键进入测量工作状态。此时屏幕界面如图 1-12-7 所示。

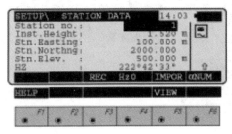

图 1-12-6　设站界面

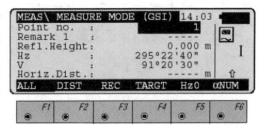

图 1-12-7　测量界面

（2）在第一个已知点观测前，应进行归零。方法是将仪器对准后视点，然后修改 Point no.为后视点的编号，输入仪器高值、棱镜仪高、测站温度气压（开始测量与终止测量两个时刻）等参数，其中仪器高为强制对中基座表面到望远镜中心或棱镜中心的高度（后视不需要仪器高测量），应精确到 mm；温度应精确到 0.2℃，气压应精确到个位。然后可按 F5 键即 Hz0 使仪器归零。

（3）以上步骤完成后即可进行测量，首先对准后视点，按顺时针方向进行正镜观测，然后再照准视准线上的观测目标 1，依次按 F1 即 ALL 功能键进行测量，应注意的是每次测量前应先照准目标，然后修改 Point no.为目标编号。依次照准视准线上的观测目标 2、3 等，直到对准后视点归零观测，及完成第一测回的正镜观测，仪器会自动照准目标并存储测量结果。正镜观测完成需进行倒镜观测，按 F4 即 I<>II 功能键，仪器即可自动从正镜状态调整为倒镜状态，此时在功能图标提示区会出现 II 的图标。从后视点开始，按逆时针方向观测回到后视点完成倒镜观测，及完成一个测回的观测工作。重复上述操作，完成 4 个测回的观测（二等精度）。

（4）在第一个已知点进行完测量后，迁站，进行在第二个已知点的观测，重复步骤（2）和（3），完成在第二个已知点的观测。测量完成后仪器会自动保存数据，如果中途关机，开机后进入测量界面，会延续上次的测量。

注意事项：当仪器功能图标提示区在测量过程中出现█图标时，说明补偿器无法工作，为保证测量精度应从新进行测量。另外仪器测量时，每完成一次测量会自动将点号递加，如果 Shift 键再选择 LAST 功能键可以将点号恢复到上次的编号。

数据管理如图 1-12-8 所示，数据浏览窗口如图 1-12-9 所示。

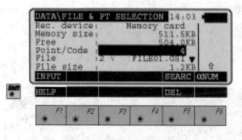

图 1-12-8　数据管理

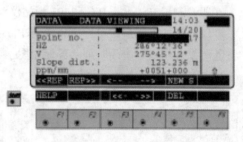

图 1-12-9　数据浏览窗口

五、技术要求及数据处理

（1）水平角采用方向观测法观测 4 测回。技术要求见表 1-12-1。

表 1-12-1

技　术　要　求

两次读数差	半测回归零差	一测回内 2C 互差	测回差
4″	5″	9″	5″

注意事项：晴天测量时测站应打测伞。测量时可按相关要求进行。各次测量时宜在每天同一时段，按同一观测次序进行。

（2）天顶距采用中丝法测量 4 测回。盘左、盘右位置分别照准同一目标读数为一测回，用中丝精确照准两次，各读数两次。两次读数差小于 3″，指标差较差小于 8″，测回差小于 5″。天顶距测量可在每站单独进行。

（3）边长观测 4 测回，每测回测距 4 次。一测回读数较差小于 2mm，测回较差小于 3mm。测量同时应记录气象元素，按观测边记录。温度最小读数 0.2℃，气压最小读数 50Pa。

（4）数据处理。数据处理使用清华山维 NASEW 软件。直接使用监测网坐标系成果按 X 坐标、Y 坐标分别比较位移量，不转化到大坝坐标系进行比较；以向着 X、Y 正方向为正，反之为负。交会示意图如图 1-12-10 所示。

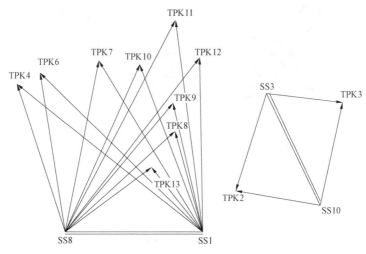

图 1–12–10　交会示意图

【思考与练习】

（1）前方交会法的测量原理是什么？

（2）前方交会法的技术要求有哪些？

◢ 模块 13　视准线法测量大坝水平位移（ZY4202006002）

【模块描述】本模块包含视准线法测量大坝水平位移的布置方式、测量准备、测量方法、测量记录和数据处理。通过操作技能训练，掌握视准线法测量的方法和数据整理方法。

【模块内容】

视准线法是指在两固定点间设置经纬仪的视线作为基准线，定期测量观测点到基准线间的距离，求定观测点水平位移量的技术方法。本教程主要介绍活动觇牌法。

一、布置方式

水平位移观测的工作基点，应布置在不受任何破坏而又便于观测的岩石或坚实的土基上。采用视准线法进行水平位移观测的工作基点，通常是在建筑物两岸每一纵排标点的延长线上各布置一个。当建筑物长度在 500m 以上时，为减少观测误差，可在建筑物的每一纵排标点直线上增设一个或几个工作基点（并兼作标点用），使工作基点间的间距保持适当距离。有条件的，可保持在 250m 左右，其布置图如图 1–13–1 所示，应在大坝两端工作基点的延长线上，各安设 1～2 个校核基点，如图 1–13–1（a）所示。

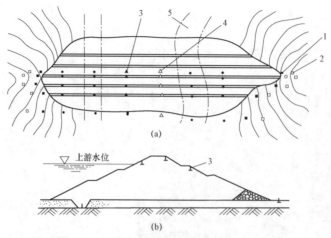

图 1-13-1　视准线法水平位移观测布置示意图
(a) 平面图；(b) 横断面图
1—工作基点；2—校核基点；3—位移标点；4—增设工作基点；5—原河床

　　将 TCA2003 全站仪（必须要求水平制动装置）安置于视准线工作基点上，在另一端（后视点）安置固定觇标，在位移点上安置活动觇牌，用全站仪瞄准后视点的固定觇杆作为固定视线，这样便由工作基点和后视点构成一条固定不变的基准线。

二、测量准备

　　视准线观测用的固定觇标一般做后视观测，活动觇标一般对标点的观测，具体如图 1-13-2、图 1-13-3 所示。

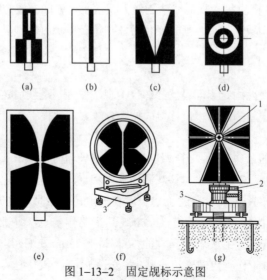

图 1-13-2　固定觇标示意图
1—红玻璃；2—水平泡；3—觇标座

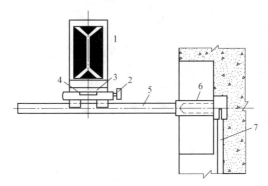

图 1-13-3　侧插式活动觇标图

1—黑白玻璃觇牌；2—微动螺旋；3—刻度尺；4—游标刻度尺；

5—φ25 钢管插杆；6—插座；7—预埋插筋

仪器准备：TCA2003 全站仪（必须要求水平制动装置）1 台、活动觇牌 1 台、笔 1 只、记录台簿 1 本、对讲机 2 只。

人员准备：观测人员 2 人、记录人员 1 人

天气准备：气象条件合适，不易大风、雨，不易中午、早晨和傍晚气温变化大的时间。

三、测量方法

视准线法观测水平位移，是以建筑物两端的两个工作基点所控制的视准线（两个工作基点的连线）为基准，来测量建筑物上位移标点的水平位移量。

视准线法的观测方法，如图 1-13-4 所示。在工作基点 A（或 B）上，架设 TCA2003 全站仪，整平后，后视工作基点 B（或 A），固定上下盘，然后用望远镜筒瞄准建筑物上的位移标点；在位移标点处，一人随司镜者的指挥，沿着垂直于视准线方向移动觇标，直至觇标中心线与视准线重合为止，读出偏移量，记入记录表内；通知司镜者用倒镜再读一次，正倒镜各测一次为一测回，需要几个测回根据距离而定，至少应该有两个测回，符合精度要求后，方可施测另一标点。为了读数便利，也可在一纵排的标点上，用几个活动觇标同时观测完正镜，再用倒镜依次观测，至两个测回的成果符合精度为止。

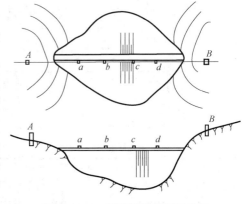

图 1-13-4　视准线法观测示意图

实际操作中，固定照准部使其不能左右转动，然后俯下望远镜照准位移测点，指挥司觇牌者移动觇牌，直至觇牌的中心线恰好落在望远镜的竖丝上时，通过对讲机发出停止信号，读出此时觇牌上的读数，估读到 0.1mm。

重新转动觇牌，令觇牌离开视线后，再与视线重合，再读数，此时完成上半测回。倒转望远镜，按照上述方法测下半测回，视具体情况每一测次宜观测二测回以上。

四、精度要求

校测工作基点或混凝土建筑物上的位移标点时，容许误差不应大于 2mm，具体参见表 1-13-1。

表 1-13-1 固定测回数不同距离的允许误差表

仪器	测回数	视线长度（m）							
		100	200	300	400	500	600	700	800
威特 T_3	两测回的允许误差值（mm）	0.9	1.58	2.38	2.96	3.46	3.84	4.14	4.32
	四测回的允许误差值（mm）	0.64	1.20	1.63	2.10	2.44	2.72	2.92	3.06
威特 T_1	两测回的允许误差值（mm）	1.10	2.10	3.00	3.80	4.50	5.10	5.60	6.00
	四测回的允许误差值（mm）	0.78	1.48	2.12	2.70	3.18	3.60	4.00	4.24
游标经纬仪	两测回的允许误差值（mm）	1.26	2.40	3.46	4.40	5.26	6.00	6.66	7.20
	四测回的允许误差值（m m）	0.90	1.76	2.44	3.12	3.72	4.24	4.72	5.10

在已定的上述容许误差下，各测点所需要的测回数与距离有关，可参考见表 1-13-2。

表 1-13-2 固定允许误差数值，不同距离所需测回数表

仪器	允许误差值	视线长度（m）							
		100	200	300	400	500	600	700	800
威特 T_3 经纬仪	2mm 时测回数	1	2	3	5	6	8	9	10
	4mm 时测回数	1	1	1	2	2	2	3	3
威特 T_1 经纬仪	2mm 时测回数	1	3	5	7	10	13	16	18
	4mm 时测回数	1	1	2	3	4	4	4	5
游标经纬仪	2mm 时测回数	1	3	6	10	14	18	22	26
	4mm 时测回数	1	1	2	3	4	5	6	7

由表 1-13-1、表 1-13-2 可以看出建筑物长度超过 500m，在建筑物上增设工作基点是必要的。长度超过 1km 的建筑物用视准线法控制增设的工作基点是困难的。

此处读数限差也可以参见表 1-13-3。

表 1–13–3   视 准 线 法 限 差 要 求

观测测回数	两次读数差	测回差
2	2.0mm	1.5mm

五、测量记录

当读出觇牌数字的时候，记录人员迅速记录数字，并回报给读数者，以确认读数无误。需要将每一测次多个测回数据按照表格要求进行记录。记录错误时，划掉错误数据，重新读数记录，不允许涂改记录读数。具体记录见表1–13–4。

表 1–13–4   视准线观测记录表

水平位移观测记录表（视准线法）   （mm）

测点	观测日期		正镜位移量			反镜位移量			正反镜平均位移量	埋设偏距	累计位移量	上次位移量	间隔位移量	位移方向	观测用工作基点编号		备注
	月	日	第一次	第二次	平均位移量	第一次	第二次	平均位移量							测站	后视	

校核者：_____   观测者：_____   记录者：_____

六、数据处理

取视准线一测回或二测回均值作为本次观测值，其与首次观测值之差即为累计位移量，间隔位移量指本次累计位移量与上次位移量之差，见式（1–13–1）和式（1–13–2）。

$$累计位移量 \Delta L = 本次值 - 首次值 \qquad (1–13–1)$$
$$间隔位移量 \Delta l = 本次值 - 上次值 \qquad (1–13–2)$$

【思考与练习】

（1）视准线的布置方式是什么？

（2）视准线施测方法如何进行？

（3）视准线如何进行数据记录和处理？

▲ 模块 14 引张线法测量大坝水平位移（ZY4202006003）

【模块描述】本模块包含引张线法测量大坝水平位移的布置方式、测量准备、测量方法、测量记录和数据处理。通过操作技能训练，掌握引张线法测量的方法和数据整理方法。

【模块内容】

一、引张线法测量大坝水平位移

引张线法是指在两固定点间以重锤和滑轮拉紧的丝线作为基准线，定期测量观测点到基准线间的距离，以求定观测点水平位移量的技术方法。

引张线法不仅使用于坝顶，还使用于不同高程的廊道中观测水平位移。引张线法具有精度高，受外界影响小，设备简单，观测方便迅速的优点。

二、引张线系统

引张线用一条不锈钢丝在两端挂重锤，或一端固定另一端挂重锤，使钢丝拉直成一条直线，利用此直线来测量建筑物各测点在垂直该线段方向上的水平位移。引张线一般在两端点以倒垂作为工作基点。引张线系统由端点、测点、测线、保护管和测读仪等部分组成。引张线的端点由混凝土墩座、夹线装置、滑轮和重锤等部件组成。观测点由浮托装置（水箱、浮船）、保护管、读数尺（或读数仪）及托架等部件组成。

引张线宜采用浮托式，线长不足 200m 时，可采用无浮托式；引张线应设置防风护管。

引张线端点、测点结构如图 1-14-1 所示。

三、测量的准备

观测前，应检查、调整全线设备，使浮船和侧线处于自由状态，并将测线调整到高于读数尺 0.3～0.5mm 处；一测次应观测两测回（从一端观测到另一端为一测回），测回间应在若干位置轻微拨动侧线，待其静止后再测下一测回。

四、测量的方法

引张线观测有两用仪法、读数显微镜法、自动化观测法。采用读数显微镜观测，观测前检查、调整设备，使浮船和测线处于自由状态，具体步骤如下：

（1）在标尺上读取整毫米数。

（2）将显微镜的两个支撑杆放在钢丝两边的标尺上，测读毫米以下的小数；观测时，调焦至成像清晰，转动显微镜内测管，使得测微分划线与钢丝平行。

（3）左右移动显微镜，使得某一整分划线与标尺刻划线的左边缘重合，读取该整分划线至钢丝左边缘线的间距 a；再移动显微镜使得某一整分划线与标尺刻划线的右边缘重合，读取该整分划线至钢丝右边缘线的间距 b；则读数为整毫米数与 $\dfrac{a+b}{2}$ 相加，也就是钢丝中心在标尺上的读数。

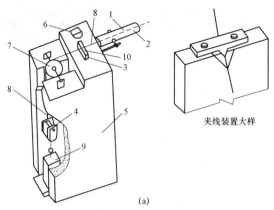

(a)

1—引张线；2—保护管；3—夹线装置；4—线锤连接装置；5—混凝土墩；
6—仪器座；7—滑轮；8—引张线钢线；9—重锤；10—V 形槽

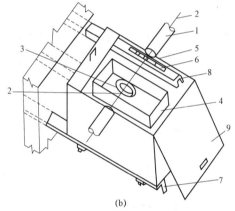

(b)

1—保护箱；2—引张线；3—浮船；4—水箱；5—保护箱；
6—读数尺；7—托梁；8—槽钢；9—箱盖

图 1-14-1　引张线端点、测点结构

（a）引张线端点结构图；（b）引张线测点结构图

（4）从一端测到另一端为一个测回，测回间应在若干部位轻微拨动钢丝等钢丝静止后再进行下一测回。左右边缘读数差和钢丝直径之差不得超过 0.3mm，两侧回观测值之差不得超过 0.3mm。

五、测量的注意事项

（1）引张线钢丝在封闭的管路中，避免钢丝受外界的影响。

（2）引张线处于自由稳定的状态，避免贯风。

（3）严禁直接目测读数。

六、测量的结果分析

引张线系统安装后第一次测量时所得数据建立起监测各点的初始值，其后各点测得的数据与初始值的差值就代表各点的相对位移变化，结合端点位置的垂线系统，则可得到各点的绝对位移变化。水平位移的方向规定：坝体向下游位移为正，向左岸为正，反之为负值。坝顶引张线位移观测记录表见表 1-14-1。

表 1-14-1 坝顶引张线位移观测记录表

测点代号	测点	钢板尺读数（往测）			钢板尺读数（返测）			最终值	备注
		左边缘	右边缘	平均值	左边缘	右边缘	平均值		
EX1	左装间								
EX2	1 号机								平均值=（左边缘读数+右边缘读数）/2；最终值为平均值的算术平均。
EX3	2 号机								
EX4	3 号机								司镜：
EX5	4 号机								记录： 测量时间： 年 月 日 午
EX8	坝 3-1								天气：
EX9	坝 1-2								
EX10	坝 3-1								备注：
EX11	坝 3-2								

【思考与练习】

（1）引张线法测量原理是什么？

（2）引张线法测量方法有哪些？

（3）引张线测量的注意事项有哪些？

◢ 模块 15 垂线法测量大坝水平位移（ZY4202006004）

【模块描述】本模块包含正、倒垂线法测量大坝水平位移的布置方式、测量准备、测量方法、测量记录和数据整理。通过操作技能训练，掌握正、倒垂线测量的方法和数据整理方法。

【模块内容】

一、垂线法测量大坝水平位移

垂线法是以坝体或坝基的铅垂线作为基准线，采用坐标仪测定沿线点位和铅垂线之间的相对水平位移。此类办法适用于各种形式的混凝土坝。垂线采用不锈钢丝制成，钢丝下部吊重锤，悬挂点在上部的称为正垂线；锚固点在基岩深处，依靠顶部浮筒的浮力将钢丝张紧的称为倒垂线。前者可测相对于悬挂点的相对水平位移，后者可测定相对于锚固点的绝对水平位移。

二、垂线装置

正垂线观测系统包括专用竖井、悬线装置固定线夹、活动线夹、观测墩、垂线、重锤和垂线坐标观测仪器等。倒垂线主要包括浮体组、垂线、观测平台、锚固点等。垂线装置如图 1-15-1 所示。

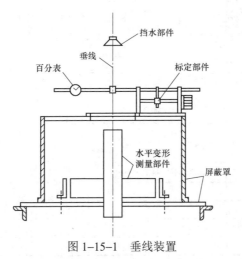

图 1-15-1 垂线装置

测线宜采用强度较高的不锈钢丝或不锈铟瓦丝，其直径应保证极限拉力大于重锤重量的 2 倍。宜适用 $\phi 1.0 \sim \phi 1.2$ 的钢丝，一般垂线直径不宜大于 $\phi 1.6$。当正、倒垂线结合布置，两者间距较长，不在同一观测墩上衔接时应在两个监测墩上设置标志，用铟瓦尺量取两监测墩间距离的变化。

三、测量的准备及注意事项

观测前，应对垂线设备进行检查，特别要检查人为移动钢丝后的复位性能。钢丝的复位性能主要是与浮力大小有关，浮力越大，使钢丝复位的水平分力越大，就能使浮体克服浮液的阻力，较快地复位，钢丝复位是影响观测精度的关键所在。然后检查浮体是否能在油箱中自由移动，最后还要检查防风措施，以免垂线受气流影响而不稳定。

四、测量的方法

正垂线观测方法分一点支承多点观测法和多点支承一点观测法两种。前者是利用一根垂线观测各测点的相对位移；后者是用一台设在垂线最低点的垂线观测仪，并在各高程测点埋设活动夹线装置，自上而下依次在各测点用活动线夹把垂线夹住，用观测仪来观测各点所得观测值减去初始值即为各测点与垂线最低点之间的相对挠度。

倒垂线观测采用多点观测法。在各测点设观测墩，安置仪器进行观测，即得各测点对于基岩深处的相对挠度。因为倒垂线的端部锚固在基岩的深处稳定可靠，可以认为不产生任何位移。

倒垂线观测可采用光学垂线坐标仪或其他同精度仪器，也可采用遥测垂线坐标仪。采用人工观测时具体步骤：

（1）将测点底座清扫干净，然后安置垂线观测仪，整平仪器，照准垂线。

（2）调整仪器，瞄准系统左右、前后移动，使得黑色十字像恰好位于分划板的透明十字的中央，再从两个垂直的分划尺和游标读出坐标值。

（3）每一测次应观测两测回，两测回观测值之差不得大于 0.15mm。

（4）一条垂线上各测点的观测，应从上而下，或从下而上，依次在尽量短的时间内完成。

垂线人工观测记录见表 1-15-1。

表 1-15-1 垂线人工观测记录表 （mm）

测量时间：						
方向			X（左-右）		Y（上-下）	
测点	1	2	平均值	1	2	平均值
1						
2						
3						
4						

以倒垂线的监测为例，在设备安装后的第一次测量所得数据建立起监测点各点的初始值，利用本次测值减去初始值即为该点相对位移，也即该点相对于基岩锚固点的绝对位移值。垂线装置时常与引张线装置结合，作为引张线系统的基准，从而可以测得引张线各测点的绝对位移变化。

【思考与练习】

（1）垂线法测量的原理是什么？

（2）垂线装置的分类有哪些？

（3）相对位移、绝对位移如何计算？

◢ 模块 16　真空激光法测量大坝垂直位移（ZY4202006005）

【模块描述】本模块包含真空激光法测量大坝水平位移的布置方式、人工测量准备、人工测量方法、人工测量记录和数据整理。通过操作技能训练，掌握真空激光法测量的方法和数据整理方法。

【模块内容】

一、测点布置

真空激光系统适用于测量坝体和坝基的垂直位移，真空激光系统应设在水平廊道内，两端应设垂直位移工作基点。某混凝土坝坝顶真空激光布置图如图 1-16-1 所示。

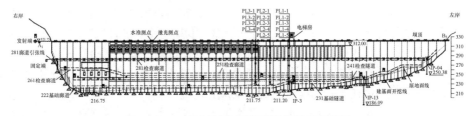

图 1-16-1　某混凝土坝坝顶真空激光布置图

二、结构与工作原理

1. 结构

真空激光准直系统分为激光准直系统和真空管道系统两部分。激光准直（波带板激光准直）由激光点光源（发射点）、波带板及其支架（测点）和激光探测仪（接收端点）组成，波带板支架固定在观测墩上，用微电机带动波带板起落，由接收端操作控制，波带板宜采用圆形。激光点光源包括定位扩束小孔光栏、激光器和激光电源。小孔孔光栏的直径应使激光束在第一块波带板处的光斑直径大于波带板有效直径的 1.5～2 倍。

真空管道系统包括真空管道、测点箱、软连接段、两端平晶密封段、真空泵及其配件。真空管道宜选用无缝钢管，其内径应大于波带板最大通光孔径的 1.5 倍，或大于测点最大位移量引起象点位移的 1.5 倍，但不宜小于 150mm。测点箱与坝体牢固结合，使之代表坝体位移。测点箱两侧应开孔，以便通过激光。同时应焊接带法兰的短管，与两侧的软连接段连接。测点箱顶部应有能开启的活门，以便安装或维护波带板及其配件。每一测点箱和两侧管道间必须设软连接段。软连接段一般采用金属波纹管，其内径应和管道内径一致，波数依据每个波的允许位移量和每段管道的长度、气温变化幅度等因素确定。两端平晶密封段必须具有足够的刚度，其长度应略大于高度，并应和端点观测墩牢固结合，保证在长期受力的情况下，其变形对测值的影响可忽略不计。真空泵应配有电磁阀门和真空仪表等附件。

真空激光结构简图如图 1-16-2 所示。

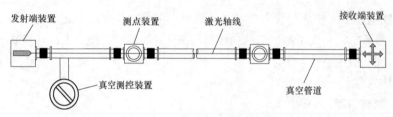

图 1-16-2　真空激光结构简图

2. 工作原理

真空激光准直系统采用激光器发出一束激光，穿过与大坝待测部位固结在一起的波带板，在接收端的成像屏上形成一个衍射光斑。利用 CCD 坐标仪测出光斑在成像屏上的位移变化，即可求得大坝待测部位相对于激光轴线的位移变化。

激光传输空间介质折射率的变化会直接影响到激光准直精度。对于气体来说，其折射率变化与气体的压强、温度以及温度梯度和压强梯度有关。

在通常情况下大气温度梯度的影响是其折射率梯度存在的主要因素，而压强梯度项的影响可以不考虑。而从温度梯度项分析只要减低压强 P，则可以减弱温度梯度对大气折射率变化的影响。

三、人工测量准备

（1）观测前应检查管道内的气压是否在 30Pa 以下，如不满足要求则系统需抽真空。

（2）检查储水箱水质是否清澈，水位不得低于 1/2 箱高。

（3）现场抽真空操作前应对抽真空设备进行一次检查，检查内容为真空泵油、循环冷却水是否在规定的范围内，真空泵传动带是否过松，电接点真空表的上下限设定是否正常等。

四、人工测量方法

人工观测在接收端和真空泵室操作，至少观测两次，每人各一次。具体操作步骤如下：

（1）检查冷却水箱内水位是否正常，真空泵油位是否正常，一般可定期检查，保证液位正常时再启动系统工作。

（2）将控制箱操作模式开关转动至"手动"状态。

（3）等候 1min（等电源模块的显示灯完全熄灭后），开系统电源：按下激光电源开关，指示灯亮。

（4）开冷却水泵电源，按下电磁阀开关，指示灯亮。

（5）待冷却水泵正常工作后，再开真空泵电源开关，启动 5～10min 后，关闭真空泵，关闭冷却水泵。

（6）开麦氏表阀门，进行人工真空度的测读，应反复多次缓缓转动麦氏表，进行读数，一般在数次后其读数才趋向稳定。此时的读数即反映了真空管道内的真空度。真空度在 30Pa 即可进行系统测量操作。

（7）系统压力降至 30Pa 以下，按下相应系统的"停止"按钮即停止抽真空。

（8）选择测点使波带板落下。

（9）移动瞄准镜使其对准"光斑"，读数，记录。

（10）下一测点落下，移动瞄准镜使其对准"光斑"，读数，记录，至最后一测点测完两次。

（11）完成操作后，将控制箱上操作模式开关转至"自动"状态，系统即恢复按原先确定的间隔时间的定时自动工作状态。

五、人工测量记录和数据整理

人工测量记录和数据整理表见表 1-16-1。

表 1-16-1　　　　　　　　人工测量记录和数据整理表

每次观测由发射端点逐点观测，共独立进行两次，各测点的观测成果按两次测值平均值计算。两次人工读数之差不能超过 0.30mm，否则重新测量。　测点编号	观测日期	测次	X_i读数(mm)	X_i平均值(mm)	X_i误差(mm)	Z_i读数(mm)	Z_i平均值(mm)	Z_i误差(mm)	X_i相对位移	X_i绝对位移	Z_i相对位移	Z_i绝对位移
01 坝段												
02 坝段												

X_i 相对位移是指第 i 个测点上、下游方向相对于激光发射端的位移量，Z_i 相对位移是指第 i 个测点竖直方向相对于激光发射端的位移量；Xi 是指第 i 个测点上、下游方向加上激光发射端本身上、下游方向位移后的绝对位移，Zi 是指第 i 个测点竖直方向加上激光发射端本身竖直方向位移后的绝对位移。

【思考与练习】

（1）真空激光准直系统主要由哪些部件组成？

（2）真空激光准直系统的工作原理是什么？

（3）简述真空激光准直系统人工测量方法。

（4）真空激光准直系统在什么情况下测出的相对位移和绝对位移？

▶ 模块 17　坝区垂直位移监测网的测量准备、测点的埋设 方法、测量的辅助工作（ZY4202007001）

【模块描述】 本模块包含坝区垂直位移监测网的布置方式、测量准备；一、二等水准线路的选点、敷设工作；水准基点、水准工作基点、水准点的选点、埋设方法和要求。通过案例分析，掌握垂直位移监测网的测量辅助工作内容。

【模块内容】

一、坝区垂直位移监测网的布设遵循原则

（1）坝体和坝基的垂直位移，应采用一等水准测量，并应尽量组成水准网。近坝区岩体、高边坡和滑坡体的垂直位移，可采用二等水准测量。一等水准网应尽早建成，并取得基准值。

（2）水准路线上每隔一定距离应埋设水准点。水准点分为基准点（水准原点）、工作基点（坝体、坝基垂直位移观测的起测基点）和测点三种。

（3）坝区垂直位移监测网的点位要求稳定，不受洪水、施工干扰的影响，便于使用、保存和维护。可以在施工区以外的地方，设置 2 个基本的高程点（最好是基岩标），作为控制网的基准点。

二、选点与造埋

（一）选点

（1）选定水准路线：

1）应尽量沿坡度较小的公路、大路进行。

2）应避开土质松软的地段和磁场甚强的地段。

3）应避开行人、车辆来往繁多的街道和大的火车站等。

4）应尽量避免通过大的河流、湖泊、沼泽与峡谷等障碍物。

5）当一等水准路线通过大的岩层断裂带或地质构造不稳定的地区时，应会同地质地震有关部门，共同研究选定。

（2）选定水准点位：选定水准点时，必须能保证点位地基坚实稳定、安全僻静，并利于标石长期保存与观测。

水准点应尽可能选在路线附近机关、学校、公园内。下列地点，不应选埋水准点：

1）易受水淹、潮湿或地下水位较高的地点。

2）易发生土崩、滑坡、沉陷、隆起等地面局部变形的地区。

3）上堆、河堤、冲积层河岸及土质松软与地下水位变化较大（如油井、机井附近）的地点。

4）距铁路 50m、距公路 30m（特殊情况可酌情处理）以内或其他受剧烈震动的地点。

5）不坚固或准备拆修的建筑物上。

6）短期内将因修建而可能毁掉标石或阻碍观测的地点。

7）地形隐蔽不便观测的地点。

（二）埋石

（1）混凝土水准标石的造埋。混凝土基本标石，须在现场浇灌。混凝土普通标石，可先行预制柱体，然后运至各点埋设。在有条件的地区，基本标石与普通标石，均可用整块的花岗岩等坚硬石料凿制成不小于规定尺寸的柱石代替混凝土柱石并在其顶部中央位置凿一个光滑的半球体代替水准标志。柱石埋设时，其底盘必须在现场浇灌。

（2）标石的稳定时限。水准标石埋设后，一般地区至少需经过一个雨季，冻土地区至少还需经过一个冻解期，岩层上埋设的标石至少需经过一个月，方可进行观测。

根据坝区垂直位移监测网布设技术方案，在稳定区域进行水准标点造埋。水准标志埋设示意图如图 1-17-1 所示。

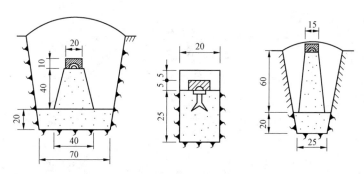

图 1-17-1 水准标志埋设示意图

控制点埋设与造埋要求可参照相关规范的规定。

三、测量准备

针对监测网观测工程的特性与环境，组织项目工作人员进行系统培训，根据任务特性，明确工作人员的针对性分工，保证每项工作由合适的人员担任，对监测系统加强事前巡视检查与宣传，保护标点的完好性，对经检定合格的拟投入的观测仪器（电子水准仪徕卡 DNA03）严格外观检查与模拟测试，跟踪天气预报，以确保监测工作的顺利展开。

（一）现场观测条件控制

外业要求选择最佳观测时段进行，以确保观测的正确性。监测网工程最佳观测时段依据规范结合坝区现场环境条件选择，观测待仪器温度与外界气温一致后开始，晴天观测过程中对仪器用测伞遮阳。水准在晴天观测要避免温度剧变时段进行，并及时校核 i 角的变化，数码式水准仪 DNA03 之 i 角校测值可设置在仪器中，观测过程中仪器对实测数据自动实时改正。

（二）测站观测控制

测站上的观测已按测量计划输入仪器，由测量软件控制执行，当观测数据超限时，由站上测量工程师及时依据仪器提示信息进行操作。观测在操作正常条件下，同一测站出现 3 次不合格时，应停止观测。

（三）仪器准备

（1）充电：使用充电器对电池进行充电。

（2）安装电池，插入 PC 卡。

（3）安置仪器。首先打开三脚架，安置三脚架要求高度适当、架头大致水平并牢固稳妥，然后把水准仪用中心连接螺旋连接到三脚架上，取水准仪时必须握住仪器的坚固部位，并确认已牢固地连结在三脚架上之后才可放手。

（四）仪器的整平

（1）先旋转两个脚螺旋，然后旋转第三个脚螺旋。

（2）旋转两个脚螺旋时必须作相对的转动，即旋转方向应相反。

（3）气泡移动的方向始终和左手大拇指移动的方向一致。

用脚螺旋将圆水准器气泡居中，将仪器旋转 180°，检查气泡是否居中，如不居中须进行圆水准器改正。自动安平仪器由于采用了自动调平补偿装置，因此圆水准器可以有微小的偏移。

（五）调节目镜对光螺旋消除视差

用望远镜照向远处的天空或白色物体为背景，转动目镜螺旋使十字丝线最黑最清晰。再瞄准水准尺，转动调焦螺旋使影像清晰，上下微微移动眼睛，确保尺分划和十字丝之间无相对移动。

四、坝区垂直位移监测网测一般规定

（1）观测前 30min，应将仪器置于露天阴影处，使仪器与外界气温趋于一致，观测时应用测伞遮蔽阳光，迁站时应罩以仪器罩。

（2）仪器距前、后视水准标尺的距离应尽量相等，其差应小于规定的限值，二等水准测量中规定，一测站前、后视距差应小于 1.0m，前、后视距累积差应小于 3m，这样可以消除或削弱与距离有关的各种误差对观测高差的影响，如 i 角误差和垂直折光等影响。

（3）对气泡式水准仪，观测前应测出倾斜螺旋的置平零点，并做标记，随着气温变化，应随时调整置平零点的位置。对于自动安平水准仪的圆水准器，须严格置平。

（4）同一测站上观测时，不得两次调焦，转动仪器的倾斜螺旋和测微螺旋，其最后旋转方向均应为旋进，以避免倾斜螺旋和测微器隙动差对观测成果的影响。

（5）在两相邻测站上，应按奇、偶数测站的观测程序进行观测，对于往测奇数测站按"后前前后"、偶数测站按"前后后前"的观测程序在相邻测站上交替进行。返测时，奇数测站与偶数测站的观测程序与往测时相反，即奇数测站由前视开始，偶数测站由后视开始。这样的观测程序可以消除或减弱与时间成比例均匀变化的误差对观测高差的影响，如 i 角的变化和仪器的垂直位移等影响。

（6）在连续各测站上安置水准仪时，应使其中两脚螺旋与水准路线方向平行，而第三脚螺旋轮换置于路线方向的左侧与右侧。

（7）每一测段的往测与返测，其测站数均应为偶数，由往测转向返测时，两水准标尺应互换位置，并应重新整置仪器。在水准路线上每一测段仪器测站安排成偶数，可以削减两水准标尺零点不等差等误差对观测高差的影响。

（8）每一测段的水准测量路线应进行往测和返测，这样可以消除或减弱性质相同、正负号也相同的误差影响，如水准标尺垂直位移的误差影响。

（9）一个测段的水准测量路线的往测和返测应在不同的气象条件下进行，如分别在上午和下午观测。

（10）使用补偿式自动安平水准仪观测的操作程序与水准器水准仪相同。观测前对圆水准器应严格检验与校正，观测时应严格使圆水准器气泡居中。

（11）水准测量的观测工作间歇时，最好能结束在固定的水准点上，否则，应选择两个坚稳可靠、光滑突出、便于放置水准标尺的固定点，作为间歇点加以标记，间歇后，应对两个间歇点的高差进行检测，检测结果如符合限差要求（对于二等水准测量，规定检测间歇点高差之差应小于或等于 1.0mm），就可以从间歇点起测。若仅能选定一个固定点作为间歇点，则在间歇后应仔细检视，确认没有发生任何位移，方可由间歇点起测。

【思考与练习】

（1）坝区垂直位移监测网的布设遵循原则是什么？

（2）坝区垂直位移监测网测一般规定是什么？

▲ 模块 18　坝区垂直位移监测网的施测方法
（ZY4202007002）

【模块描述】本模块包含使用 DS05 级水准仪采用几何水准法完成一等垂直位移控制网测量的方法、步骤及观测技术指标和要求。通过操作技能训练，掌握 DS05 级水准仪测量的施测方法。

【模块内容】

一、测量方法及步骤

（一）测站观测程序

（1）往测，奇数测站照准水准标尺分划的顺序为：① 后视标尺的基本分划；② 前视标尺的基本分划；③ 前视标尺的辅助分划；④ 后视标尺的辅助分划。

（2）往测时，偶数测站照准水准标尺分划的顺序为：① 前视标尺的基本分划；② 后视标尺的基本分划；③ 后视标尺的辅助分划；④ 前视标尺的辅助分划。

返测时，奇、偶数测站照准标尺的顺序分别与往测偶、奇数测站相同。

（二）一测站的操作程序

按光学测微法进行观测，以往测奇数测站为例，一测站的操作程序如下：

（1）置平仪器。气泡式水准仪望远镜绕垂直轴旋转时，水准气泡两端影像的分离，不得超过 1cm；对于自动安平水准仪，要求圆气泡位于指标圆环中央。

（2）将望远镜照准后视水准标尺，使符合水准气泡两端影像近于符合（双摆位自动安平水准仪应置于第 I 摆位）。随后用上、下丝分别照准标尺基本分划进行视距读数［见表 1–18–1 中的（1）和（2）］。视距读取 4 位，第四位数由测微器直接读得。然后，使水准气泡两端影像精确符合，使用测微螺旋用楔形平分线精确照准标尺的基本分划，并读取标尺基本分划和测微分划的读数［见表 1–18–1 中的（3）］。测微分划读数取至测微器最小分划。

表 1-18-1 测 量 数 据 记 录 表

测量时间　年　月　日　　始：　时　分；末：　时　分

天气　　　　　　　　温度　　　　　　　　风力

后尺	下丝	前尺	下丝	方尺及向号	标尺读数		基+K减辅（一减二）	备注
	上丝		上丝		基本分划（一次）	辅助分划（二次）		
后距		前距						
视距差 d		∑d						
(1)		(5)		后	(3)	(8)	(14)	
(2)		(6)		前	(4)	(7)	(13)	
(9)		(10)		后-前	(15)	(16)	(17)	
(11)		(12)		h	—		(18)	
				后				
				前				
				后-前				
				h				

（3）旋转望远镜照准前视标尺，并使符合水准气泡两端影像精确符合（双摆位自动安平水准仪仍在第Ⅰ摆位），用楔形平分线照准标尺基本分划，并读取标尺基本分划和测微分划的读数［见表 1-18-1 中的（4）］。然后用上、下丝分别照准标尺基本分划进行视距读数［见表 1-18-1 中的（5）和（6）］。

（4）用水平微动螺旋使望远镜照准前视标尺的辅助分划，并使符合气泡两端影像精确符合（双摆位自动安平水准仪置于第Ⅱ摆位），用楔形平分线精确照准并进行标尺辅助分划与测微分划读数［见表 1-18-1 中的（7）］。

（5）旋转望远镜，照准后视标尺的辅助分划，并使符合水准气泡两端影像精确符合（双摆位自动安平水准仪仍在第Ⅱ摆位），用楔形平分线精确照准并进行辅助分划与测微分划读数［见表 1-18-1 中的（8）］。

二、数据记录

（一）记录要求

（1）一切外业观测值和记事项目，必须在现场直接记录于手簿中。外业手簿应按统一格式装订成册，每册的页码应予编号。

（2）水准测量的往测与返测应分别记录于两本手簿中，单号手簿记录往测成果，双号手簿记录返测成果。单程测量结果跨记于两本手簿时，应在第一本手簿的末页注明下接某号手簿某页，在第二本手簿的起始页注明上接手簿的某页。

水准路线与支线的观测结果，须分册记录。手簿中的路线图，可只绘于往测手簿上，其比例尺根据本手簿施测的路线长度决定。

（二）记录项目

（1）每测段的始、末、工作间歇的前后及观测中气候变化时，须记录观测日期、时间（北京时）、大气温度（仪器高度处温度）、标尺温度、天气、成像、风向、风力。

（2）每测站须记录上、下丝在前后标尺的读数，前后标尺基、辅分划面的读数。每五个测站记录一次标尺温度。

三、测量数据计算

读数的记录部分见表 1–18–1 中第（1）～（8）栏、（9）～（18）栏是计算部分，现以往测奇数测站的观测程序为例，来说明计算内容与计算步骤。

视距部分的计算：

$$（9）=（2）-（1）$$

$$（10）=（6）-（5）$$

$$（11）=（9）-（10）$$

$$（12）=（11）+前站（12）$$

高差部分的计算与检核：

$$（14）=（3）+K-（8）$$

式中 K——基辅差。

$$（13）=（4）+K-（7）$$

$$（15）=（3）-（4）$$

$$（16）=（8）-（7）$$

$$（17）=（14）-（13）=（15）-（16）$$

检核：

$$（18）=\frac{1}{2}\left[（15）+（16）\right]$$

以上即一测站全部操作与观测过程。一、二等精密水准测量外业计算尾数取位见表 1–18–2 规定。

表 1–18–2　　　　　一、二等精密水准测量外业计算尾数取位

项目等级	往（返）测距离总和（km）	测段距离中数（km）	各测站高差（mm）	往（返）测高差总和（mm）	测段高差中数（mm）	水准点高程（mm）
一	0.01	0.1	0.01	0.01	0.1	1
二	0.01	0.1	0.01	0.01	0.1	1

表 1–18–1 中的观测数据系用 N3 精密水准仪测得的，当用 S1 型或 Ni 004 精密水准仪进行观测时，由于与这种水准仪配套的水准标尺无辅助分划，故在记录表格中基本分划与辅助分划的记录栏内，分别记入第一次和第二次读数。

四、测量限差

测量限差见表 1–18–3、表 1–18–4。

表 1–18–3　　　　　　　　　　　　测 量 限 差（一）

等级	视线长度	前后视距差	视距差累积	视线高	两次读数差	两次高差之差	间隙点高差之差
一	≤30m	≤0.5m	≤1.5m	≥0.5m	0.3mm	0.4mm	0.7mm
二	≤50m	≤1.0m	≤3.0m	≥0.3m	0.4mm	0.6mm	1.0mm

见表 1–18–4。

表 1–18–4　　　　　　　　　　　　测 量 限 差（二）

等级	偶然中误差（mm/km）	全中误差（mm/km）	往返观不符值（mm）	符合路线闭合差（mm）	环线闭合差（mm）
一	±0.45	±1.0	$±1.8\sqrt{R}$	$±2\sqrt{F}$	$±2\sqrt{F}$
			$±0.3\sqrt{n_1}$	$±0.3\sqrt{n_2}$	$±0.3\sqrt{n_2}$
二	±1.00	±2.0	$±4\sqrt{R}$	$±4\sqrt{F}$	$±4\sqrt{F}$
			$±0.6\sqrt{n_1}$	$±0.6\sqrt{n_2}$	$±0.6\sqrt{n_2}$

注　R 为测段长度，以 km 计；F 为环线长度或符合路线长度，以 km 计；n_1 为测段测站数（单程）；n_2 为环线或符合路线测站数。

若测段路线往返测不符值超限，应先就可靠程度较小的往测或返测进行整测段重测；附合路线和环线闭合差超限，应就路线上可靠程度较小，往返测高差不符值较大或观测条件较差的某些测段进行重测，如重测后仍不符合限差，则需重测其他测段。

五、测量精度

测量精度根据往返测的高差不符值来评定，因为往返测的高差不符值集中反映了水准测量各种误差的共同影响，这些误差对水准测量精度的影响，不论其性质和变化规律都是极其复杂的，其中有偶然误差的影响，也有系统误差的影响。

根据研究和分析可知，在短距离，如一个测段的往返测高差不符值中，偶然误差是得到反映的，虽然也不排除有系统误差的影响，但毕竟由于距离短，所以影响很微弱，因而从测段的往返高差不符值 Δ 来估计偶然中误差，还是合理的。在长的水准线路中，例如一个闭合环，影响观测的，除偶然误差外，还有系统误差，而且这种系统误差，在很长的路线上，也表现有偶然性质。环形闭合差表现为真误差的性质，因而可以利用环形闭合差 W 来估计含有偶然误差和系统误差在内的全中误差，现行水准规范中所采用的计算水准测量精度的公式，就是以这种基本思想为基础而导得的。

由 n 个测段往返测的高差不符值 Δ 计算每千米单程高差的偶然中误差（相当于单位权观测中误差）的公式为：

$$\mu = \pm\sqrt{\dfrac{\dfrac{1}{2}\left[\dfrac{\Delta\Delta}{R}\right]}{n}} \qquad (1\text{--}18\text{--}1)$$

往返测高差平均值的每千米偶然中误差为：

$$M_\Delta = \frac{1}{2}\mu = \pm\sqrt{\frac{1}{4n}\left[\frac{\Delta\Delta}{R}\right]} \qquad (1\text{--}18\text{--}2)$$

式中　Δ ——各测段往返测的高差不符值，mm；

　　　R——各测段的距离，km；

　　　n——测段的数目。

按水准规范规定，一、二等水准路线须以测段往返高差不符值计算每千米水准测量往返高差中数的偶然中误差 M_Δ。当水准路线构成水准网的水准环超过 20 个时，还需按水准环闭合差 W 计算每千米水准测量高差中数的全中误差 M_W。

计算每千米水准测量高差中数的全中误差的公式为：

$$M_W = \pm\sqrt{\frac{W^T Q^{-1} W}{N}} \qquad (1\text{--}18\text{--}3)$$

式中　W——水准环线经过正常水准面不平行改正后计算的水准环闭合差矩阵；

　　　W^T——W 的转置矩阵；

　　　N——水准环的数目；

　　　Q——协因数矩阵，矩阵中对角线元素为各环线的周长 $F_1, F_2, \cdots, F_N$，非对角线元素，如果图形不相邻，则一律为零；如果图形相邻，则为相邻边长度（千米数）的负值。

每千米水准测量往返高差中数偶然中误差 M_Δ 和全中误差 M_W 的限值见表 1--18--5 中。偶然中误差 M_Δ，全中误差 M_W 超限时，应分析原因，重测有关测段或路线。偶然中误差、全中误差限值见表 1--18--5。

表 1–18–5　　　　　　　　偶然中误差、全中误差限值

等级	一等（mm）	二等（mm）
M_Δ	≤0.45	≤1.0
M_W	≤1.0	≤2.0

【思考与练习】

（1）简述光学测微法一测站的操作程序。一、二等精密水准测量外业计算尾数取位如何规定？

（2）如何计算每千米水准测量高差中数的全中误差？

◢ 模块 19　坝区垂直位移监测网的数据的后处理、资料的整理与平差（ZY4202007003）

【模块描述】本模块包含垂直位移控制网外业观测成果的整理、检查，掌握平差计算和精度分析方法，编制技术总结。通过操作实例分析讲解，掌握坝区垂直位移监测网数据的后处理方法。

【模块内容】

一、坝区垂直位移监测网数据的后处理

（一）计算检核

计算检核可以检查出每站高差计算中的错误，及时发现并纠正错误，保证计算结果的正确性。计算检核可按式（1–19–1）进行。

$$\sum h = H_{终} - H_{始} \tag{1–19–1}$$

式（1–19–1）成立时，表示计算正确，否则说明计算中有错误。

（二）成果检核

实际测量得到的该段高差与该段高差的理论值之差即为测量误差，称为高差闭合差，一般用式（1–19–2）表示。

$$f_h = \sum h_{测} - \sum h_{理} \tag{1–19–2}$$

如果高差闭合差在限差允许之内，则观测精度符合要求，否则应当重测。测量的高差闭合差的允许值根据测量的等级不同而异。

（三）技术总结

测量外业结束后，工作执行者需按下列内容编写技术总结。

（1）路线的名称、等级、长度及测区的自然地理特点，沿道路的质量、土质植被情况，平均每千米的测站数。

（2）施测单位名称，工作开始与结束年、月、日，参加作业人员的技术状况，作业所依据的规范。

（3）作业的平均气温，阴晴天数、一般风向与分级、最大风级等。

（4）水准仪、水准标尺的类型、尺码、检验项目，尺承类型、重量级使用个数，作业仪器出现的异常处理情况。

（5）每个组工天完成的千米数及测站数。

（6）每千米偶然中误差，各区段上下午测站不对称数与总测站数的比例，产品质量评定结果，脱离规范的事项及其原因，重测的总千米数及其主要原因。

（7）节点及连接电的检测段数及总里程，新旧高差不符状况，连接点变动的原因及处理情况。

（8）利用旧点情况，新旧点名与高差对照表，支线测量的里程和等级。

（9）作业中发现的重大问题和处理情况。

（10）作业中的经验，为减弱系统误差采取的措施，对今后复测该路线时的建议及其他需要说明的情况。

（四）上交资料

经过检查验收的测量成果，须按路线进行清点整理，编制目录，并列清单，上交资料管理部门，资料项目如下：

（1）技术设计书。

（2）着墨的原始水准点之记。

（3）水准路线图及结点接测图。

（4）测量标志委托保管书（两份）及批准征用土地文件。

（5）水准仪、水准尺检验资料、标尺检验资料及标尺长度改正数综合表。

（6）水准观测手簿、记录磁带、磁盘和纸带，水准点上重力测量资料。

（7）水准测量外业高差及概略高程表两份。

（8）外业高差各项改正数计算资料。

（9）外业技术总结。

（10）验收报告。

二、实例分析数据的后处理

某坝区垂直位移监测网布置设计图如图 1-19-1 所示，水准基点及节点设置见表 1-19-1。

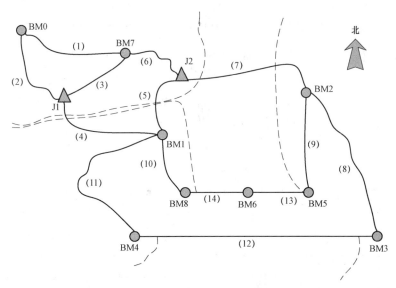

图 1-19-1 坝区垂直位移监测网布置设计图

如果每次垂直位移监测网观测自原点 BM 引测，则垂直位移监测网的最弱点（中误差最大的点）为 BM3。

垂直位移监测网经过平差后，BM3 点的中误差 m 可用式（1-19-3）表达。

$$\left.\begin{array}{l} m = \mu \sqrt{\dfrac{1}{P_{后}}} \\[3mm] P_{后} = P\dfrac{n}{t} \end{array}\right\} \qquad (1\text{-}19\text{-}3)$$

$$\frac{1}{P} = \frac{1}{P_1} + \frac{1}{P_6} + \frac{1}{P_7} + \frac{1}{P_8} \qquad (1\text{-}19\text{-}4)$$

式中　　　m——平差后 BM3 点观测结果的中误差，mm；

　　　　　μ——单位权中误差 ，mm；

　　　　　$P_{后}$——平差后 BM3 点观测结果的权数；

　　　　　P——平差前 BM3 点观测值的权数；

　　　　　n——水准问观测值的个数（水准路线数）；

　　　　　t——水准网未知数的个数（预测基点和节点的个数）；

P_1、P_6、P_7、P_8——（1）、（6）、（7）、（8）号水准路线测值的权数。

如果用测站数表示各水准路线测值的权数，则 $P_1 = \dfrac{1}{32}$；$P_6 = \dfrac{1}{8}$；$P_7 = \dfrac{1}{12}$；$P_8 = \dfrac{1}{42}$；

$P=\dfrac{1}{94}$ 按式（1–19–1）计算的平差后 BM3 观测结果中误差为 8.19 μ 。

　　按规范要求，垂直位移监测网最弱点观测值中误差 m 不应大于 1mm。如果使 $m=1$mm 代入式，则求得垂直位移监测观测要求达到的单位权中误差（一个测站观测结果的中误差）值为 0.12mm。为达到一个测站观测结果中误差为 0.12mm 的精度要求，垂直位移监测网的观测应按国家一等水准测量要求进行。

　　垂直位移监测网各水准路线参数表见表 1–19–1。

表 1–19–1　　　　　　　　　　垂直位移监测网各水准路线参数表

路线号	长度（m）	高差（m）	测站数
1	1020	35	32
2	700	34	20
3	550	1	10
4	1000	3	28
5	500	1	10
6	400	1	8
7	750	2	12
8	1500	62	42
9	1050	6	18
10	800	0	14
11	1350	67	40
12	1100	0	16
13	250	0	6
14	250	0	0
合计	11 220		256

注　此表的数据为粗估计值，仅供水准网观测设计用。水准网的高程系统，采用水工建筑物设计时使用的大连海面高程系统，并与目前国家规定的正常高系统（以 1956 年由青岛验潮站求出的黄海平均海水面为准推算）建立联系。

（一）垂直位移监测网观测工作的主要内容

（1）垂直位移监测网各水准路线的一等水准测量，共 14 条水准路线，总长约 11.22km。

（2）水准基点组内各基点间及基点本身各标志之间的水准观测。

（3）垂直位移监测网的平差，各水准基点、测点高程及垂直位移的计算。

（二）水准网及符合水准路线的平差

1. 水准网的平差

水准网的平差按"最小二乘法"，改正数平方和最小为原则进行计算。

（1）编制概略高差表。概略高差为观测高差加入水准标尺尺长和温度两项改正。尺长改正和温度改正按式（1–19–5）进行计算。

$$\left.\begin{array}{l}\delta_1 = \varDelta_h f \\ \delta_t = \varDelta_h a(t_i - t_0)\end{array}\right\} \qquad (1\text{–}19\text{–}5)$$

式中　δ_1——水准尺的尺长改正，mm；

　　　δ_t——水准尺的温度改正，mm；

　　　$\varDelta_h$——观测高差值，计算 δ_1 时以 m 计，计算 δ_t 时以 mm 计；

　　　f——水准尺每米长与真长之差，按水准尺每米长度检验资料确定；

　　　a——因瓦合金钢水准标尺的线膨胀系数；

　　　t_i——一组水准路线现场气温观测平均值，℃；

　　　t_0——水准尺检定时的气温值，℃。

（2）采用专业的相关平差程序进行水准网的平差计算。得出平差后的高差值和各点高程值，并进行平差后成果的精度评定。

2. 符合水准路线的平差

当闭合差 f_h 小于允许闭合差 f_h 允时，应对闭合差进行合理的分配（平差）。符合水准路线高差闭合差的分配，是按与路线的长度成正比分配闭合差。设第 i 测段的改正数为 V_i，则根据上述法则，有：

$$V_i = -\frac{f_h}{\sum L} l_i \qquad (1\text{–}19\text{–}6)$$

式中　$\sum L$——所有测段千米数总和；

　　　l_i——第 i 段的千米数。

闭合差分配后，可用式（1–19–7）检核计算是否正确。

$$\sum v = -f_h \qquad (1\text{–}19\text{–}7)$$

3. 水准基点稳定性评定

每次水准网的观测中，应进行基点组内部的水准观测。如基点组的基点数等于或超过三个，可以通过历次基点组内部水准观测结果的分析，确定引测基点的稳定性，当引测基点的垂直位移达到 0.5mm 以上时，应考虑对相应时段自该引测的建筑物垂直位移值进行修正和更换引测基点的问题。对 BM5、BM6、BM8 三组基点，因每点基点数较少，可以根据三个基点组间各次水准网观测结果进行综合分析，以确定各引测基点的稳定性。

通过历次水准网观测结果分析各基点组的稳定性时，必须选择水库水位接近的测值进行比较。考虑水准网最弱点观测平差后结果的中误差为±1mm，最大误差可达2mm，因此实测坝上各水准（工作）基点垂直位移在2mm以内时，不能认为基点发生了变化。

【思考与练习】

（1）坝区垂直位移监测网测完后需要上交哪些资料？

（2）如何进行水准基点的稳定性评定？

（3）如何进行符合水准路线的平差？

▲ 模块 20 坝区平面监测网的测量准备、测点的埋设方法、测量的辅助工作（ZY4202008001）

【模块描述】本模块包含平面控制网布置形式和原则，平面控制网点的选点、埋设方法和要求。通过案例分析，掌握平面位移监测网的测量辅助工作内容。

【模块内容】

一、布置形式和原则

平面控制网是施工测量的基准，必须从网点的稳定、可靠、精确及经济等各方面综合考虑决定。平面控制测量方法的选择，应因地制宜，根据工程规模及放样点的精度要求确定，做到技术先进、经济合理。

坝区平面监测网一般布设成二等边角网。平面控制网的布设梯级可根据地形条件及放样需要决定，以 1～2 级为宜，但最末级平面控制网相对于首级网的点位中误差不应超过±10mm。首级网点的点位中误差应该满足±（5～7）mm。

首级平面控制网的起始点应选在坝轴线或主要建筑物附近。对于长隧洞引水式水电水利工程的平面控制网，也可在首级网的统一控制系统中于大坝区和厂房区分别设立起始点，以保证在统一的控制系统中各区的相对严密性。

首级平面控制网一般为独立网，应利用规划勘测设计阶段布设的测图控制点，对于起算数据，在条件方便时，可与邻近的国家三角点进行联测，精度不低于国家四等网的要求。

平面控制网的观测数据可不做高斯投影改正，可不进行方向改化，仅将边长投影到测区选定的高程面上，采用平面直角坐标系统，在平面上直接进行计算。

平面控制网的技术设计应在全面了解工程建筑物的总体布置、工区的地形特征及施工放样精度要求的基础上进行。设计前应收集下列资料：

（1）施工区现有地形图和必要的地质资料。

（2）规划勘测设计阶段布设的平面和高程控制网成果。

（3）枢纽建筑物总平面布置图。

（4）有关的测量规范和合同文件资料。

平面控制网布设前，应在收集资料的基础上初步确定网点位置，对多种网形结构进行精度优化设计、可靠性分析，确定最佳布网方案。

布设边角网的技术要求如下：

（1）边角组合网的测角与测边的精度匹配宜符合下列要求：

$$\frac{m_\beta}{\sqrt{2}\rho} \approx \frac{m_s}{S} \ \text{或} \ \frac{m_r}{\rho} \approx \frac{m_s}{S} \qquad （1\text{-}20\text{-}1）$$

式中　　m_β、m_r——相应等级控制网的测角中误差、方向中误差，（″）；

　　　　m_s——测距中误差，m；

　　　　S——测距边长，m；

　　　　ρ——常数，$\rho = 206\,265″$。

（2）各站仪器高棱镜高觇牌高的丈量误差对于二、三等网不应超过±1mm。

（3）边角组合网的技术要求见表 1-20-1。

表 1-20-1　　　　　　　　　　边角组合网的技术要求

等级	边长（m）	测角中误差（″）	平均边长相对中误差	测距仪标称精度（mm/km）	测回数		
					边长（m）	水平角	天顶距
二等	500～1500	±1.0	1:250 000	±2	往返各 2	9	4

二、选点、埋设方法和要求

平面控制网点应选在通视良好、交通方便、地基稳定且能长期保存的地方。视线离障碍物（距上下和旁侧）不宜小于 1.5m，并避免视线通过吸热、散热较快和强电磁场干扰的地方（如烟囱高压线等）。

对于能够长期保存、离施工区较远的首级网点，应考虑图形结构且便于加密；而直接用于施工放样的控制点则应考虑方便放样，靠近施工区并对主要建筑物的放样区组成有利的图形。控制网点的分布应做到坝轴线下游的点数多于坝轴线上游的点数。

首级平面控制网点和主要建筑物的主轴线点应埋设具有强制归心装置的混凝土观测墩。加密网点中不便埋设具有强制归心装置的混凝土标墩时，可埋设钢架标、地面标。

各等级控制网点周围应有醒目的保护装置，以防止车辆或机械的碰撞。有条件时可建造观测棚。

观测墩上的照准标志可采用各式垂直照准杆、平面觇牌或其他形式的精确照准设备。照准标志的形式、尺寸、图案和颜色应与边长和观测条件相适应。

强制归心装置的顶面应埋设水平，其不平度应小于 4″。照准标志中心线与标墩标心中心的偏差不得大于 1.0mm。

【思考与练习】

（1）简述坝区平面控制网一般布置形式。

（2）简述坝区平面控制网布设原则要求。

（3）简述坝区平面控制网基点选点、埋设方法和要求。

▲ 模块 21　坝区平面监测网的施测方法（ZY4202008002）

【模块描述】本模块包含用全站仪采用方向法测角法、对向测边法进行一、二等边角网的测量原理、测量方法、测量步骤及观测技术指标和要求。通过操作技能训练，掌握用全站仪采用方向法测角法、对向测边法进行一、二等边角网的测量的施测方法并熟知各项观测的技术指标和要求。

【模块内容】

本文主要采用 Leica TM30 进行全自动角度与边长测量，具有高精度、高速度、全自动化设计，长距离自动照准、小视场、数字影像采集等先进技术，全面替代 TCA1800、TCA2003，综合性能超越其 50%。Leica TM30 的水平角和竖直角的测角精度达到 ±0.5″，有棱镜测距精度仅为 0.6mm+1×10⁻⁶mm。自动照准（ATR）范围达到 3000m，更适用于远距离、全天候自动化监测。

一、方向观测法

（一）测量原理

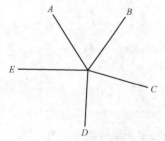

图 1-21-1　方向观测法示意图

如图 1-21-1 所示，若测站上有 5 个待测方向：A、B、C、D、E，选择其中的一个方向（如 A）作为起始方向（亦称零方向），在盘左位置，从起始方向 A 开始，按顺时针方向依次照准 A、B、C、D、E，并读取度盘读数，称为上半测回；然后纵转望远镜，在盘右位置按逆时针方向旋转照准部，从最后一个方向 E 开始，依次照准 E、D、C、B、A 并读数，称为下半测回。上下半测回合为一测回。这种观测方法叫作方向观测法（又叫方向法）。

（二）测量方法

水平角观测前，必须对精密测角仪器进行检验和校正。检验项目和检验方法按有关规定执行。

水平角观测应遵守下列规定：

（1）观测应在成像清晰、稳定的条件下进行。晴天的日出、日落和中午前后，如果成像模糊或跳动剧烈，不应进行观测。

（2）观测过程中，应待仪器温度与外界气温一致后开始观测，应用测量伞遮阳。

（3）仪器照准部旋转时，应平稳匀速，制动螺旋不宜拧得过紧，微动螺旋应尽量使用中间部位，精确照准目标时，微动螺旋最后应为旋进方向。

（4）观测过程中，仪器气泡中心偏移值不得超过一格。当偏移值接近限值时，应在测回之间重新整平仪器。

对于一、二等平面控制网，目标垂直角超过±3°时，应在瞄准目标后读定气泡的偏移值，进行垂直轴倾斜改正。有纵轴倾斜补偿器的全站仪或电子经纬仪可不受本条的限制。

（三）测量步骤

水平角观测一般采用方向观测法光学经纬仪一测回操作步骤如下：

（1）将仪器盘左位置照准零方向标志（即第 1 方向），按水平度盘位置配置公式配置测微器和度盘位置。

（2）顺时针方向旋转照准部 1～2 周后精确照准零方向，旋转测微器使其格线吻合，读定度、分、秒读数，再次旋转测微器使其格线吻合，读定秒数。

（3）顺时针方向旋转照准部，精确照准第 2 方向，按上一步方法进行读数；继续顺时针方向旋转照准部依次进行第 3，4，…，n 方向，最后闭合至零方向。当方向数小于 4 个时，可不闭合至零方向。

（4）纵转望远镜，逆时针方向旋转照准部 1～2 周后，精确照准零方向，按第（2）步方法进行读数。

（5）逆时针方向旋转照准部，按上半测回观测的相反次序依次观测至零方向。

（6）水平方向观测应使各测回读数均匀地分配在度盘和测微器的不同位置上。

（四）观测技术指标和要求

若测站观测方向数超过 6 个时，应分组进行观测。分组观测应包括两个共同方向（其中一个为共同零方向），其两组共同方向观测角之差不应大于同等级测角中误差的 2 倍。两组观测值按等权观测进行测站平差，水平角方向观测法技术要求见表 1-21-1。

表 1-21-1 水平角方向观测法技术要求

两次照准读数差	半测回归零差	一测回中 2C 较差	同方向值各测回误差
4″	5″	9″	5″

注 当两观测方向的垂直角差值超过±3°时，则该两方向之间不进行 2C 值比较，各方向 2C 值按同方向、相邻测回进行比较，其差值仍应符合本表规定。

（1）水平角观测误差超过表 1-21-1 要求时，应在原来度盘位置上进行重测，并符合下列规定：

1）上半测回归零差或零方向 2C 超限时，该测回应立即重测，但不计重测测回数。

2）同测回 2C 较差或各测回同一方向值较差超限，可重测超限方向（应联测原零方向）。一测回中重测方向数超过测站方向总数的 1/3 时，该测回重测。

3）若测错方向、读错、记错、气泡中心位置偏移超过 1 格或个别方向临时被挡，均可随时进行重测。

4）重测必须在全部测回数测完后进行。当重测测回数超过测回总数的 1/3 时，该站应全部重测。

（2）观测导线水平角应遵守下列规定：

1）观测方向数为 2 个时，采用左、右角观测法或全圆方向观测法；当观测方向数超过 2 个时，应采用方向观测法，其观测测回数和观测限差与相应等级的三角测量相同。

2）采用左、右角观测法时，奇数测回观测左角，偶数测回以前进方向为起始方向观测右角。配置度盘始终以观测左角时的起始方向为准。左角和右角分别取中数后相加，与 360° 的差值不应超过该等级测角中误差的 2 倍。

3）如果导线较长，且导线通过地区有明显的旁折光影响时，应将总的测回数分为昼、夜，各观测一半。

4）对于短边导线，应采用三联脚架法观测。

（3）观测手簿的记录检查和观测数据的划改应遵守下列规定：

1）水平角观测的秒值读、记错误，应重新观测，度、分读记错误可在现场更正。但同一方向盘左、盘右不得同时更改相关数字。

2）天顶距观测中，分的读数在各测回中不得连环更改。

水平角观测结束后其测角中误差按下列公式计算，导线网测角中误差的计算方法分两种情况：

按左、右角闭合差计算：

$$m_{\mathrm{b}} = \sqrt{\frac{[\varDelta\varDelta]}{2n}} \qquad\qquad (1{-}21{-}1)$$

按导线方位角闭合差计算：

$$m_{\mathrm{b}} = \sqrt{\frac{1}{N}\left[\frac{f_{\mathrm{b}}f_{\mathrm{b}}}{n}\right]} \qquad\qquad (1{-}21{-}2)$$

式中　m_{b}——测角中误差，(″)；

　　　$\varDelta$——左右角之和与360°之差，(″)；

　　　f_{b}——附合导线（或闭合导线）的方位角闭合差，(″)；

　　　n——三角形个数、各导线对应的测站数或计算 f_{b} 的测站数；

　　　N——附合导线或闭合导线环的个数。

二、对向测边法

（一）测量原理

通过运用全站仪观测 A 至 B 和 B 至 A 的边长后，经过改正后，取两个方向边长的平均值作为 A、B 间边长。对向测边法示意图如图 1–21–2 所示。

图 1–21–2　对向测边法示意图

（二）测量方法同方向观测法

全站仪或测距仪标称精度表达式为：

$$m_{\mathrm{D}} = a + bD \qquad\qquad (1{-}21{-}3)$$

式中　a——固定误差，mm；

　　　b——比例误差系数，mm/km；

　　　D——测距长度，km。

测距前应根据距离测量的精度要求，按式（1–21–3）正确地选择仪器型号。

（三）测量步骤

对向测边法边长采用全站仪往返观测，每条边单向观测 4 测回，每测回 4 个读数，一般一测站一测回操作步骤如下：

（1）将仪器在测站整平后，照准目标方向，记录开始测量时气压、干湿度。

（2）测量测站到目标测点的斜距，记录下读数。

（3）再用倒镜测量一次，记录读数。然后重复上述步骤一次，得到 4 个读数。

测距边的归算应遵守下列规定：

（1）经过气象、加常数、乘常数（必要时顾及周期误差）改正后的斜距，才能化为水平距离。

（2）测距边的气象改正按仪器说明书给出的公式计算。

（3）测距边的加、乘常数改正应根据仪器检定的结果计算。

（4）光电测距边长和高程的各项改正值计算方法。

（四）观测技术指标和要求

测距作业技术要求见表1-21-2。

表1-21-2　　　　　　测　距　作　业　技　术　要　求

测距仪标称精度（mm/km）	一测回读数较差（mm）	测回间较差（mm）	往返或光段较差（mm）	温度最小读数（℃）	气压最小读数（Pa）	测定时间间隔	数据取用
±2	1	2	—	0.2	50	每边观测始末	每边两端平均值

注　1. 光电测距仪一测回的定义为照准1次，测距4次。

　　　2. 往返较差必须将斜距化算到同一高程面上后方可进行比较。

测距作业应注意以下事项：

（1）测距前应先检查电池电压是否符合要求。在气温较低的条件下作业时，应有一定的预热时间。

（2）测距时应使用相配套的反射棱镜。未经验证，不得与其他型号的相应设备互换使用。

（3）测距应在成像清晰、稳定的情况下进行。雨、雪、雾及大风天气不应作业。

（4）反射棱镜背面应避免有散射光的干扰，镜面不得有水珠或灰尘沾污。

（5）晴天作业时，测站应用测伞遮阳，不宜逆光观测。严禁将仪器照准部的物镜对准太阳，架设仪器后，测站、镜站不得离人。迁站时仪器应装箱。

（6）当观测数据出现分群现象时，应分析原因，待仪器或环境稳定后重新进行观测。

（7）通风干湿温度计应悬挂在测站（或镜站）附近，离开地面和人体1.5m以外的阴凉处，读数前必须通风至少15min，气压表要置平，指针不应滞阻。

（8）距离测量人工记录时，每测回开始要读、记完整的数字，以后可读、记小数点后的数。厘米以下数字不得划。改米和厘米部分的读、记错误，在同一距离的往返测量中，只能划改一次。

测距边的精度评定，按下列公式计算：

一次测量观测值中误差：

$$M_\text{D} = \sqrt{\frac{[PDD]}{2n}} \qquad\qquad (1-21-4)$$

对向观测平均值中误差：

$$m_\text{D} = \frac{1}{2}\sqrt{\frac{[Pdd]}{n}} \qquad\qquad (1-21-5)$$

任一边的实际测距中误差：

$$m_{\text{S}i} = m_\text{D}\sqrt{\frac{1}{P_{\text{D}i}}} \qquad\qquad (1-21-6)$$

式中　d——各边往返测水平距离的较差，mm；

　　　n——测边数；

　　　P——各边距离测量的先验权，令 $P = 1/m_\text{D}^2$，m_D 可按测距仪的标称精度计算；

　　　$P_{\text{D}i}$——第 i 边距离测量的先验权。

【思考与练习】

（1）如何进行坝区平面监测网方向观测法？

（2）如何进行坝区平面监测网对边观测法？

▲ 模块 22　坝区平面监测网的数据的后处理、资料的整理与平差（ZY4202008003）

【模块描述】本模块包含对平面监测网外业观测成果进行整理、检查；进行边角网的测站平差、三角形闭合差、方向中误差、测角中误差计算。通过案例操作分析，掌握边长改正计算、极条件、基线条件的计算检验；能进行网平差和精度分析；熟悉编制技术总结的方法。

【模块内容】

一、外业观测成果进行整理、检查

平差计算前，应对外业观测记录手簿、平差计算起始数据再次进行全面检查校对。如用电子手簿记录时，应对输出的原始记录进行校对。

二、边角网平差计算预处理

整理检查通过后，可以绘制表格，计算平面网中所有独立三角形的闭合差 W_i，应小于 $\pm 2.5''$ 独立三角形个数 n。

通过式（1-22-1）计算测角中误差，应小于规范规定的 $\pm 0.7''$ 要求。

$$m_\beta = \sqrt{\frac{\sum_1^n W_i W_i}{3n}} \qquad (1\text{--}22\text{--}1)$$

通过式（1–22–2）计算方向中误差 m。

$$m = \frac{m_\beta}{\sqrt{2}} \qquad (1\text{--}22\text{--}2)$$

三、案例操作分析，边长改正和检验

案例取自某电站通过 Leica TM30 全站仪进行观测，取其边长观测数据进行改正。

1. 边长改正计算

气象改正根据仪器提供的公式［见式（1–22–1）］进行改正。

$$\Delta D_1 = 286.34 - \left[\frac{0.295\,25p}{(1+\alpha t)} - \frac{4.126 \cdot 10^{-4}h}{(1+\alpha t)} \cdot 10^X\right] \qquad (1\text{--}22\text{--}3)$$

$$x = [7.5t/(237.3+t)]+0.785\,7$$

式中　ΔD_1——大气改正，ppm；

　　　p——气压，mbar；

　　　t——空气温度，℃；

　　　h——相对湿度，%；

　　　α——取 $\frac{1}{273.15}$。

根据测量数据和干湿温度计查询表，计算出平均干温、湿温、气压和相对湿度，根据式（1–22–1），可得 $\Delta D_1 = 7.556\,382$。

仪器加、乘常数分别为–0.96mm、–2.42mm/km，改正值 S，应按式（1–22–4）计算：

$$S = S_0 + S_0 K + C + S_0 \Delta D_1 \qquad (1\text{--}22\text{--}4)$$

式中　S_0——改正前的距离，$S_0 = 386.002\,9\text{m}$；

　　　C——仪器加常数；

　　　K——仪器乘常数。

计算得 $S = 386.004\,01\text{m}$。

一般坝区平面网控制基准点都有高程值，可以根据高程值按照勾股定理，将斜距 S 换算为平距。

然后可以采用软件进行极条件、余弦条件等检验。

某电站坝区平面监测网网形图如图 1–22–1 所示，某电站观测数据示例见表 1–22–1，平面网极条件检验示例见表 1–22–2，平面网余弦条件检验见表 1–22–3。

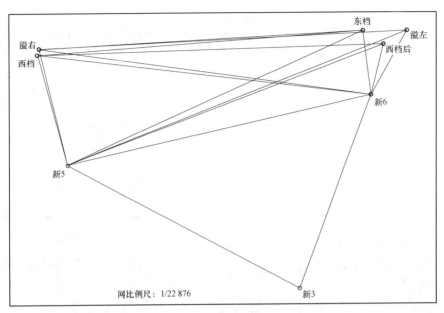

网比例尺：1/22 876

图 1-22-1　某电站坝区平面监测网网形图

表 1-22-1　　　　　　　　　　某电站观测数据示例

测站	镜站	测站气象元素				镜站气象元素			
		干温（℃）	湿温（℃）	相对湿度（%）	气压（hPa）	干温（℃）	湿温（℃）	相对湿度（%）	气压（hPa）
1	2	15.6	12.8	71	1000.5	16.8	12	55	1003.2
		15.6	12.6	71	1000.5	16.8	12	55	1003.2

表 1-22-2　　　　　　　　　　某电站平面网极条件检验示例

序号	图形点号	极条件闭合差	允许值
1	新 5—西档东档新 6	−5.323 53	8.685 45
2	新 5—西档西档后新 6	−8.983 61	9.150 93
3	新 5—溢右东档新 6	−4.188 64	8.308 7
…	…	…	…

表 1-22-3　　　　　　　　　　某电站平面网余弦条件检验

序号	角顶点	观测角值	计算角值	闭合差	允许值
1	新 5	77° 02′ 0.92″	77° 02′ 2.60″	−1.68	3.470
	新 6	53° 32′ 43.48″	53° 32′ 41.43″	2.05	2.772
	新 3	49° 25′ 16.52″	49° 25′ 15.97″	0.549	2.583

续表

序号	角顶点	观测角值	计算角值	闭合差	允许值
2	新5	51° 43′ 38.58″	51° 43′ 39.11″	−0.531	3.632
	西档	92° 03′ 1.40″	92° 03′ 0.97″	0.431	4.788
	东档	36° 13′ 19.95″	36° 13′ 19.92″	0.03	2.526
3	新5	56° 40′ 53.12″	56° 40′ 53.29″	−0.169	3.656
	西档	86° 33′ 3.55″	86° 33′ 4.28″	−0.729	4.485
	西档后	36° 46′ 4.23″	36° 46′ 2.43″	1.798	2.382
…	…	…	…	…	…

四、网平差和精度分析

各等级平面控制网均应采用严密的平差方法。平差所用的计算程序应该是经过鉴定或验算证明是正确的程序。

评定三角网平差后的精度，一般应包含单位权中误差、各边边长中误差、各边方向中误差、各待定点点位中误差、各点点位误差椭圆元素和待定点间的相对精度。参见表 1–22–4 的示例。

表 1–22–4 　　　　　　某电站平差结果示例

点名	坐标中误差		点位中误差	误差椭圆元素		
	m_x（mm）	m_y（mm）	m（mm）	长半轴（mm）	短半轴（mm）	方位角（dms）
新6	0.57	0.45	0.73	0.67	0.29	145.170 9
西档后	0.70	0.65	0.96	0.89	0.36	137.584 3
溢左	0.75	0.72	1.04	0.97	0.38	136.314 2
…						

一般平差后最弱点的点位中误差应小于《混凝土大坝安全监测技术规范》（DL/T 5178—2016）中规定的 ±2mm 的要求。内业计算数字取位要求二等方向观测值方向改正数方位角值 0.01″，边长值长度改正数坐标值 0.1mm。

有条件的单位，平面网数据处理分析最好请专业测绘单位配合，以便更好地分析平面网变形形态。

平面控制测量结束后应对下列资料进行整理归档：

（1）平面控制网图及技术设计书。

（2）平差计算成果资料。

（3）外业观测记录手簿。

（4）仪器检验资料。

（5）技术总结。

【思考与练习】

（1）观测成果中测角中误差、方向中误差如何计算，满足什么限差？

（2）如何进行观测边长改正？

（3）如何进行网平差工作，需要达到什么要求？

第二章

渗 漏 测 量

▲ 模块 1　压力表法人工测量扬压力（ZY4200901001）

【**模块描述**】本模块包含用压力表人工测量扬压力的准备、测量方法、测量记录和数据处理。通过操作技能训练，掌握渗压计法人工测量扬压力的方法。

【**模块内容**】

一、压力表法人工测量扬压力

扬压力就是作用在坝基面向上的水压力。习惯上，把沿水流方向（坝体的横断面方向）的坝底扬压力叫作横向扬压力；而把平行于坝轴线方向（坝体的纵断面方向）的扬压力叫作纵向扬压力；当一个坝段一条总线上有若干个扬压力测点时，常将它们的测值算术平均，叫作坝段某测次的平均纵向扬压力。

管口有压时应安装压力表，并应"一管一表"，根据管口可能产生的最大压力值，选用量程合适的精密压力表，使读数在 1/3～2/3 量程范围内，精度不得低于 0.4 级。

二、坝基扬压力的布置

坝基扬压力监测应根据建筑物的类型、规模、坝基地质条件和渗流控制的工程措施等进行设计布置。一般应设纵向监测断面 1～2 个，每个坝段布置 1～2 个测点；1、2 级坝横向监测断面至少 3 个，横断面的选择要有针对性，尽量选择最高断面，有断层、夹层及破碎带的部位。

棉花滩水库坝基扬压力监测孔分别位于纵向基础廊道以及 3 个横向廊道内，其中横向廊道内测点布置图如图 2-1-1 所示。

坝基扬压力的存在减少坝体的有效重量，降低坝体的抗滑稳定。扬压力的大小直接关系到大坝的安全性和经济性。扬压力监测的目的是校核设计所采用的计算方法和数据是否合理，判断大坝在运行期间由于扬压力的作用是否影响大坝稳定和安全，还可以判断和检查防渗帷幕的工作状态。

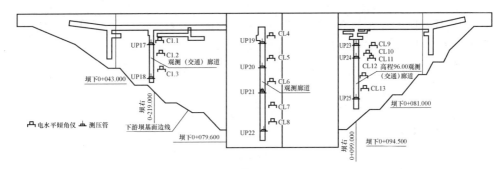

图 2-1-1 横向廊道内扬压力自动化观测点布置

三、压力表测量的准备工作及测量的注意事项

压力表测量的准备工作及测量的注意事项如下:

(1) 保持压力表盘面的清洁。

(2) 注意检查压力表是否漏气、确保测压管内不积存气体。

(3) 严禁敲击压力表。

(4) 对于拆卸后重新安装的压力表应等压力稳定后才能读数。

(5) 每年应对压力表进行校验。

四、测量的方法

压力表的读数应根据压力表精度等级进行准确测读,应读到最小估读单位。压力表的精度等级是以允许误差占压力表量程的百分率来表示,精密压力表的精度等级主要分为 0.1、0.16、0.25、0.4 级,数值越小,精度越高。压力表的实际误差的大小,不但与精度有关,还有压力表的量程大小有关。以 0.4 级、量程 0.1MPa 精密压力表为例,其测量的允许误差为 0.1MPa×0.4%=±0.000 4MPa,表盘表尺分格数为 200,最小分格值为 0.000 5MPa,测量时读数精确至小数点后第三位。

五、测量的结果计算

扬压力测量采用压力表观测时:

$$h = H_{管} + p / \rho g + L \tag{2-1-1}$$

式中　　h——测压管管内水位高程,m;

　　　$H_{管}$——测压管管口高程,m;

　　　p——压力表读数,Pa;

　　　ρ——水的密度,kg/m^3;

　　　g——重力加速度;

　　　L——压力表中心距离管口距离,m。

如以 0.4 级、量程 0.1MPa 精密压力表为例,测量点管口高程 $H_{管}$ 为 5.89m;压力表中心距离管口距离 L 为 0.064m，测量读数为 0.024MPa，则该点测压管管内水位高程为 $h = H_管 + p/\rho g + L$ =5.89+0.024×100+0.064=8.354m。

【思考与练习】

（1）坝基扬压力如何布置？

（2）压力表测扬压力的精度如何选择？

（3）扬压力如何计算？

◢ 模块2 渗压计法人工测量扬压力（ZY4200901002）

【模块描述】本模块包含用渗压计人工测量扬压力的准备、测量方法、测量记录和数据处理。通过操作技能训练，掌握渗压计法人工测量扬压力的方法。

【模块内容】

一、渗压计法人工测量扬压力

渗压计法人工测量扬压力是指扬压力观测通过渗压计观测，测得结果即为仪器所在部位的扬压力。监测坝体水平施工缝上的渗透压力，宜采用渗压计。测点应设在上游坝面至坝体排水管之间，测点间距自上游面起，由密渐稀，靠近上游面的测点，与坝面的距离不应小于 0.2m。

二、测量装置

渗压计也称作空隙水压力计，是用于测量构筑物内部空隙水压力或渗透压力的传感器，适用于长期埋设在水工结构物或其他混凝土结构物及土体内。渗压计按照仪器类型可以分为差动电阻式、振弦式、压阻式及电阻应变式。

三、测量的方法

用渗压计量测监测孔的水位时需根据不同量程的渗压计，采用相应的读数仪进行测读，精度不得低于满量程的 5/1000。

渗压计的一般计算公式为：

$$p = f\Delta Z - b\Delta T \tag{2-2-1}$$

式中　p——渗透压力；

　　　f——渗压计的灵敏度系数；

　　　ΔZ——渗压计基准值相对于实时测量值的变化量；

　　　b——渗压计的温度修正系数；

　　　ΔT——温度实时测量值相对于基准值的变化量。

以钢弦式渗压计为例，则：

$$p = f\Delta Z^2 - b\Delta T = f(Z_0^2 - Z^2) - b(T - T_0) + Q \tag{2-2-2}$$

式中　Q——若大气压力有较大变化时，应予以修正；

Z——实际测量频率值；

Z_0——初始频率值；

T——实际测量温度值；

T_0——初始温度值。

通常情况下，仪器 f、b 出厂前已经校验确定，在渗压计安装好后，进行 Z_0、T_0、H_0 的测定，H_0 为测定时液面高程。仪器设备所在的环境大气压没有较大变化，无须修正，只要获得实测频率值和温度值，该点的渗透压力可求得。通过渗透压力与水容重的关系，可以将渗透压力转换为水柱高度。通过测读仪表，可以测得某次渗压计的实测频率和温度值，结合测点所在位置的基础高程与测压管底部高程，则可测得该点扬压力转换为水柱面高程。扬压力安装参数表见表 2–2–1。

表 2–2–1　　扬压力安装参数表

序号	测点编号	出厂编号	灵敏度系数	温度补偿系数	初始频率模数	初始温度（℃）	H_0（m）	墩高和管长（m）	压力表高/孔口至水面高（m）	孔深（m）
1	P1–1c	1137542	–0.115 6	–0.039 9	8348.6	15	9.19	0.027	0.6	5.89
2	P2–1c	1137549	–0.118 6	–0.040 5	8626.6	14.9	7.82	1.22	0.19	6.79
3	P3–2c	1137471	–0.118 3	–0.056 3	8729.7	14.1	11.45	0.51	0.32	11.26
4	P4–1c	1137545	–0.114 5	–0.029 4	8639.5	15.1	13.09	1.02	0.68	12.75
5	P5–1c	1137541	–0.117 5	–0.034 5	8440.2	14.7	10.77	0.012	0.19	9.38
6	P6–2c	1137548	–0.119 7	–0.063 3	8688.9	14.7	7.95	1.23	0.44	7.16
7	P12–5	1137543	–0.113 3	–0.052 63	8732.6	13.9	4.03	1.05	0.77	3.75
8	P13–1	1137540	–0.114 6	–0.076 76	8373.5	14	7.38	0.01	1.38	5
9	P13–3	1104374	0.119	–0.043	8582.6	14.2	5.16	1.05	–0.15	4.26
10	P13–5	1104326	0.108 8	–0.033 96	8590.2	14	5.4	0.01	0.3	4.1
11	P15–1	1137547	–0.118 9	–0.083 52	8854.6	14.4	6.06	0.012	0.58	4.28
12	P16–1	1137550	–0.102 8	–0.081 31	8894.1	14.6	5.11	0.56	0.11	4.66
13	P17–1	1137546	–0.117 3	–0.012 58	8656.8	14.6	5.47	0.96	0.78	5.29

注　“墩高和管长 m”列中加粗字体数字为压力表读数。

四、渗压计测量及安装的注意事项

渗压计在安装前，应该先进行检测，合格后方能使用。测量单支振弦式传感器时，将测量线快速插在读数仪左边的插座上，将连接电缆夹子对应连接上传感器的输出电缆，黑、红测频率，白、绿测温度。

渗压计（已接长电缆）的进水口应朝向水压力方向，在引出电缆的沿线上设止水板，防止高压水沿电缆渗透。渗压计安装定位后应及时测量仪器的基准值，渗压计测量并计算处的水压力量是一个相对基准值的变化量，所以基准值的准确与否，直接影响到测值的准确性。

【思考与练习】

（1）渗压计仪器类型有哪些？

（2）渗压计安装注意事项是什么？

模块 3 测压管法人工测量扬压力（ZY4200901003）

【模块描述】本模块包含用测压管人工测量扬压力的准备、测量方法、测量记录和数据处理。通过操作技能训练，掌握测压管法人工测量扬压力的方法。

【模块内容】

一、测压管法人工测量扬压力

测压管法人工测量扬压力是指通过测压管观测扬压力。测压管观测时按照测点扬压力的大小可分为压力表法、U 形管法和测探法，重点介绍 U 形管法和测探法观测。

二、测量的方法

采用 U 形管法观测时，有：

$$h = H_0 + \gamma_{Hg}\Delta h + L_2 - \frac{1}{2}\Delta h \qquad (2-3-1)$$

式中　h——测压管管内水位高程，m；

　　　H_0——U 形管零点高程，m；

　　　Δh——U 形管内水银柱压差值，m；

　　　L_2——U 形管开口端水银柱液面以上覆盖水深，m；

　　　γ_{Hg}——水银柱与水柱的换算系数，$\gamma_{Hg}=13.6$。

采用测探法观测时参照式（2-3-2）。

$$h = H_{管} - L_1 \qquad (2-3-2)$$

式中　h——测压管管内水位高程，m；

　　　$H_{管}$——测压管管口高程，m；

　　　L_1——测压管水位至管口距离，m。

当采用测压管法观测扬压力时，由于测压管管口高程在施工期已经确定，关键是测量测压管水位至管口距离，可以通过钢卷尺测量或者电测水位计观测。

三、测量装置

电测水位计由测头、电缆、滚筒、手摇柄和指示器组成。电测水位计典型结构有提匣式和卷筒式。

电测水位计是根据水能导电的原理设计的，当探头接触水面时两电极使电路闭合，信号经电缆转到指示器及触发蜂鸣器和指示灯，此时通过电缆标识则可测读出管口至测压管内水面的距离，从而根据公式可求得该点的扬压力值。

四、测量方法及注意事项

当采用电测水位计时，具体步骤如下：

（1）打开水位计开关按钮，显示器灯亮，表示仪器正常工作。

（2）将探头及测线缓慢放入测压管内，当探头接触地下水面时，水位探测器会发出蜂鸣声，同时显示器灯闪，上下移动测线，准确探明水位，测量出管口至孔内水面的距离，两次读数之差不应大于1cm。

（3）将测线提起，将探头用干布擦干净，进行下一个孔的测量。

测量的过程中必须注意：

（1）测线在施工时，应避免与井管尖锐部分刮、划，以免损坏测线绝缘层。

（2）探头的探针部分应经常保持清洁，受孔内油垢污染后要及时擦净，以保持探头绝缘性能良好。

（3）当水位检测器的电池电压低于5V时，水位检测器的讯响声音变小，讯响时绿色发光二极管亦一齐闪动，表示电池内阻增大，电压不足，应及时更换电池长期不使用时应将电池取出，以免电池漏液，腐蚀仪器。

【思考与练习】

（1）测压管法测扬压力的分类有哪些？

（2）测压管法测量时测量成果如何计算？

（3）电测水位计测量的注意事项有哪些？

▲ 模块4　量水堰法人工测量漏水（ZY4200901004）

【模块描述】 本模块包含用量水堰人工测量漏水的测量准备、测量方法、测量记录和测量周期。通过操作技能训练，掌握量水堰法人工测量漏水的方法。

【模块内容】

一、量水堰法人工测量漏水

廊道或平洞排水沟内的渗漏水，一般用量水堰量测。量水堰适用于测量流量在1~300L/s范围，要求堰下水深低于堰口，形成堰口自由溢流。一般采用三角堰或梯形堰，三角堰适用于流量为1~70L/s的量测范围，梯形堰适用于流量大于50L/s的情况，当渗流量小于1L/s时，可采用容积法。

二、量水堰装置及布置方式

三角量水堰过水断面为三角形缺口，角顶向下，顶角可制成 30°、45°、60°、90° 及 120°，通常采用 90°。三角堰过水断面特点是，在较小流量时 仍有较大水头，具有较高量测精度，适于测定较小流量。

梯形量水堰为一上宽下窄的梯形缺口，分一般梯形堰及辛普莱堰（Cippoletti weir）。最常用者为辛普莱梯形堰，为辛普莱（C.Cippoletti）所设计，堰口侧边为 4:1（竖:横）的斜边；梯形堰过水能力较三角形堰大，但堰前易引起泥沙淤积，流量小时，精度较差，故要求最小堰上水头大于 5cm，堰顶长度不宜小于最大堰上水头的 1/3。梯形堰适用于比降较大、含沙量较小的渠道。

量水堰应设在排水沟的直线段上，堰槽段应采用矩形断面，其长度应大于堰上最大水头 7 倍，且总长不得小于 2m（堰板上、下游的堰槽长度分别不得小于 1.5m 和 0.5m）。堰槽两侧应平行和铅直。堰板应与水流方向垂直，并且直立，水尺或水位计装置应该在堰板上游 3～5 倍堰上水头处。

三、测量的方法

当采用水尺法测量量水堰堰顶水头时，水尺精度不低于 1.0mm；采用水位测针量测堰顶水头时，精度不得低于 0.1mm。通过水尺测得堰上水头值，代入量水堰流量公式，则可以求得流量。以三角堰为例（三角量水堰板见图 2-4-1），当流量为 1～70L/s 时，三角堰的自由出流的流量公式为：

$$Q = 1.4H^{5/2} \tag{2-4-1}$$

式中 H——堰上水头，m。

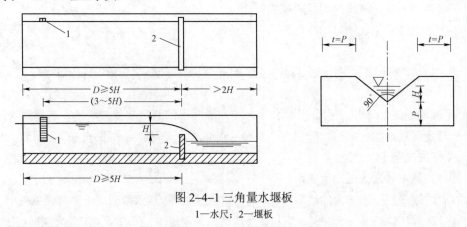

图 2-4-1 三角量水堰板
1—水尺；2—堰板

渗漏量的测量周期，施工期为 1～2 次/旬，首次蓄水期为 1 次/天，初蓄期为 1～2 次/旬，运行期 1～2 次/月。遇到特殊时期，例如发生大洪水、地震等，应增加观测频次。

【思考与练习】

（1）量水堰类型及适用范围有哪些？

（2）量水堰如何布置？

（3）请写出三角量水堰的计算公式。

▲ 模块 5　单孔漏水法人工测量漏水（ZY4200901005）

【模块描述】本模块包含单孔漏水的人工测量准备、测量方法、测量记录和测量周期。通过操作技能训练，掌握单孔漏水法人工测量漏水。

【模块内容】

一、测量原理

单孔漏水法一般渗流量小于 1L/s 的情况，通常采用容积法进行观测。观测时需要计时，当计时开始时，将渗漏水全部引入容器内，计时结束时停止。一般要求充水时间不得小于 10s，并用秒表测定，当已知记取时间，量出容器内的水量，即可计算渗流量。

二、测量准备

仪器准备：量杯 1 个、秒表 1 只、容器 1 个、笔 1 支、记录簿 1 本，手电筒等安全设备。人员准备：测量人员 1 名、记录人员 1 名。

三、测量方法

测量应该严格按照规范要求进行，确保数据准确可靠。具体操作如下：

（1）测量人员准备好引水，向记录人员告知准备好测量。

（2）记录人员发出开始测量指令，同时按动秒表，开始计时。

（3）当到 10s 时间时，记录人员发出结束指令，测量人员立即停止引水。

（4）如果 10s 之前，容器已经接满水，则在容器快满的时候，由测量人员发出停止指令，记录人员读出时间。

（5）用量杯测量容器中水的体积容量，报告给记录人员，记录人员回报一次读数。

（6）按照上述步骤重复进行一次测量，每次进行两次测回，两个差值不应大于测值 10%。

（7）两次读数符合要求，记录人员记录一次测量值，迅速计算结果，与上次测值比较，若无重大异常，开始下一个测点。

四、测量记录

参考某电站单孔漏水法测量记录成果，见表 2-5-1，测量中使用 100mL 量杯容器。

表 2-5-1 　　　　　　　　　　某电站单孔漏水法测量记录成果

测点	测值（mL）	时间（s）	渗流量（ml/s）
1	36	10	3.6
2	100	5	20

测量人员现场记录每个测点的渗流量，应该不出现异常值。

将测量渗流量录入监测系统，与往常数据进行比较分析，上报给相关部门。如果遇到异常情况，应立即向上级部门汇报。

五、测量周期

具体参见表 2-5-2。

表 2-5-2 　　　　　　　　　　单孔漏水法测量周期

监测项目	施工期	首次蓄水期	初蓄期	运行期
渗流量	1～2 次/旬	1 次/天	1 ～2 次/旬	1～2 次/月

【思考与练习】

（1）简述单孔漏水法的测量原理。

（2）如何进行单孔漏水法工作？

▶ 模块 6　绕坝渗流的人工测量（ZY4200901006）

【模块描述】本模块包含绕坝渗流人工测量项目的测量准备、测量方法、测量记录和测量周期。通过操作技能训练，掌握绕坝渗流的人工测量方法。

【模块内容】

一、绕坝渗流监测目的

为了了解大坝与岸坡连接的状态是否正常，防止由于岸坡过陡产生裂缝或岸坡中存在透水层而造成集中渗流，引起变形和漏水，威胁大坝的安全稳定运行，因此需要进行绕坝渗流观测。

二、绕坝渗流的布置

（一）土石坝绕坝渗流监测布置

（1）绕坝渗流监测包括两岸坝端及部分山体、土石坝与岸坡或混凝土建筑物接触面，以及防渗齿墙或灌浆帷幕与坝体及两岸接合部等的绕渗压力监测。

（2）土石坝两端的绕坝渗流监测，应根据地形地质条件、渗流控制措施、绕坝渗流区渗透特性及地下水情况而定，宜沿流线方向或渗流较集中的透水层（带）各设 2～3 个监测断面，每个断面上设 3～4 个测孔，帷幕前可设置少量测点。对层状渗流，应分别将监测孔钻入各层透水带，至该层天然地下水位以下的一定深度，一般为 1m，埋设测压管或渗压计进行监测。必要时，可在一个孔内埋设多管式测压管，或安装多个渗压计，各高程测点间应进行隔水处理。

（3）土石坝与刚性建筑物接合部的绕坝渗流监测，应在接触边界的控制处设置测点，并宜沿接触面不同高程布设测点。

（4）在岸坡防渗齿墙和灌浆帷幕的上、下游侧宜各布设 1 个测点。

（二）混凝土坝绕坝渗流布置

绕坝渗流的测点布置应根据地形、枢纽布置、渗流控制设施及绕坝渗流区渗透特性而定。在两岸的帷幕后沿流线方向分别布置 2～3 个监测断面，断面的分布靠坝肩附近应较密，每条测线上布置不少于 3～4 个测点，帷幕前可布置少量的测点。

对于层状渗流，应利用不同高程上的平洞布置监测孔；无平洞时，应分别将监测孔钻入各层透水带，至该层天然地下水位以下的一定深度，一般为 1m，埋设测压管或安装渗压计进行监测。必要时，可在一个钻孔内埋设多管式测压管，或安装多个渗压计。但必须做好上下两个测点间的隔水设施，防止层间水互相贯通。某电站绕坝渗流布置图如图 2-6-1 所示。

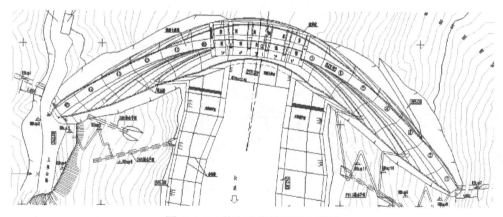

图 2-6-1 某电站绕坝渗流布置图

三、绕坝渗流的监测

（一）绕坝渗流的测量准备

（1）观测前需检查仪器状态良好。

（2）观测工作需有经验的人员进行，需保证足够的人员，至少一人观测，一人记录。

（二）测量方法

（1）渗压计应采用其配套读数仪进行测读。测读操作方法应按产品说明书进行，两次读数误差不应大于仪器的最小读数。测值物理量用压强或水头（水位）来表示，并换算成水位。垂直孔渗压计埋设示意图如 2-6-2 所示，水平孔内渗压计埋设图如图 2-6-3 所示。

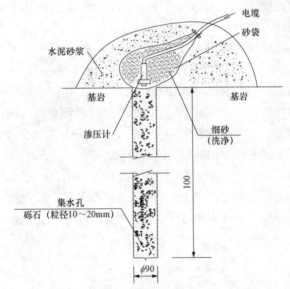

图 2-6-2 垂直孔渗压计埋设示意图（单位：mm）

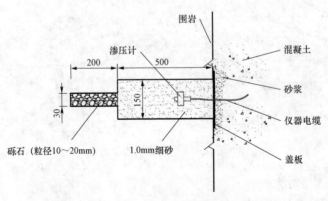

图 2-6-3 水平孔内渗压计埋设图（单位：mm）

（2）无压管可采用电测水位计测量，有压管可采用压力表量测，测量读数应读到最小估读单位。对于拆卸后重新安装的压力表应待压力稳定后才能读数。

（3）测压管安装埋设示意图如图 2-6-4 所示。

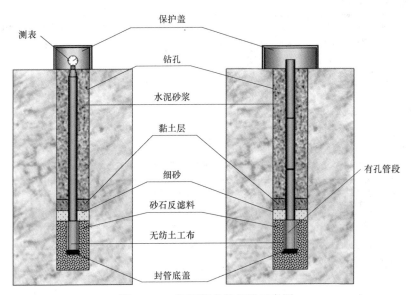

图 2-6-4　测压管安装埋设示意图

（三）注意事项

（1）采用压力表量测测压管的水头时，根据管口可能产生的最大压力值，选用量程合适的压力表，使读数在 1/3～2/3 量程内，压力表的精度不低于 1 级。

（2）压力表不能经常拆卸，对于拆卸后重新安装的压力表，待压力稳定后才能读数。

（3）每年对压力表进行校验，确定能否继续使用。

（4）采用电测水位计观测时，两次测读误差不大于 1cm。

（5）电测水位计的测绳长度标记，每隔 1～3 个月用钢尺校正一次。

（6）测压管的管口高程，在施工期和初蓄期每隔 1～3 个月校测一次，在运行期至少每年校测一次。

（7）对于用渗压计进行观测的，每次观测前后，均检查测读仪器，长期观测时，对测读仪器定期进行标定，读数时待其数字显示稳定后，再测读。

（8）观测中有异常读数时，立即进行复测或分析其因素，并做好记录和说明。

（四）测量周期

绕坝渗流测量周期表见表 2-6-1。

表 2-6-1 绕坝渗流测量周期表

监测项目	施工期	首次蓄水期	初蓄期	运行期
绕坝渗流（地下水位）	1~4 次/月	1~10 次/月	2~4 次/月	2~4 次/月

注 表中测次，均系正常情况下人工测读的最低要求。特殊时期（如发生大洪水、地震等），应增加测试。对自动化监测项目，可根据需要加密测次。首次蓄水期库水位上升快的或施工后期坝体填筑进度快的，测次应取上限。初蓄期和运行期：高坝、大库或变形、渗流等性态变化速率大时，测次应取上限；低坝或形态趋于稳定时可取下限，但当水位超过前期运行水位时，仍需按首次蓄水执行。

（五）精度要求

绕坝渗流监测精度表见表 2-6-2。

表 2-6-2 绕坝渗流监测精度表

监测类别	监测项目	监测精度
	绕坝渗流孔、测压管水位	±50mm
	渗透压力（渗压计）	±0.5%F.S

注 表中监测精度为最低要求。

（六）测量记录

（1）现场观测读数应直接记入规定的专用表格中，不得追记或记入其他纸上转抄。记录人员将读数记入时，必须支持复诵制度，以免错记、漏记。

（2）原始记录必须在现场用签字笔或钢笔填写，不准使用其他笔记录，文字与数字要端正清晰，原始记录不准涂改或擦去，严禁因观测不到位或为了满足精度指标而制造假数据。

（3）如记录有错，应将错误数字用斜线划去，然后在右上角填上缺测字样，但尾数不准划改，如尾数写错，应重测重记，并应注明"记错""重测""多次"字样。对有疑问的数字，应在左上角标一个问号，并在备注栏中说明原因。

（4）当监测资料一时中断时，应在相应栏内填上缺测字样，并在备注栏内说明原因。

（5）外业记录和计算要同时完成，检查无误后方可续测，如发现误差应立即向观测者提出。记录计算时小数的处理方法是：四舍五入考虑，"五考虑"既如计算所得数据最末一位是 5，如其前面一位是奇数则进，是偶数则舍。

（6）原始记录经过整理校核复核计算后，应由观测技术负责人审核并签名，并及时输入计算机。原始记录应妥善保存，不得遗失或销毁。

（7）本观测测量记录测压管、渗压计读数，根据压力表安装高程及读数换算为水头进行分析。

（七）测量记录实例

某电站地下水位孔观测记录表见表 2-6-3，所用仪器为振弦式仪器，可参考使用。

表 2-6-3   某电站地下水位孔观测记录表

上库地下水位观测孔渗压计观测记录表

安装部位：右岸山坡			X 坐标：		11 182.24	钻孔深度（m）	50
仪器型号：GK4500-700			Y 坐标：		503 663.12	孔口高程（m）	433.27
测点编号：	KUP5			kPa/digit	kPa/℃	孔底高程（m）	383.27
出厂编号：	04-4197			0.153 7	-0.139 2		
观测时间	频率（Hz）	温度（℃）	仪器高程（m）		384.27	水头（m）	水位（m）
2013-08-03	7131.7	14.4				25.1	409.4
2013-08-06	7133.9	14.4				25.0	409.3
2013-08-09	7088.4	14.4				25.7	410.0
2013-08-12	7299.1	14.4				22.5	406.8
2013-08-15	7204.4	14.4				24.0	408.2
2013-08-18	7272	14.4				22.9	407.2

【思考与练习】

（1）绕坝渗流的监测目的是什么？

（2）绕坝渗流的布置原则是什么？

（3）绕坝渗流监测有哪些方法？

（4）绕坝渗流监测的注意事项有哪些？

◢ 模块 7 扬压力的自动观测与异常数据处理
（ZY4200902001）

【模块描述】本模块包含扬压力测量仪器的结构与原理，扬压力测量项目的布置方式、自动测量方法及异常数据处理。通过操作技能训练，掌握扬压力的自动观测与异常数据处理的方法。

【模块内容】

一、扬压力自动化测量

扬压力测量仪器依照测压管的测值变化范围进行设计，选择合适量程的渗压计，借助通信电缆接入自动化监测系统的数据测控单元，从而实现自动化遥测。在自动化监测系统管理软件中，设定模块的测量周期，即可按照用户要求定期进行测量取值。

二、扬压力测量仪器

对于扬压力自动化观测而言，由于后期是直接通过自动化监测系统获得测量数据，因此仪器的选择、安装及系统内针对该点的参数设置十分重要，关系到扬压力监测的准确度。

渗压计按照仪器类型可分为差动电阻式、振弦式（钢弦式）、压阻式及电阻应变式。目前使用比较普遍的是差动电阻式和振弦式。差动电阻式仪器经久耐用，性能稳定可供数字测量仪和自动化采集系统测量的传感器，但差动电阻式仪器电阻值较低，易受测量系统的电阻影响，而且仪器在施工埋设时，因碰撞而容易引起内部弹性钢丝的折断；钢弦式仪器的优点是钢丝频率信号的传输不受导线电阻的影响，适宜远距离测量，仪器灵敏度高，稳定性好，易实现自动化监测。因此，根据工程实际情况，选用差动电阻式仪器或振弦式仪器，通常情况下，预埋式渗压计选用差动电阻式比较多。

三、扬压力监测仪器安装及自动化监测系统参数设置

针对测压管选定好渗压计类型后，需根据现场条件进行渗压计的安装，确定仪器电缆的长度，电缆连接应牢固，接头处做好绝缘密封处理；渗压计安装定位后应及时测量仪器的基准值，渗压计测量并计算的水压力量是一个相对基准值的变化量，所以基准值的准确与否，直接影响到测值的准确性。以某厂基康 GK4500S 渗压计实现自动化监测为例见表 2-7-1。

表 2-7-1   基康 GK4500S 渗压计参数

项目	仪器性能	备注
标准量程	0.35、0.175、0.035MPa	根据不同的测压管水位选用不同的渗压计
过载能力	2 倍额定压力	
精度*	±0.1%	
分辨率*	0.025%	
温度零漂*	<0.02%	
温度范围	−29~65℃	
电缆	双绞，22GA，6.4mm 直径	
长度×直径	133mm×19mm	
质量	0.12kg	

注 *占满量程的百分比。

当选定基康 GK4500S 渗压计作为坝基扬压力的监测仪器后，依据安装要求严格进行，并取得渗压计安装后的基准值，见表 2-7-2，其中设备的灵敏度系数和温度补偿系数在渗压计出厂校核时，已经确定。待渗压计在测压管内安装完毕，取得当前状态下的频率值和温度值作为基准值，并利用水位计结合测压管孔口高程测得当前孔内的液面高程。将以上数据作为管理系统测点配置的基准值代入测点扬压力公式，传感器测得任意状态下的频率和温度值，则可转换为这一状态下的扬压力值。

表 2-7-2 坝基 GK4500S 渗压计安装参数表

序号	测点编号	出厂编号	灵敏度系数	温度补偿系数	初始频率模数	初始温度（℃）	液面高程（m）
1	P1-1c	1137542	-0.115 6	-0.039 9	8348.6	15	9.19
2	P2-1c	1137549	-0.118 6	-0.040 5	8626.6	14.9	7.82
3	P3-2c	1137471	-0.118 3	-0.056 3	8729.7	14.1	11.45
4	P4-1c	1137545	-0.114 5	-0.029 4	8639.5	15.1	13.09
5	P5-1c	1137541	-0.117 5	-0.034 5	8440.2	14.7	10.77
6	P6-2c	1137548	-0.119 7	-0.063 3	8688.9	14.7	7.95
7	P12-5	1137543	-0.113 3	-0.052 63	8732.6	13.9	4.03
8	P13-1	1137540	-0.114 6	-0.076 76	8373.5	14	7.38
9	P13-3	1104374	0.119	-0.043	8582.6	14.2	5.16
10	P13-5	1104326	0.108 8	-0.033 96	8590.2	14	5.4
11	P15-1	1137547	-0.118 9	-0.083 52	8854.6	14.4	6.06
12	P16-1	1137550	-0.102 8	-0.081 31	8894.1	14.6	5.11
13	P17-1	1137546	-0.117 3	-0.012 58	8656.8	14.6	5.47

四、扬压力自动化监测的异常数据分析、处理

大坝安全监控自动化采集系统数据采集过程中，由于受人员、仪器设备和外界条件等的影响，各种效应量和原因量的原始观测值不可避免地存在误差。这些误差以及由于结构异常、监测系统故障引起的监测数据的较大变化，统称为监测数据异常。自动化监测数据异常主要包括如下几个方面：

（1）外界环境影响，如上游水位变化、温度变化、降雨等，遇到这一情况，需要在监测系统内将当日的水位变化、温度变化、降雨量等进行详细的记录，方便日后对坝基扬压力的系统分析。

（2）自动化监测系统内参数设置不准确造成的测值异常，由于自动化监测系统内的监测值是基于渗压计安装完成后的基准值进行测量换算，基准值的准确性影响到测值的准确性，因此对基准值的测读务必严谨。

（3）仪器故障引起的测值异常，由于渗压计传感器的长期运行，造成传感器的灵敏度系数存在偏差，从而造成测值的异常，因此每年必须对渗压计进行抬升试验，确保参数的准确性；但是对于设备损坏测量的错误数据，必须对系统数据库进行清除。

（4）监测系统故障引起的测值异常，如模块异常、通信设备异常都可能造成监测数据的异常，对于此类问题，只需要恢复设备正常运行即可。

【思考与练习】

（1）扬压力测量仪器类型有哪些？

（2）请说出扬压力测量计算公式。

（3）怎样处理扬压力自动监测异常数据？

模块 8 漏水的自动观测与异常数据处理
（ZY4200902002）

【模块描述】本模块包含漏水测量仪器的结构与原理，漏水测量项目的布置方式、自动测量方法及异常数据处理。通过操作技能训练，掌握漏水的自动观测与异常数据处理。

【模块内容】

一、漏水自动化测量

渗漏水通过量水堰仪测定堰上水头变化，通过通信电缆接入测控单元，纳入自动化系统，通过管理软件换算为流量，实现自动化监测。在自动化监测系统管理软件中，设定模块的测量周期，即可按照用户要求定期进行测量取值。

二、渗漏水自动化测量仪器

量水堰渗流量仪由量水堰和液位传感器（主要有差动电容感应式和振弦式两种）组成，通过测量堰上的水位变化，而求得渗流量。量水堰渗流量仪用于测量设置在坝体、坝基和基岩等各部位量水堰中的水头变化，通过计算公式转化为流量。

差动电容感应式量水堰仪的主体上、下位置安装有两只圆筒，主体容器内浮子中间装有一中间极，当堰上水位变化时，浮子带动中间极在两只圆筒板中差动变化，测出差动电容的比值，即可测得水位变化 H 值，根据堰型可计算出渗流量。

振弦式量水堰仪最主要的部件是悬挂在力传感器下的圆柱形重力浮子。重力浮子一部分浸在水里，由于水面的变化，改变圆柱形浮子的浮力，而直接作用在振弦传感器上，改变了它的张力，从而改变它的谐振频率，根据堰型可计算处渗流量。

三、漏水监测仪器安装及自动化监测系统参数设置

坝基渗漏量采用量水堰监测，以振弦式量水堰渗流量仪为例。

将仪器安装底座固定到底盘上，把安装支架固定到堰池内原有人工水尺附近位置；将仪器顶盖上的三个固定螺丝卸下，取出顶盖，把水位测量桶与底座相连，再将敏感部件下面的连接螺钉与浮筒上盖的螺钉孔相连接。连接时必须注意转动浮子时不能使连接螺钉转动，以确保敏感部件中钢丝不受转动，否则会使仪器损坏。小心将顶盖及浮子放入水位测量桶内并固定。连续读数，精心调整支撑杆上的调节螺母，调整仪器到合适的高度，并使仪器水平。

仪器安装完成后，将测量仪器传感器通过通信电缆接入测控单元，并对管理系统中监测点的相关参数依据公式进行设置，实现自动化监测。

振弦式量水堰仪参数见表 2-8-1。某量水堰仪器安装参数表见表 2-8-2。

表 2-8-1 振弦式量水堰仪参数

项目	仪器性能	备注
量程	300、600、1500mm	
灵敏度	0.02%F.S	
精度	±0.1%F.S	
温度范围	−20～65℃	
长度×直径	133mm×25mm	

表 2-8-2 某量水堰仪器安装参数表

设计编号	出厂编号	灵敏度 K （mm/kHz²）	初始读数 H_0 （mm）	初始电测值 f_0 （Hz）	备注
WL1	YJYD0937	−0.060 4	47.0	2497.8	90°堰角
WL2	YJYD0936	−0.065 2	34.0	2443.8	90°堰角
WL3	YJYD0938	−0.058 7	52.3	2593.1	90°堰角

四、渗水自动化监测的异常数据分析、处理：

漏水自动化监测数据异常主要包括如下几个方面：

（1）外界环境影响，主要是上游水位变化、下游水位变化、温度变化等，在监测系统内将当日的水位变化、温度变化等进行详细的记录，方便日后对渗漏情况的系统分析。

（2）自动化监测系统内参数设置不准确造成的测值异常，务必确保监测自动化软

件内测点公式的正确性。

（3）仪器故障引起的测值异常，由于渗压计传感器的长期运行，造成传感器的灵敏度系数存在偏差，从而造成测值的异常，因此每年必须对传感器进行校验，确保测值的准确性。

（4）监测系统故障引起的测值异常，如模块异常、通信设备异常都可能造成监测数据的异常，对于此类问题，只需要恢复设备正常运行即可。另外，对于运行过程中遇到测量区域内，大范围的弃、排水等其他情况，造成监测数据的异常，对于此类事件，测量数据不进入分析。

【思考与练习】

（1）如何进行漏水自动化观测仪器的安装？

（2）漏水自动化观测数据异常包括哪几个方面？

▲ 模块9　绕坝渗流的自动观测与异常数据处理
（ZY4200902003）

【模块描述】本模块包含绕坝渗流测量仪器的结构与原理，绕坝渗流测量项目的布置方式、自动测量方法及异常数据处理。通过操作技能训练，掌握绕坝渗流的自动观测与异常数据处理的方法。

【模块内容】

一、绕坝渗流监测布置：

（一）土石坝绕坝渗流监测布置

（1）绕坝渗流监测包括两岸坝端及部分山体、土石坝与岸坡或混凝土建筑物接触面，以及防渗齿墙或灌浆帷幕与坝体及两岸接合部等的绕渗压力监测。

（2）土石坝两端的绕坝渗流监测，应根据地形地质条件、渗流控制措施、绕坝渗流区渗透特性及地下水情况而定，宜沿流线方向或渗流较集中的透水层（带）各设2～3个监测断面，每个断面上设3～4个测孔，帷幕前可设置少量测点。对层状渗流，应分别将监测孔钻入各层透水带，至该层天然地下水位以下的一定深度，一般为1m，埋设测压管或渗压计进行监测。必要时，可在一个孔内埋设多管式测压管，或安装多个渗压计，各高程测点间应进行隔水处理。

（3）土石坝与刚性建筑物接合部的绕坝渗流监测，应在接触边界的控制处设置测点，并宜沿接触面不同高程布设测点。

（4）在岸坡防渗齿墙和灌浆帷幕的上、下游侧宜各布设1个测点。

（二）混凝土坝绕坝渗流布置

绕坝渗流的测点布置应根据地形、枢纽布置、渗流控制设施及绕坝渗流区渗透特性而定。在两岸的帷幕后沿流线方向分别布置 2～3 个监测断面。断面的分布靠坝肩附近应较密，每条测线上布置不少于 3～4 个测点，帷幕前可布置少量的测点。

对于层状渗流，应利用不同高程上的平洞布置监测孔，无平洞时，应分别将监测孔钻入各层透水带，至该层天然地下水位以下的一定深度，一般为 1m，埋设测压管或安装渗压计进行监测，必要时，可在一个钻孔内埋设多管式测压管，或安装多个渗压计。但必须做好上下两个测点间的隔水设施，防止层间水互相贯通。

二、绕坝渗流的自动观测

绕坝渗流的自动观测一般是将渗压计接入自动化系统进行观测。

1. 仪器设备及工作原理

孔隙水压力计的形式多种，目前国内常用的有振弦式和差动电阻式两类。振弦式孔隙压力计主要由透水石、振弦式压力传感器、信号传输电缆等组成。振弦式压力传感器由不锈钢承压膜、钢弦、支架、壳体和信号传输电缆构成。垂直孔渗压计埋设示意图如图 2-9-1 所示，水平孔内渗压计埋设图如图 2-9-2 所示。

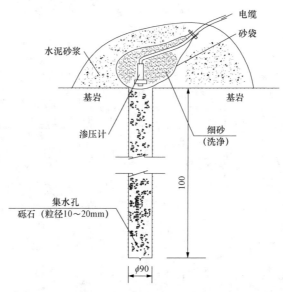

图 2-9-1　垂直孔渗压计埋设示意图

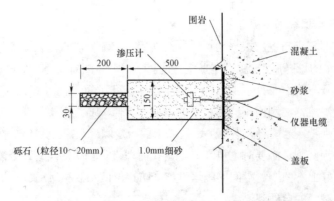

图2-9-2 水平孔内渗压计埋设图 单位(mm)

工作原理:

(1)振弦式孔隙压力计在一定的应力条件下,钢弦的自振频率是固定的,当应力变化时,其自振频率也随之发生变化。土孔隙中的有压水通过透水石,作用于承压膜上,使承压膜产生挠曲变形而引起钢弦的应力变化,钢弦的自振频率发生相应的变化。用钢弦频率测定仪,测出自振频率值,通过频率计算出压力值。

(2)差动电阻式孔隙压力计是一种供长期测量孔隙水压力并能兼测温度的传感器。在外界提供电源时,差动电阻式孔隙压力计所输出的电阻比变化量与孔隙压力变化量成正比,而输出的电阻值变化量与温度变化量成正比。

2. 成果整理和计算

振弦式渗压计观测读数为模数,按下式计算渗透压力值:

$$p = G(R_i - R_0) + K(T_i - T_0) \tag{2-9-1}$$

式中 p ——渗透压力,MPa;

G、K ——传感器系数,由厂家给出;

R_i、R_0 ——仪器读数,(°);

T、T_0 ——温度读数,℃。

对于差动电阻式渗压计,按下式计算渗透压力值:

$$p = f(Z - Z_0) + b(T - T_0) \tag{2-9-2}$$

式中 p ——渗透压力,MPa;

f ——最小读数,MPa/0.01%;

Z ——观测电阻比,0.01%;

Z_0 ——基准电阻比,0.01%;

b ——温度修正系数,MPa/℃;

T——温度，℃。

三、绕坝渗流异常数据的处理

绕坝渗流数据可做如表 2-9-1 所示进行分析。

表 2-9-1　　　　　　　上水库地下水位观测孔数据分析表　　　　　　　（m）

设计编号	当前水位	初始值	仪器高程	设计编号	当前水位	初始值	仪器高程
LUP1	400.7	401.16	399.61	RUP3	389.8	382.48	361.8
LUP2	394.0	388.27	385.54	RUP4	417.2	382.87	355.41
LUP3	414.1	413.44	390.88	RUP5	378.2	378.2	377.16
LUP4	393.9	393.57	377.75	KUP3	392.7	385.93	371.29
LUP5	374.6	368.36	356.67	KUP5	393.4	363.17	384.09
LUP6	367.0	363.17	336.14	KUP9	392.2	347.79	385.84
RUP1	410.6	395.72	384.55	KUP10	371.2	390.34	371.68
RUP2	391.8	383.77	372.96	KUP11	349.2	385.41	347.72

自动化观测过程中如果发现异常数据，应立即安排人工进行比测，以校核数据。如果为数据错误应对自动化系统进行排查，消除相关缺陷。如绕坝渗流数据正确，数据发生突变，应立即向主管领导汇报，以便采取措施进行处理。

【思考与练习】

（1）绕坝渗流的监测仪器原理是什么？

（2）绕坝渗流发现异常数据该如何处理？

◢ 模块 10　扬压力测量项目的数据整理与分析
（ZY4200903001）

【模块描述】本模块包含扬压力测量项目的过程线、分布图、相关图、极值统计和土坝浸润线的绘制，观测数据进行定性分析和编写说明。通过操作技能训练，掌握扬压力测量项目的数据整理与分析方法。

【模块内容】

坝基扬压力是作用在坝底的一种重要荷载，对坝的稳定应力、变形都有明显的影响。整理分析坝基扬压力资料对于验算大坝稳定、监视坝体的安全，了解坝基帷幕、排水系统的工作性能和地基情况的变化以及认识坝的应力、变形状况，都有重要的意义。

坝基扬压力项目资料的整理、分析工作主要包括计算测量成果、绘制和分析过程线、绘制和分析分布图、绘制和分析相关图、分析影响因素,进行理论验算、整理成果并编写说明。

一、扬压力测值成果计算

扬压力测值成果的计算通常将扬压力转换为扬压水柱,单点扬压力的测值计算已经在扬压力测量中已经作详细描述,在大坝基础扬压力分析中,需要结合多点扬压力值进行计算、分析。习惯上,把沿水流方向(坝体的横断面方向)的坝底扬压力叫作横向扬压力,而把平行于坝轴线方向(坝体的纵断面方向)的扬压力叫作纵向扬压力。当一个坝段一条总线上有若干个扬压力测点时,常将它们的测值算术平均,叫作坝段某测次的平均纵向扬压力。

二、扬压力数据的分析

扬压力数据的分析包括定性分析和定量分析。

(1)定性分析。定性分析主要通过时空分析,对坝基扬压力的变化规律及其与环境量(上下游水位、温度、降雨)的相关性进行分析,以揭示影响坝基扬压力异常的影响因素。

(2)定量分析。定量分析主要是对扬压力观测资料进行统计分析,建立统计模型,量化各影响因素对大坝坝基扬压力的影响程度,以便进一步评价大坝扬压力形态。

实测资料分析表明,坝基扬压力主要受上游水位和下游水位的影响,降雨对岸坡坝段坝基扬压力也有一定影响;另外,由于岩基温度的变化引起节理裂隙的张开度变化,从而亦引起扬压力的变化。此外考虑到坝前淤积、坝基帷幕防渗和排水效应等随时间的变化,还需选入时效因子。

三、扬压力分析图形的绘制及相关规律分析

(1)扬压力过程线的绘制。研究扬压力随着时间变化的情况,绘制和分析过程线是一种常用的方法。过程线通常以时间为横坐标,扬压力值为纵坐标,将测值点连线,即形成扬压力值的过程线,通常将一个坝段某个断面的测点绘制在一张图上。在实际中,通常将与扬压力关联的影响因子绘制在同一张图上,便于分析其对扬压力的变化影响。

通常情况下,扬压力随着时间变化,有下列特点:

1)随着上、下游水位的涨落而升降,对于水头较高的坝体,当上游水位变幅较下游水位变幅大时,扬压力值主要受上游水位影响,越靠近上游侧的测点受上游水位变化的影响越明显。当库水位有年周期变化时,扬压力过程线也是年周期变化。

2)扬压力值的变化,有的滞后于水位的变化,有的则无滞后现象。

3)扬压水位的变幅,在坝底上游边缘处等于水库水位变幅,在坝底下游边缘段等于下游水位变幅，中间点位的扬压水位变幅小于水库水位变幅。

4）坝基防渗条件的改变，扬压力变化过程也受影响。

（2）扬压力分布图的绘制。扬压力的分布图有两种，一种是纵向分布图，横坐标为纵向距离（沿坝轴线方向），上标观测孔号或坝段号，纵坐标为扬压水位；另一种是横向分布图，横坐标为横向距离（顺水流方向），上标观测孔号，纵坐标为扬压水位。

扬压力分布有如下特点：

1）纵向分布与坝的高度大体相适应，即和坝底高程起伏大体相适应，扬压水位两岸高，河床底，扬压水柱和扬压力则两岸小，河床部位大。

2）纵向扬压力系数的分布取决于坝基防渗条件，坝基条件好的，扬压力系数小。

3）横向扬压力的分布，大体是上游侧高，下游侧低，中间呈现折线变化。

（3）坝基扬压力相关图的绘制。扬压力的相关图就是将扬压力的影响因素与扬压力绘制在图上，揭示坝基扬压力变化规律与影响因素的关系，包括上下游水位、温度、降雨等。在相关图的绘制上，可以单个影响因子绘制，也可以多个影响因子绘制在一张图上，便于分析比较。

（4）扬压力图形实例分析。某大坝坝前水位、典型测孔扬压力孔口水位过程线及相应时间段温度过程线。坝基扬压力具有以下特点：

1）上游库水位变化是影响坝基扬压力变化的主要因素。库水位的变化对测孔水位的影响有一滞后过程，靠近上游的扬压力测孔水位受库水位变化的影响比距上游较远的测孔要大。同时，各测孔的滞后时间从上游向下游递增。另外，下游水位的变化对河床段坝基扬压力也有一定影响。

2）大气温度变化对扬压力测孔水位有一定影响，在相近库水位下，气温升高，测孔水位降低；气温降低，测孔水位升高。初步分析主要是由于气温变化会引起基岩裂隙张开度的变化。气温升高，岩体膨胀，裂隙压紧，渗透困难，坝基防渗性能提高，坝基扬压力测孔水位相应降低；反之，坝基扬压力相应增加。坝前水位、典型测孔扬压力孔口水位过程线如图 2-10-1 所示。坝区气温过程线如图 2-10-2 所示。

3）降雨对坝基扬压力测孔水位也有一定影响，降雨量较多、库水位较高的时段，扬压力测孔水位较高；降雨量较少、库水位较低的时段，扬压力测孔水位较低。另外，降雨对坝基扬压力测孔水位的影响也有一定滞后作用。

4）坝基扬压力测孔水位沿坝轴线方向总体上呈河床坝段较低、两岸坝段较高分布。这主要是由于两岸坝段除受库水位、降雨量变化影响外，还受两岸地下水位变化的影响。实地勘测表明，该电站两岸岸坡防渗帷幕防渗效果不佳，应进一步加强对岸坡防渗稳定性的分析和控制。

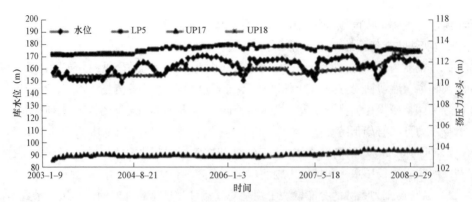

图 2-10-1 坝前水位、典型测孔扬压力孔口水位过程线

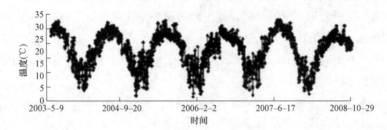

图 2-10-2 坝区气温过程线

四、扬压力的成果整理

依据大坝监测资料整编规范要求，每年应将扬压力观测记录进行计算、校核编出实测扬压力成果表，并绘制必要的过程线、分布图和相关图，连同说明整编成完整资料。

整编说明应包括测点布置、观测方法、仪器精度、测次安排、资料合理性检查情况等，并结合分析扬压力的情况，将反映出的问题和原因分析等内容编入整编说明。

当前大坝监测自动化设备、监测管理软件日趋完善，过程线、分布图、相关图等的绘制都可定制完成，更加方便，且易于操作。因此，对于扬压力项目的资料分析，更为重要的是明确坝基扬压力变化规律和影响因子，掌握资料分析的方法，从而进行有针对性的分析，为大坝的安全运行提供可靠性的建议。

【思考与练习】

（1）怎样进行扬压力测量数据分析？

（2）扬压力的变化规律是什么？

（3）扬压力的成果整理方式有哪些？

▲ 模块 11 漏水测量项目的数据整理与分析
（ZY4200903002）

【模块描述】本模块包含漏水测量项目的过程线、分布图、相关图、极值统计和土坝浸润线的绘制，观测数据进行定性分析和编写说明。通过操作技能训练，掌握漏水测量项目的数据整理与分析方法。

【模块内容】

大坝的坝体和坝基都会存在不同程度的漏水，长期漏水会造成溶蚀，削弱坝体的强度，尤其是突然出现的大量漏水，甚至会影响坝体的安全运行。因此漏水资料的整理、分析有利于帮助了解大坝的渗透状况及排水系统的工况，及时发现隐患，并采取积极的处理措施，确保大坝的安全。

为了解渗漏水的变化规律、分布情况与有关因素的关系，常绘制测值过程线、分布图和相关图，绘制方法和扬压力相似。

一、大坝漏水的主要情况及成果计算

坝体漏水的几种情况：① 从上游坝面渗入坝体经坝体排水管排出的漏水；② 经过基岩与坝体接触面以及透过基岩并绕过或穿过帷幕渗漏，再经坝基排水孔涌出的漏水；③ 沿着防渗处理不佳的横缝、水平浇注缝以及与上游坝面串通的裂隙入渗，并以廊道或下游坝面渗出的漏水。坝体渗漏量的监测主要是通过量水堰进行监测，渗漏量根据相应的堰型公式进行换算即可，遇到特殊堰型，需要结合现场的流量进行公式的拟合，确保公式的准确性和有效性。

二、漏水分析图形的绘制及相关规律分析

漏水的主要影响因素：外界因素主要是上、下游水位，另外气温、水温也对渗漏量有影响。上游水位高时，渗漏量大；水温高时，坝体裂缝开度减小，渗水相应减小；坝体混凝土的渗透系数越小，渗漏量越小，渗透系数的绝对值大小影响渗漏量的大小。若坝基渗透系数分别为 k_1、k_2，且 $k_1>k_2$ 时，则有渗漏量 $Q_1>Q_2$。防渗措施，包括坝基帷幕、齿墙、坝体防渗面层等。排水措施，包括自流排水，人工抽水，增大漏水量。

过程线：一般以时间为横坐标，测值为纵坐标绘制。几种特殊情况：过程线上受降雨影响的突变时，此段资料应舍去不用。相关图：测点流量与其影响因素之间关系的一种图形。有时将几组数据绘制在一张图上相互比较，叫综合相关线。测点水位 h 和渗流量 Q 一般只是上、下游水位相关。

分布图：分布图上的一条分布线表示一次观测成果。常把多次测值画在一起对比，如把一年内最高、最低两次测值对比，可看出各处年变幅的大小。

土坝的坝身浸润线位置是校核坝体稳定的必要资料。如果坝身浸润线过高，以及在下游坝坡出渗或与坝坡间的距离小于冰冻层厚度，都会危害下游坝坡的稳定安全。对正在运行的坝，浸润线的计算通常可以用来与观测数据比较，分析渗流条件的变化和防渗体的运用情况。

三、漏水的项目分析

某坝体渗漏量与坝前水位过程线如图 2-11-1 所示。

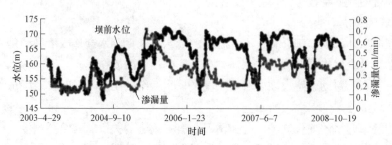

图 2-11-1 某坝体渗漏量与坝前水位过程线

上游库水位变化是影响各测点渗漏量变化的主要因素，而且库水位变化对大坝渗漏量的影响存在一定的滞后效应；该测点处渗透量总体处于安全水平，无明显趋势性变化。

四、漏水成果整编

漏水项目的资料整编、分析和扬压力类似，需在计算、绘图、分析的基础上加以整理，编写说明。

【思考与练习】

（1）漏水项目分析的图形有哪些？

（2）漏水的主要影响因素有哪些？

▶ 模块 12 绕坝渗流测量项目的数据整理与分析
（ZY4200903003）

【模块描述】本模块包含绕坝渗流测量项目的过程线、分布图、相关图、极值统计和绕坝等水位线的绘制，观测数据进行定性分析和编写说明。通过操作技能训练，掌握绕坝渗流测量项目的数据整理与分析方法。

【模块内容】

一、绕坝渗流的数据整理

（1）每次观测后应立即对原始记录进行检查，其主要内容如下：

1）现场观测方法是否遵循规程规定。

2）观测成果是否遵循规程规定限差之内。

3）是否存在粗差和系统误差。

4）观测数据不在限差以内或含有粗差，应立即重测；若判定观测数据含有较大的系统误差时，应分析原因，设法减少或消除系统误差的影响。

（2）经检验合格的观测数据，应及时进行计算，换算成水位或渗透压力等。

（3）观测记录计算校核复核人员，均应签名，各负其责，完备观测手续。

（4）绕坝渗流观测数据应及时存入计算机数据库，并选择具有代表性的测点，绘制过程线相关线分布图等，对各项监测成果进行初步分析，分析内容包括：

1）绕坝渗流是否符合正常的变化规律和趋势。

2）由成果表、过程线、相关线判断本次成果与上次及往年同期成果是否相近，如有突变，应查明原因，若计算有误，应立即改正。若属异常，应立即向主管领导汇报，以便采取措施进行处理。上水库地下水位观测孔渗压计观测记录表见表2-12-1。

表2-12-1　　　　　　上水库地下水位观测孔渗压计观测记录表

安装部位：右岸山坡		X 坐标：	11 182.24	钻孔深度（m）	50
仪器型号：GK4500-700		Y 坐标：	503 663.12	孔口高程（m）	433.27
测点编号：	KUP5	kPa/digit	kPa/℃	孔底高程（m）	383.27
出厂编号：	04-4197	0.153 7	-0.139 2		
观测时间	频率（Hz）	温度（℃）	仪器高程（m）	384.27	水头（m）	水位（m）
2013-08-03	7131.7	14.4		25.1	409.4
2013-08-06	7133.9	14.4		25.0	409.3
2013-08-09	7088.4	14.4		25.7	410.0
2013-08-12	7299.1	14.4		22.5	406.8
2013-08-15	7204.4	14.4		24.0	408.2
2013-08-18	7272	14.4		22.9	407.2

二、绕坝渗流的数据分析

上水库地下水位孔观测数据汇总表见表2-12-2。

表 2–12–2　　　　　　　上水库地下水位孔观测数据汇总表

设计编号	当前水位	初始值	仪器高程	设计编号	当前水位	初始值	仪器高程
LUP1	400.7	401.16	399.61	RUP3	389.8	382.48	361.8
LUP2	394.0	388.27	385.54	RUP4	417.2	382.87	355.41
LUP3	414.1	413.44	390.88	RUP5	378.2	378.2	377.16
LUP4	393.9	393.57	377.75	KUP3	392.7	385.93	371.29
LUP5	374.6	368.36	356.67	KUP5	393.4	363.17	384.09
LUP6	367.0	363.17	336.14	KUP9	392.2	347.79	385.84
RUP1	410.6	395.72	384.55	KUP10	371.2	390.34	371.68
RUP2	391.8	383.77	372.96	KUP11	349.2	385.41	347.72

绕坝渗流资料分析的方法通常有比较法、作图法、特征值统计法等。

（1）绕坝渗流应统计各测点年度最大值、最小值及其相应日期，平均值和年变幅等特征值。

（2）绕坝渗流数据整编应绘制各测点水位与库水位、降雨的过程线，各测点水位与库水位、降雨的相关图。

（3）绕坝渗流数据整编应与历次测量数据进行对比，分析地下水位变化规律，地下水位与库水位、降雨的相关性。

（4）绕坝渗流数据分析应绘制绕坝等水位线。

以上工作均可借助大坝安全监测信息管理系统完成。

渗透压力与水位关系曲线如图 2–12–1 所示，测压管水位变化过程线图如图 2–12–2 所示。

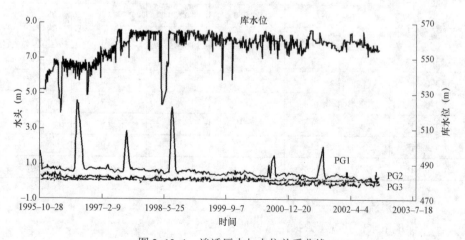

图 2–12–1　渗透压力与水位关系曲线

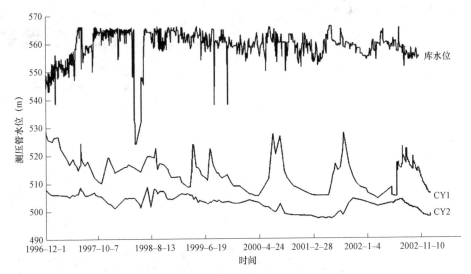

图 2-12-2 测压管水位变化过程线图

【思考与练习】

（1）绕坝渗流观测原始记录检查的内容有哪些？

（2）绕坝渗流观测成果初步分析的内容有哪些？

（3）绕坝渗流数据分析的方法有哪些？

第二部分

自动化系统的使用

第三章

真空激光自动化监测系统

▲ 模块1　真空激光自动化观测系统的日常维护
（ZY4201202001）

【模块描述】本模块包含真空激光自动化观测系统组成、系统各部件日常维护。通过操作技能训练，掌握真空激光自动化观测系统各部件的日常维护、使用测量软件进行数据的采集，并对异常数据进行处理。

【模块内容】

一、真空激光自动化观测系统组成

真空激光自动化观测系统主要由激光现场采集控制器、激光接收箱、激光发射箱、测点箱、抽真空系统、上位机等设备组成，由通信电缆、电源电缆、控制电缆等连接各个设备组成。真空激光自动化观测系统构成的示意图如图 3-1-1 所示。

（1）现场采集控制器。现场采集控制器由工业控制计算机、显示器、开关电源模块、控制模块等组成。

（2）激光接收箱。激光接收箱安装在激光接收室内，用于检测激光像点成像位置，内部设有面阵 CCD 摄像机、人工观测目镜、两向线性精密坐标仪，用于进行手动测量。

（3）激光发射箱。激光发射箱包括 He-Ne 激光器、激光器方向调整装置、定位小孔光栏、激光电源和密封外壳。

（4）抽真空装置。抽真空装置由遥控真空控制箱、真空泵、真空电磁阀、循环水泵、水箱、真空仪表等组成，遥控真空控制箱是以可编程序控制器（programmable logic controller，PLC）为核心，结合真空计、温度计、遥控器以及常规低压电气元件等组成的智能型真空控制系统。真空泵可以现场操作也可以遥控操作。

（5）测点箱。测点箱位于各个测点上，内装有波带板及支架、电机及支架、光电限位开关、测点控制盒等。所有测点箱用电取自接收端。在现场采集控制器的控制下完成选点，波带板起、落功能。

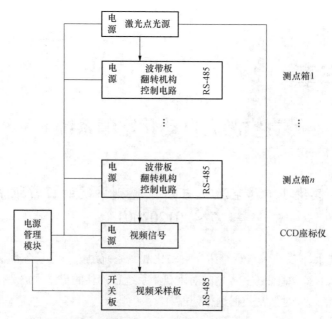

图 3-1-1　真空激光自动化观测系统构成的示意图

（6）上位机。上位机主要有服务器、多串口卡、RS-485 总线转换模块等。激光接收室的现场采集控制器通过 RS-485 总线与服务器室中的服务器相连，上位机只要运行相应的软件，就可以对现场系统进行控制，实现遥测遥控。

二、真空激光测量的几何原理

在激光测坝变形中分为相对测量和绝对测量，相对测量是以两端点为参考点，测量各测点相对参考点的 X 向和 Z 向位移；绝对测量是相对测量后加上端点改正的测量。具体如图 3-1-2 所示。

从图 3-1-2 中可看到，接收端测得的读数 H_i，是测点位移放大若干倍后的值，测点折算系数永远是大于 0 且小于 1 的。

$$K_i = L_x / L_o \qquad (3-1-1)$$

式中　K_i ——测点折算系数；

　　　L_x ——发射端到测点的距离；

　　　L_o ——发射端到接收端的距离，即激光轴线总长。

从图 3-1-2 中可看出测点越靠近发射端，位移被放大的越大。若保证各测点有相同的观测精度，越靠近发射端的测点的读数精度可以降低。如距发射端第一测点的 $K_1 = 40/500 = 0.08$，要保证 ±0.10mm 的观测精度，则读数误差可为 ±0.10/0.08 = ±1.25mm。

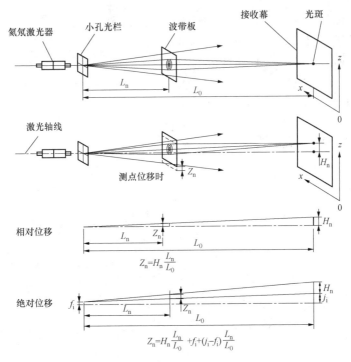

图 3-1-2　激光测坝变形示意图

　　激光准直线的两端称为端点，对于发射端就是小孔光栏（简称小孔），由于小孔固定在密封点光源内，而密封点光源固定在发射端观测平台上，观测平台通过插筋与坝体混凝土牢固结合，所以激光的发射端点是随发射端坝体移动而移动的。

　　激光接收端点就是人工观测坐标仪在 X、Z 都移动至"0"时，对应的人工瞄准镜内的中点，人工坐标仪固定在接收端观测平台上，观测平台通过插筋与坝体混凝土牢固结合，所以接收端点是随接收端坝体移动而移动的。

　　自动观测用摄像机固定在人工观测坐标仪上，它工作时的位置与人工坐标仪"0"点的位置是固定不变的，所以摄像机的坐标与人工坐标有一个常差，摄下的图像是与人工"0"位相关的，自动观测的数据经坐标转换即可转换成人工观测的数据。

　　测点是布置在坝体用于测量的点上。测点底板通过插筋与坝体混凝土牢固结合，测点箱固定于测点底板上，所以测点体内波带板随坝体移动而移动。

三、日常维护

（一）真空泵维护

（1）泵及其四周环境应保持清洁。

（2）应经常关注真空泵的运转情况。

（3）泵在运转过程中应保持油箱内油量不得低于油标中心。

（4）不同种类和牌号的真空泵油不可混合使用。

（5）泵在使用中温升不能超过 70℃。

（6）根据使用情况定期为真空泵换油。

（7）定期检查真空泵电机固定螺栓紧固情况。

（8）定期检查三角皮带的松紧度是否合适。

（9）若三角皮带磨损严重，请即时更换。

真空激光维护周期表见表 3-1-1。

表 3-1-1   **真空激光维护周期表**

序号	项目	周期	主要内容
1	真空泵	6 月	换油
2	循环水	3 月	补水
		6 月	换水
3	人工观测坐标仪	3 月	加油
4	加热器	随时	擦拭
5	观测室	随时	清扫，冬季加门帘
6	现场巡视	随时	有问题及时发现处理

（二）循环水设备维护

循环水设备主要包括地下储水箱、回水检测箱（回水箱）、潜水泵、水位浮子开关等，储水箱应保持箱内清洁，水质清澈，水位不得低于 30cm，维护时应排除箱内所有陈水，充分擦拭，注入新水。

（1）回水箱应保持清洁，盖好上盖防止进入杂物，维护时需擦拭内面，清除杂物。内部设备特别是水位浮子的位止长度不可改变。

（2）潜水泵应保持进水口清洁，工作时全浸于水中，维护时擦拭表面。

（3）水位浮子应保持表面清洁，维护时擦拭表面，但不可改变现有的箱内长度，中间沙锤的位置。特别注意：应断电维护，可使用遥控真空控制箱上的"紧急停止"按钮断电。

（三）人工观测坐标仪维护

平时应由塑料罩保护并保持周围清洁，除使用之外任何时候都不可以受其他外力，观测时旋动手轮应用力适度，不可急速旋动；维护时用绸布擦拭仪器外壳，为仪器的导轨、精密滚珠丝杠加注适量润滑油。

（四）现场巡视

现场巡视主要内容有真空泵油位、真空泵传动带、储水箱水位、校对电阻真空计（以麦氏计为准，只校对零度）、排水泵状况、除湿机状况、冬季应检测观测室温度、加热器状况。每次巡视应有记录，填写巡视记录表 3–1–2。

表 3–1–2　　　　　　　　　激光系统现场巡视记录表

日期	巡视人	真空泵	循环水	数显真空计传感器	接收端观测室	发射端观测室	其他

【思考与练习】

（1）简述真空激光自动化观测系统组成。

（2）真空激光自动化观测系统现场巡视主要内容有哪些？

（3）真空激光自动化观测系统维护项目有哪些？其维护周期如何？

模块 2　真空激光自动化观测系统的使用（ZY4201202002）

【模块描述】本模块包含真空激光自动化观测系统各部件的作用。通过操作技能训练，掌握使用测量软件进行数据采集的方法，并对异常数据进行处理。

【模块内容】

一、真空激光自动化观测系统各组成部件

（一）激光点光源

采用 He–Ne 激光器作为准直系统的光源，光波长为 0.632 8μm，TEM00 模，单色性好，光束光强分布均匀。激光管前置组合光阑，与发射端底板固定。激光管支撑在具有方向调节功能的支架上便于激光管的维修更换。激光管由专用电源供电，供电电源为（220±20）V。

（二）波带板及可控翻转机构

大坝待测部位设置一块波带板及由单片机控制的翻转机构（均安装在密封的测点箱内）。在测量时，由微机发送命令，启动该测点单片机，举起波带板进入激光束内。完成测量后，即倒下波带板，退出激光束，每次测量时，仅举起一块波带板进入光束。

（三）CCD 坐标仪

CCD 坐标仪主要由成像屏和 CCD 成像系统两部分组成。CCD 成像系统将成像屏上的衍射光斑转化为相应的视频信号输出。

（四）数据采集及控制系统

由工控机、图像卡及专用图像分析处理软件和系统控制软件组成。

工控机在专用软件的支持下，控制激光准直系统各部件有序地工作如：打开激光电源、定时开启冷却系统、启动真空泵、依次控制各测点的测量、处理所得的数据、保存到数据库并显示。

（五）真空设备

（1）真空管道。真空管道根据不同的准直距离需要分段采用不同管径的无缝钢管焊制而成。对于较短的测点位移较小的大坝可采用ϕ159×5 或ϕ219×7 钢管，对于准直距离较长的可以选用口径更大的无缝钢管。

（2）不锈钢波纹管。不锈钢波纹管用来补偿真空管道的热胀冷缩，减少热应力对测点的影响。安装时由波纹管将真空管道和测点箱连接成一体，连接处采用 O 形圈密封。

（3）平晶。真空管道两端用两块高精度的平晶密封，以形成通光条件，又不至于影响激光束的成像。

（4）真空泵及真空截止阀。根据准直距离的长短选用一台或多台旋片式真空泵及相应的真空截止阀。对于 300m 以内的真空管道，采用一台 2X–70 型旋片式真空泵，将管内气压由 1 个大气压抽至 1～5Pa 约需 10min。

（5）控制箱。控制箱为激光系统工作的电气箱，由箱内的智能模块控制真空泵、冷却系统、激光源及各测点电源有序地工作。必要时可由人工直接启动，控制激光系统的工作。

二、数据采集的方法

（一）单点重复测量

选择单点重复测量命令对某一点进行多次测量。选择单点重复测量命令时，每测量一次首先举波带板，然后测量，最后放波带板。再测量第二次、第三次、……。

（二）单点连续测量

选择单点连续测量命令对某一点进行多次测量。选择单点连续测量命令时，每测量一次首先举波带板，然后开始测量第一次、第二次、第三次、……测量完成后放波带板。

（三）巡测

选择巡测命令后系统对所有的测点进行一次测量。当系统工作在"自动"方式时，测量过程为：

（1）开激光电源。

（2）开进水电磁阀。

（3）开真空泵开始抽真空。

（4）进行指定的时间的抽真空。

（5）关真空泵。

（6）关进水电磁阀。

（7）延时 1min。

（8）开始依次测量各测点。

（9）关激光电源。

当系统工作在"手动"方式时，系统将直接进行测量，不对辅助设备进行控制。巡测的结果将自动保存在数据库中。

（四）定时测量

选择定时测量命令可以将系统设定为定时启动测量方式。首先请输入起始测量时间，然后输入测量周期。定时启动测量时，测量过程与"巡测"命令相同。

（五）查询测点状态

选择查询测点状态命令可以查询某一测点波带板的状态。测点选择好后按"确定"按钮，系统将首先查询该测点波带板的状态，然后直接在系统仪器布置图所在的位置上以图示的方式显示查询的结果。

测点各种图示意义如下：

（1）波带板举起到位：。

（2）波带板倒下到位：。

（3）波带板未到位：。

（4）测点通信故障：。

（六）查询辅设状态

选择查询辅设状态命令可以查询辅助设备的运行状态。辅设状态图示如下：

（1）激光电源打开：激光电源到 CCD 之间有红色直线。

（2）激光电源关闭：激光电源到 CCD 之间无红色直线。

（3）进水电磁阀开：。

（4）进水电磁阀关：。

（5）真空泵开：。

（6）真空泵关：⬭。

（七）自动测量

选择自动测量命令表示系统中辅助设备的控制处于自动状态（控制柜运行开关应打在"手动"位置）。

当辅助设备的控制处于自动状态时，如果选择巡测命令或此时定时启动，系统将首先控制辅助设备动作，即先开电源，再开电磁阀放冷却水，然后启动真空泵开始抽真空，当抽到指定的时间后，关闭真空泵，再关电磁阀，1min 后进行测量。

当选择自动控制方式时，菜单"辅设控制"下的所有命令项有效，允许通过点击菜单来控制辅设动作。

（八）手动测量

选择手动测量命令表示系统中辅助设备的控制处于手动方式（控制柜运行开关应打在"自动"位置）。当辅助设备的控制处于手动状态时，如果用户选择巡测命令或此时定时启动，系统将跳过对辅助设备的控制，直接进行测量。

当选择手动控制方式时，菜单"辅设控制"下的所有命令项无效（变灰）。

用手工控制辅设时，一定要先开进水电磁阀，然后开真空泵，抽真空结束后，先关真空泵，再关电磁阀，最后开激光电源开始测量。

【思考与练习】

（1）选择巡测命令后系统对测点的测量过程是什么？

（2）单点重复测量和连续测量的区别是什么？

（3）自动测量的前提是什么？

▶ 模块 3 真空激光自动化观测系统的日常维护
（ZY4201202003）

【模块描述】本模块包含对真空激光自动化观测系统常见故障的原因进行分析与处理，并能对改造后的系统与历史数据进行衔接。通过故障排查，掌握真空激光自动化观测系统的故障处理。

【模块内容】

一、启动冷却水泵、真空泵后，真空泵并未真正工作

（1）应检查电源是否正常。一般启动后，冷却水泵，真空泵开关上的指示灯理应点亮，否则可能是供电电源有故障。

（2）指示灯均正常，冷却水泵也处于工作状态，应检查冷却水泵出水口的出水量是否正常，如无水或水量较少则水箱内水位过低或管路中气泡堵塞等故障。可以加水至出水口以上，若管路中气泡堵塞，则拧开真空泵的出水口的出水管，开启水泵，放出一些水，再把出水管接上，就可排除故障。

二、真空度达不到要求

在真空泵工作结束后用麦氏表检测真空度，其值低于正常工作的要求，则可能由以下原因产生：

（1）真空泵启动后并没有正常工作。则将控制箱选择为"手动"工作模式，检查真空泵及冷却系统是否故障。

（2）冷却水泵和真空泵工作正常。则应排除管道各阀门是否处于正常状态，真空表与真空管道连接的橡皮管接嘴处是否由于真空泵的振动而有松动。

（3）排除以上故障后，再启动冷却水泵，真空泵抽气 10～15min。检查管内真空度是否达到正常工作要求。并检查管道的漏气率，此时应将各阀门关紧。

（4）检查定时测量时，真空泵启动的待续时间的设定，如 3min 左右，则可重新设定为 5min，如定时间隔较长，由可适当设定为 5～8min。

三、真空激光系统无图像故障

各测点测值光斑中心位置均为 0，则可能是激光源没有工作，则应检查激光源电源是否正常；若激光管已点燃，则可能视频信号电缆有故障，检查其有无断口具体故障排除方法如下：将新 CCD 摄像头电源连接好（12VDC，有防错接措施），然后用视频线将新 CCD 摄像头连接到计算机的图像卡的接口上（注意，CCD 摄像头端视频线接在"VIDEO OUT"口上），给 CCD 摄像头供电。在计算机上打开激光测量软件，打开"实时图像监视"，看是否能看到图像。分以下两种情况进行处理：

（1）如果看不到图像，则表明图像卡已坏，更换图像卡，并从新安装驱动程序。

首先关闭计算机，断开 CCD 视频线，打开计算机机箱，更换上新图像卡，然后进行图像卡驱动程序安装：

注：任何时刻，请勿带电拔插操作！尤其是视频源输入输出连接线，如需拔插时请关断任何一端的电源，以免损坏。

本图像卡为即插即用设备，插上图像卡后开机，系统会提示找到新硬件，请按提示步骤进行安装。一般启动计算机，计算机自己会发现新硬件，按提示即可自动安装好驱动程序。之后连接好 CCD 摄像头并共上电源，启动激光软件，应能正常看到图像了。

如果计算机自己不能正确安装图像卡，可按照以先到系统硬件管理中删除系统中的原图像卡，然后再重新启动计算机，系统会搜索到图像卡，采用人工指向文件方式，即可自动安装完成。到此，故障排除。

（2）如果能够看到图像，则表明 CCD 摄像头已坏，需要更换 CCD 摄像头。

1）首先将原摄像头从接收端保护箱内的安装支架上取下来。

2）将新 CCD 摄像头大致按原位安装到安装支架上，并固定好。

3）在成像屏附近给予适当亮光，调节光圈，调节进入 CCD 镜头的光的强弱（标示为 CLOSE□□OPEN，向 CLOSE 方向调，光圈调小，图像变暗，向 OPEN 方向调，光圈调大，图像变亮），使从软件的图像监视里能看到亮度适当的图像。

4）松开锁紧螺钉，调节 CCD 镜头的物距（标示为 FAR□□NEAR），直到在"实时图像监视"界面能看到清晰的图像。锁紧锁紧螺钉。

注意：第 3）和第 4）步可配合并反复调节，直到图像清晰为止。如果图像监视看到的范围与成像屏比较太大或太小可适当调节 CCD 摄像头在安装支架上的前后位置，并重复 3）～4）步。

5）标定：将钢板尺贴着成像屏水平位置中间，用适当的光照着尺子，再在电脑上"实时监视"对话框内的图像上用鼠标分别点到两个靠近边沿附近的 10mm 分度线上，记下两点的像素值和尺子上相应的读数。再根据这四个值计算出水平方向的换算系数。计算公式为：

换算系数=两点的像素差/两点间的距离，再用同样的方向计算出垂直方向的换算系数。

注意：水平方向向右为正，垂直方向向下为正。计算出的系数应为正值，如为负，取绝对值即可。

把换算系数输入激光监测系统软件的相应位置：

水平方向的换算系数在"online"数据库的"laserinfo"表中的"explierX"字段。垂直方向的换算系数在"online"数据库的"laserinfo"表中的"explierY"字段。

6）重新启动软件，测量一次，然后修正测值偏移值：

水平方向偏移值：现偏移值=原偏移值−（现在测量值−系统坏前最后 1 次测量值）再用同样的方法计算垂直方向偏移值。

注意：水平方向的测量值在"online"数据库的"A21Czzk1"表中的"中间结果_1"字段；垂直方向的测量值在"online"数据库的"A21Czzk1"表中的"中间结果_2"字段；水平方向的偏移值在"online"数据库的"SurveyPoints"表中的"Y0"字段；垂直方向的换算系数在 online 数据库的"SurveyPoints"表中的"X0"字段；至此，CCD 摄像头更换工作完成。系统可进入正常测量状态。

CCD 摄像头结构示意图如图 3-3-1 所示。

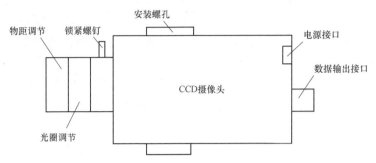

图 3-3-1　CCD 摄像头结构示意图

四、激光管故障更换

激光管是激光准直系统重要的部件，而且有一定使用寿命，在大坝的长期观测中，因激光管损坏而造成系统故障的事例比较常见，但在更换前一定要注意激光管电极为 1000V 以上高压，通电时人不可触及，否则有触电可能；极性不可接反，否则将损坏激光管。具体操作步骤如下：

（1）抽真空至 40Pa 以下。

（2）将接收端控制器工作电源置"电源开"，接入"普通监视"。

（3）在发射端打开真空接线盒，接入人工测点控制器、发射端监视器。

（4）打开密封点光源外壳，关闭激光器电源，取下激光管接线并使其短路发电。

（5）取下旧激光管。判断新激光管的发光方向使其朝向小孔，安装激光管，判断发激光管接线的极性接好连线。

（6）开启激光电源，在人工测点控制器上操作抬起全部波带板落，观察监视器，调整激光管调整螺钉，至监视器上显示最亮并且均匀的一个大圆。调整过程需要耐心，边调整边观察。

（7）在人工测点控制器上操作，分别落下最近和最远的波带板，观察光斑情况，和以前的光斑无大区别时调整结束。

（8）盖好密封点光源开壳，盖好发射端接线盒。

（9）关闭接收端控制器"工作电源"，拆除"普通监视"，更换激光管结束。

五、数显真空计传感器故障更换

数显真空计传感器的使用寿命为 1～2 年，在大坝的长期观测中，会遇到其故障的情况，操作步骤如下：

（1）抽真空至 40Pa 以下，以麦氏真空计读数为准。

（2）关闭数显真空计传感器下面的手动隔膜阀，取下数显真空计传感器上的连线，从数显真空计传感器规座上取出旧数显真空计传感器，接上新数显真空计传感器连线。

（3）在大气中调整设在遥控真空控制箱上真空二次表的满度（F.S.）多圈电位器，使显示为"10E+5"。

（4）将数显真空计传感器安装到真空规座上，打开阀门，调整真空二次表上的零度（ZERO）多圈电位器，使显示与麦氏真空计数值相同。

（5）重复（3）～（4）步骤 3 次以上

（6）当无法兼顾两头时，以低真空度为准，高真空度放弃。

（7）更换调整结束。

注意：每次从数显真空计传感器座上取出真空，都会引起管道内真空度变化，所以每次零度调整时都要重新读麦氏真空计。

【思考与练习】

（1）简述激光管故障更换的注意事项。

（2）激光准直系统真空度达不到要求的原因是什么？

（3）启动冷却水泵、真空泵后，真空泵并未真正工作的原因是什么？

第四章

大坝安全管理系统的使用

▲ 模块1 大坝安全管理系统的结构与作用（ZY4201203001）

【模块描述】大坝观测系统的结构及组成部分的作用，大坝观测系统的通信结构，采集系统、采集模块的分类与作用。通过结构分析，掌握大坝安全管理系统的结构与作用。

【模块内容】

一、大坝观测自动化系统的结构

大坝安全管理信息系统主要由数据库服务器、Web 服务器、数据采集模块、数据采集计算机和客户计算机组成。数据库服务器用于将全部观测数据保存在现场的数据库服务器中；Web 服务器放在后方与 MIS 网相连，实现信息发布；数据库服务器配置双网卡，一个与现场采集计算机连接，另一个通过 2M 光纤专线与后方网络连接，实现前后方数据库同步，并通过 Web 服务器实现信息发布。大坝安全监测自动化系统的构成图如图 4-1-1 所示，大坝安全管理信息系统网络结构示意图如图 4-1-2 所示。

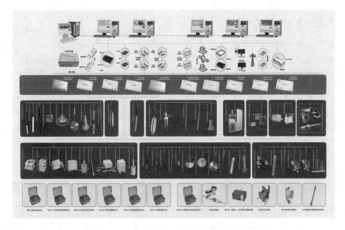

图 4-1-1　大坝安全监测自动化系统的构成图

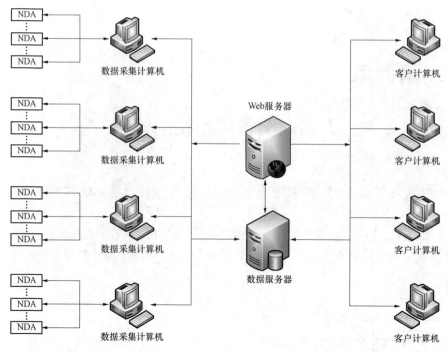

图 4-1-2　大坝安全管理信息系统网络结构示意图

二、系统通信方式

（1）有线通信方式。不加中继在 9600bit/s 的通信速率下的有效通信距离为 1.2km，可同时接 32 个 NDA 模块，加中继器可同时延长有效通信距离及增加接入的 NDA 模块数量。有线通信系统方式网络结构示意图如图 4-1-3 所示。

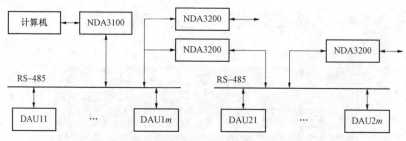

图 4-1-3　有线通信系统方式网络结构示意图

（2）光纤通信方式。光纤通信属于有线通信的范畴，只是通信介质为光导纤维，通信媒体为激光。系统通过配有 RS-485 接口的光端机 NDA3400 可方便地进行光纤通信。NDA3400 光端机使用 LD 或 LED 光发射器及 PIN 光接收器作为光电转换器件，选用短波长，多模光缆，有效通信距离大于 5km，通信速率可达 1Mbit/s。光纤通信系统方式网络结构示意图如图 4-1-4 所示。

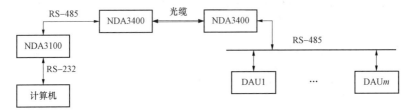

图 4-1-4 光纤通信系统方式网络结构示意图

（3）无线通信方式。在监测中心距测量现场的 DAU 较远以及在雷电活动频繁的地区时，可采用无线通信方式。NDA3300 模块为配有 RS-485 接口的无线收发电台，可用国家无委会批准分配给防汛遥测专用的频率 230MHz。无线通信系统方式网络结构示意图如图 4-1-5 所示。

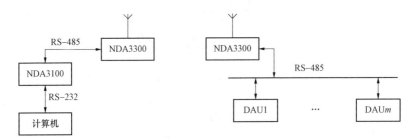

图 4-1-5 无线通信系统方式网络结构示意图

三、采集模块的分类与作用

数据采集单元主要组成部件由 NDA 系列智能数据采集模块、NDA 专用不间断电源、NDA 通信模块、防潮加热器和多功能分线排等部分组成。

（1）差阻式仪器采集模块。NDA1103、NDA1104 型数据采集智能模块用于自动采集差阻式仪器的信号。每个模块均具有独立的 CPU、存储单元、测试单元、通信单元、防护单元等，各模块间互不影响、独立工作。采用先进的测试技术，并通过电磁兼容测试，具有测量精度高、抗干扰能力强、长期运行稳定的优点，测值不受芯线电阻的影响。NDA1104 模块的端子布置图如图 4-1-6 所示。

（2）振弦式仪器采集模块。NDA1403、NDA1404 型数据采集智能模块用于自动采集各类振弦式仪器的信号。每个模块均具有独立的 CPU、存储单元、测试单元、通信单元、防护单元等，各模块间互不影响、独立工作。采用先进的测试技术，并通过电磁兼容测试，具有测量精度高、抗干扰能力强、长期运行稳定的优点。具有自适应测量功能，同一模块可接入国内外不同厂家的振弦式仪器，各通道均可用于频率信号或温度信号的测量。NDA1403 模块的端子布置图如图 4-1-7 所示。

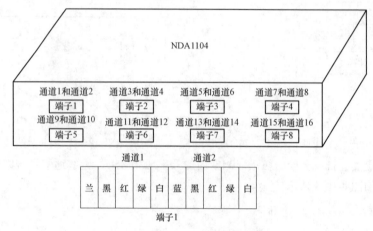

图 4-1-6　NDA1104 模块的端子布置图

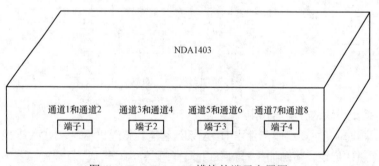

图 4-1-7　NDA1403 模块的端子布置图

　　（3）数据采集智能模块。NDA1700、NDA1705 型数据采集智能模块用于自动采集 RS-485 信号输出的智能传感器信号，NDA1700 还可同时自动采集开关量输出的传感器信号。每个模块均具有独立的 CPU、存储单元、测试单元、通信单元、防护单元等，各模块间互不影响、独立工作。采用先进的测试技术，并通过电磁兼容测试，具有测量精度高、抗干扰能力强、长期运行稳定的优点。电容式垂线坐标仪、CCD 式垂线坐标仪和电容式引张线仪、CCD 式引张线仪用这种型号的模块 CCD 式垂线坐标仪不需供电，则模块的电源就不用接线。NDA1403 模块的端子布置图如图 4-1-8 所示。

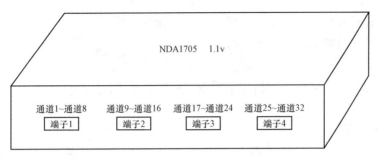

图 4-1-8 NDA1403 模块的端子布置图

（4）NDA1514、NDA1523 型数据采集智能模块用于自动采集各类标准量变送器的信号。NDA1523 模块的端子布置图如图 4-1-9 所示。

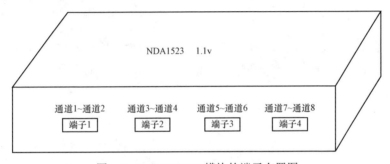

图 4-1-9 NDA1523 模块的端子布置图

（5）NDA1603、NDA1604 型电位器式传感器数据采集智能模块用于自动采集电位器式传感器的信号。NDA1604 模块的端子布置图如图 4-1-10 所示。

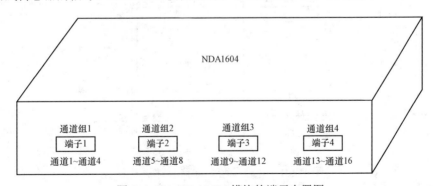

图 4-1-10 NDA1604 模块的端子布置图

【思考题】

（1）简述大坝安全管理信息系统的组成。

（2）什么情况下大坝安全管理信息系统采用光纤通信方式？

（3）简述数据采集单元的组成。

▲ 模块 2　自动观测传感器的原理与作用（ZY4201203002）

【模块描述】本模块介绍自动化系统的应力计、应变计、温度计、钢筋测力计、无应力计、水管沉降仪、引张线、垂线、主双金属标、静力水准、测缝计的传感器原理与作用。通过原理分析，掌握自动观测传感器的结构与原理。

【模块内容】

一、变形观测传感器

（一）RZ 型电容式垂线坐标仪

1. 结构

双向垂线坐标仪是由水平变形测量部件、标定部件、挡水部件以及屏蔽罩等部分组成，坐标仪的测量信号由电缆引出。电容式垂线坐标仪结构示意图如图 4-2-1 所示。

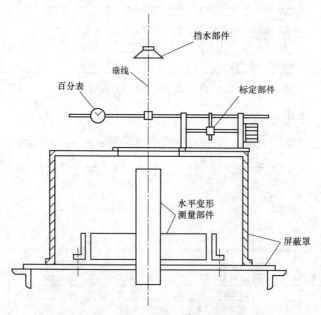

图 4-2-1　电容式垂线坐标仪结构示意图

2. 工作原理

仪器采用差动电容感应原理非接触的比率测量方式。如图 4-2-2 所示在垂线上固定了一个中间极板，在测点上仪器内分别有一组上下游向的极板 1、2 和左右岸向的极板 3、4，每组极板与中间极组成差动电容感应部件，当线体与测点之间发生相对变位时，则两组极板与中间板间的电容比值会相应变化，分别测量二组电容比变化即可测出测点相对于垂线体的水平位移变化量（Δx、Δy）。

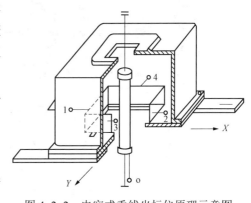

$$\Delta x = (a_{ix} - a_{\text{基}x})K_{fx}$$
$$\Delta y = (a_{iy} - a_{\text{基}y})K_{fy}$$

式中 Δx、Δy——本次测量相对于安装基准间的变位量；

    a_{ix}、a_{ix}——本次仪器的电容比值；

    $a_{\text{基}x}$、$a_{\text{基}y}$——建立基准时仪器的电容比值；

    K_{fx}、K_{fy}——仪器的灵敏度系数。

图 4-2-2 电容式垂线坐标仪原理示意图

（二）RY 型电容式引张线仪

1. 结构

RY 型单向电容式引张线仪是由一个中间极部件、极板部件、屏蔽罩、仪器底板、电缆、调节螺杆组成的，并备有标定仪器用的附件（标定装置）。

电容式垂线坐标仪原理示意图如图 4-2-3 所示。

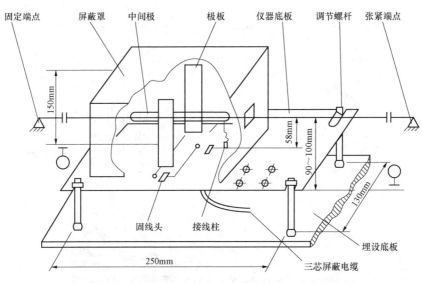

图 4-2-3 RY 型电容式单向引张线仪结构及安装示意图

2. 工作原理

RY 型电容式单向引张线仪用于测量单向水平位移。该仪器基本原理与 RZ 型垂线坐标仪相同，是采用电容感应式原理。RY 型电容式单向引张线仪的测量单元采用比率测量技术，测出测点相对于引张线的变化，引张线的原理示意图如图 4-2-4 所示。

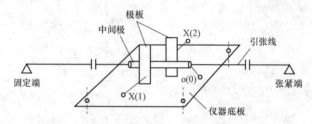

图 4-2-4　RY 型电容式单向引张线仪原理示意图

在引张线的不锈钢丝上安装遥测 RY 型电容式引张线仪的中间极，在测点仪器底板上装有两块极板。当测点变位时极板与中间极之间发生相对位移，从而引起两极板与中间极间电容比值变化，测量电容比即可测定测点相对于引张线的位移。

（三）NSC 型水管式沉降测量装置

1. 结构

NSC 型水管式沉降测量装置主要由沉降测头、管路和量测板（观测台）等三部分构成，NSC 型水管式沉降测量装置构造示意图如图 4-2-5 所示。

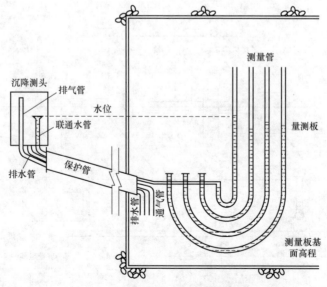

图 4-2-5　NSC 型水管式沉降测量装置构造示意图

2. 工作原理

当常闭电磁阀开启，箱内的水进入测量管（水位上升），超过沉降测头高程若干厘米时常开电磁阀关闭，水继续流入沉降测头的连通水管，并从沉降测头溢出后，继电器 J1、J2 断电，常闭电磁阀关闭，常开电磁阀开启，连通水管内水流平衡，NDA6504 按水管式沉降测量装置测读要求进行过程控制、采集、存储。水管式沉降测量装置原理框图如图 4-2-6 所示。

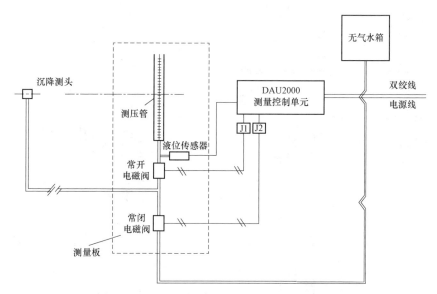

图 4-2-6　NSC 型水管式沉降测量装置原理框图

（四）电容式双金属标位移计

1. 结构

电容式双金属标位移计结构如图 4-2-7 所示。

2. 工作原理

双金属管标测量就是利用双金属管（一般采用钢管和铝管）线膨胀系数的差异，在确定埋深以后，通过 RW 型电容式位移计测定两种双金属管顶部相对于地表面的位移值，进而计算出双金属管锚固点至孔口地面之间基岩的竖直位移的变化量。其沉降计算公式如式（4-2-1）所示。

$$\Delta h = \frac{a_{铝} R_{钢} - \alpha_{钢} R_{铝}}{\alpha_{铝} - \alpha_{钢}} \qquad (4-2-1)$$

式中　$\alpha_{铝}$、$\alpha_{钢}$——分别为铝管芯、钢管芯的热膨胀系数；

$R_{钢}$、$R_{铝}$——分别为钢管标、铝管标的位移读数（RW 型电容式位移计测值）。

一般取 $\alpha_{铝}=2\alpha_{钢}$（钢取 1、铝取 2），因此 $\Delta h=2R_{钢}-R_{铝}$。

实际选材时，一般 $\alpha_{铝}=23\times10^{-6}\sim24\times10^{-6}$，$\alpha_{钢}=12\times10^{-6}$。

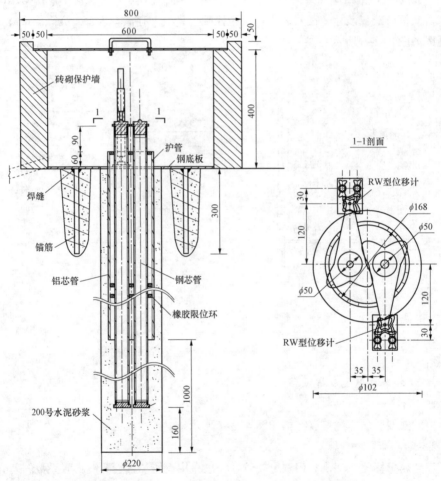

图 4-2-7　电容式双金属标位移计结构示意图（单位：mm）

二、差动电阻式监测传感器

（一）测缝计

差动电阻式测缝计主要用于测量水工建筑物和其他混凝土建筑物伸缩缝的开合度，也可测量大体积混凝土建筑物的裂缝及山岩变形，同时可兼测埋设点的温度。测缝计一般由安装部件、感应组件及引出电缆密封室三个主要部分构成，其结构如

图 4-2-8 所示。

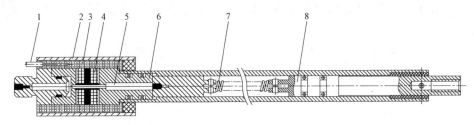

图 4-2-8　测缝计结构图

1—电缆；2—保护管；3—导线；4—激振线圈；5—钢弦；6—主体；7—拉簧；8—滑杆

　　测缝计安装于缝隙的两端，当缝隙的开合度发生变化时引起感应组件发生相对位移，从而使得感应组件上两根电阻丝电阻值发生变化，其中一根电阻 R_1 减小（增大），另一根 R_2 增大（减小），电阻比发生变化，通过电阻比电桥测量其电阻比变化而得到缝隙的变化量。

　　埋设在混凝土建筑物内的测缝计，受着缝隙开合度和温度的双重作用，因此测缝计的一般计算公式为：

$$J = f\Delta Z + b\Delta t \tag{4-2-2}$$

式中　J——缝隙开合度变化量，mm；

　　　f——测缝计最小读数，由制造商给出，mm/0.01%；

　　　b——测缝计的温度修正系数，由制造商给出，mm/℃；

　　ΔZ——电阻比相对于基准值的变化量，拉伸为正，压缩为负，0.01%；

　　Δt——温度相对于基准值的变化量，温度升高为正，降低为负，℃。

　　仪器内部的总电阻值 $R_t = R_1 + R_2$，与仪器温度 t 具有如下关系：

$$t = a'\left(R_t - R_0'\right)　\left(60℃ \geqslant t \geqslant 0℃\right) \tag{4-2-3}$$

或

$$t = a''\left(R_t - R_0'\right)　\left(0° > t \geqslant -25℃\right) \tag{4-2-4}$$

式中　t——埋设点的温度，℃；

　　　R_t——仪器实测总电阻值，Ω；

　　　R_0'——仪器计算零度电阻值，由制造商给出，Ω；

　　　a'——仪器零上温度系数，由制造商给出，℃/Ω；

　　　a''——仪器零下度系数，由制造商给出，℃/Ω。

（二）应变计

差动电阻式应变计用于埋设在岩土建筑和其他混凝土建筑物内部，或模型试件内，测量结构物内部的应变，以推算其受力状态。

本仪器亦可改装成测量岩石变形、钢板变形和锚束测力之用，同时可监测埋设点的温度。

应变计一般由电阻感应组件、外壳及引出电缆密封室三个主要部分构成，如图 4-2-9 所示。

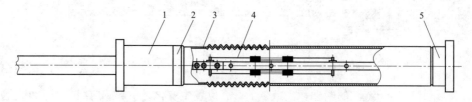

图 4-2-9 应变计结构图

1—接线套筒；2—接线座；3—波纹套管；4—电阻感应组件；5—上接座

图 4-2-10 中电阻感应组件有两组差动电阻钢丝、高频瓷子和两根方铁杆组成，电阻感应组件的一端固定于上接座上，另一端固定于接线座上，弹性波纹管分别与接线座锡焊在一起。止水密封部分由接座套筒，橡皮圈及压紧圈等组成，内部填充环氧树脂防水胶，电缆由其中引出。在中性油室中，装有中性变压器油，以防止电阻钢丝生锈。同时在钢丝通电发热时也起到吸收热量的作用，使测值稳定，仪器波纹管的外表面包裹一层布带，使仪器与周围混凝土相脱开。应变计埋设于混凝土建筑物内部，当混凝土的应变发生变化时引起电阻感应组件发生相对位移，从而使得其感应组件上的两根电阻丝电阻值发生变化，其中一根电阻 R_1 减小（增大），另一根电阻 R_2 增大（减小），电阻比发生变化，通过差动电阻数字仪测量其电阻比变化而得到混凝土的应变变化量。

埋设在混凝土建筑物内的应变计，受着变形和温度的双重作用，因此应变计的一般计算公式为：

$$\varepsilon = f\Delta Z + b\Delta t \qquad (4-2-5)$$

式中 ε ——应变量，10^{-6}；

f ——应变计最小读数，由制造商给出，（$10^{-6}/0.01\%$）；

b ——应变计的温度修正系数，由制造商给出，$10^{-6}/℃$；

ΔZ ——电阻比相对于基准值的变化量，拉伸为正，压缩为负；

Δt ——温度相对于基准值的变化量，温度升高为正，降低为负，$℃$。

仪器内部的总电阻值 $R_t = R_1 + R_2$，与仪器温度 t 具有如下关系：

$$t = a'\left(R_t - R_0'\right) \quad (60℃ \geqslant t \geqslant 0℃) \qquad (4-2-6)$$

或

$$t = a''\left(R_t - R_0'\right)\ (0°>t\geqslant-25℃)\qquad(4\text{-}2\text{-}7)$$

式中　t——埋设点的温度，℃；

　　　R_t——仪器总电阻值，Ω；

　　　R_0'——仪器计算零度电阻值，由制造商给出，Ω；

　　　a'——仪器零上温度系数，由制造商给出，℃/Ω；

　　　a''——仪器零下度系数，由制造商给出，℃/Ω。

（三）钢筋计

钢筋计适用于埋设在水工和其他钢筋混凝土建筑物内部测量钢筋的应力，并可兼测埋设点的温度。

钢筋计一般由钢套、敏感部件、紧定螺钉、电缆及连接杆等构成，如图 4-2-10 所示。

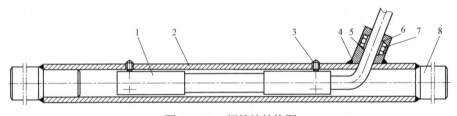

图 4-2-10　钢筋计结构图

1—敏感部件；2—连接钢套；3—紧定螺钉；4—电缆接头；5—密封圈；6—压螺；7—垫圈；8—连接杆

图 4-2-10 中感应组件由两组差动电阻钢丝组成，由紧定螺钉将其固定在钢套上。止水密封部分由引出电缆、密封圈及压紧圈等组成。

将连接杆与所要测量的钢筋连接在一起，当钢筋的应力发生变化而引起感应组件发生相对位移，从而使得感应组件上的两根电阻丝电阻值发生变化，其中一根电阻 R_1 减小（增大），另一根电阻 R_2 增大（减小），通过差动电阻数字仪测量其电阻比变化而得到钢应力的变化。

埋设在混凝土建筑物内部的钢筋计，受着应力和温度的双重作用，因此钢筋计的一般计算公式为：

$$\Delta a = f\Delta Z + b\Delta t\qquad(4\text{-}2\text{-}8)$$

式中　Δa——应力变化量，MPa；

　　　f——钢筋计最小读数，由制造商给出，MPa/0.01%；

　　　b——钢筋计的温度修正系数，由制造商给出，MPa/℃；

　　　ΔZ——电阻比相对于基准值的变化量，拉伸为正，压缩为负，0.01%；

Δt ——温度相对于基准值的变化量，温度升高为正，降低为负，℃。

仪器内部的总电阻值 $R_t = R_1 + R_2$，与仪器温度 t 具有如下关系：

$$t = a'\left(R_t - R_0'\right) \quad (60℃ \geqslant t \geqslant 0℃) \tag{4-2-9}$$

或

$$t = a''\left(R_t - R_0'\right) \quad (0° > t \geqslant -25℃) \tag{4-2-10}$$

式中　t ——埋设点的温度，℃；

　　R_t ——仪器总电阻值，Ω；

　　R_0' ——仪器计算零度电阻值，由制造商给出，Ω；

　　a' ——仪器零上温度系数，由制造商给出，℃/Ω；

　　a'' ——仪器零下度系数，由制造商给出，℃/Ω。

（四）电阻温度计

电阻温度计主要用于测量水工建筑物中的内部温度，也可监测大坝施工中混凝土拌和及传输时的温度及水温、气温等。电阻温度计一般由电阻线圈、外壳及电缆三个主要部分组成，其电缆引出形式分为三芯四芯。电阻温度计结构图如图 4-2-11 所示。

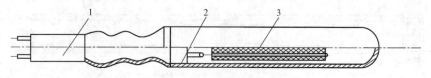

图 4-2-11　电阻温度计结构图

1—感温元件；2—密封壳体；3—引出电缆

图 4-2-11 中的电阻线圈是感温元件，采用高强度漆包线按一定工艺绕制，用紫铜管作为温度计的外壳，与引出电缆槽密封而成。

温度计利用铜电阻在一定的温度范围内与温度成线性的关系工作，当温度计所在的温度变化时，其电阻值也随着变化。

计算公式：

$$t = a\left(R_t - R_0\right) \tag{4-2-11}$$

式中　t ——测量点的温度，℃；

　　R_t ——温度计实测电阻值，Ω；

　　R_0 ——温度计零度电阻值，$R_0 = 46.60Ω$，Ω；

　　α ——温度计温度系数，a=5℃/Ω，℃/Ω。

（五）孔隙压力计

孔隙压力计是一种用于埋设在地基或基岩内部和其他混凝土建筑物内部，长期观测其孔隙水压力或渗透水压力，亦可用于观测水库水位的变化，同时可兼测埋设点温度的传感器。孔隙压力计由压力感应部件、电阻感应元件及引出电缆密封室三个主要部分构成，如图4-2-12所示。

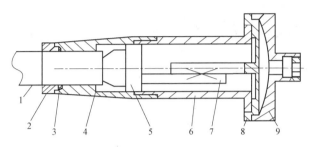

图4-2-12　孔隙压力计结构图

1—电缆；2—压紧圈；3—密封圈；4—接座套筒；5—接线座；
6—外壳；7—电阻感应元件；8—感应板；9—进水部件

图4-2-12中电阻感应元件7由两根差动电阻钢丝组成，压力感应部件由进水部件9及感应板8组成。引出电缆密封室由接座套筒4、密封圈3及压紧圈2等组成。

水压力自进水口经透水石作用在感应板上，引起感应板位移并推动电阻感应元件发生相对位移，从而使得电阻感应元件上的R_1减小，R_2增大，相应的电阻比也发生变化，通过差动电阻数字仪测量其电阻比变化差值而得到孔隙水压力的变化。

埋设在建筑物内的孔隙压力计，受着压力和温度的双重作用，因此孔隙压力计的一般计算公式为：

$$\Delta P = f\Delta Z + b\Delta t \qquad (4\text{-}2\text{-}12)$$

式中　ΔP ——压力变化量，MPa；

　　　f ——孔隙压力计最小读数，由制造商给出，MPa/0.01%；

　　　Z ——电阻比相对于基准值的变化量，0.01%；

　　　b ——仪器的温度修正系数，MPa/℃；

　　　Δt ——温度相对于基准值的变化量，℃。

仪器内部的总电阻值$R_t = R_1 + R_2$，与仪器温度t具有如下关系：

$$t = a'\left(R_t - R_0'\right) \qquad (4\text{-}2\text{-}13)$$

式中　t ——埋设点的温度，℃；

　　　R_t ——仪器实测总电阻值，Ω；

　　　R_0' ——仪器计算零度电阻值，Ω；

　　　a' ——仪器零上温度系数，由制造商给出，℃/Ω。

【思考与练习】

（1）简述变形传感器的种类。

（2）简述差动电阻式监测传感器的种类。

◢ 模块3 采集软件的使用（ZY4201203003）

【模块描述】本模块包含自动观测测点的数据进行采集，并掌握软件常用功能的使用。通过操作技能训练，掌握监测数据采集软件的使用方法。

【模块内容】

一、目的

大坝及工程安全自动监测数据采集系统软件提供一种友好的人机界面，完成计算机与南瑞数据采集智能模块（NDA1100、1200、1300、1400、1500、1600、1700系列）之间的通信，实现对 NDA 的控制。同时对采集到的电测量实时变换成物理量并经检验自动入库保存，为最终进行资料分析提供可靠的原始观测数据。

二、功能简介

（一）对 NDA 的状态控制功能

（1）设置 NDA 的测点群：用于改变 NDA 每次定时启动测量时测量的通道。

（2）设置 NDA 时钟：该功能用计算机时钟校正 NDA 的时钟。

（3）NDA 自诊断：该功能用于启动 NDA 的自诊断功能，并实时返回自诊断的结果。

（4）复位 NDA：使用该功能将清除 NDA 中存贮的所有定时观测值。

（二）对 NDA 的状态查询功能

（1）查询 NDA 的采集周期：使用该功能可以方便地查询 NDA 定时启动测量的时间和测量周期。

（2）查询 NDA 的测点群：使用该功能可以查询 NDA 每次定时启动测量时测量的通道。

（3）查询 NDA 时钟：该功能用于查询 NDA 的时钟。

（4）查询 NDA 测次：该功能用于查询 NDA 在过去的一段时间内启动定时测量的次数和每次测量的时间。

（三）测量控制功能

（1）设置 NDA 的采集周期：使用该功能可以让用户根据实际需要，改变各 NDA 定时启动测量的时间和测量周期。

（2）取 NDA 定时观测值：该功能用于将保存在 NDA 中的定时观测值传输到计

算机。

（3）选测：该功能控制 NDA 对用户选定的测点进行测量。

（4）单检：该功能允许用户对某一台仪器进行巡回测量，并实时反馈测量的结果。

（四）数据存储功能

（1）定时测量数据：对定时测量数据，在取 NDA 定时观测值后系统将自动把采集到的电测量实时计算变换成物理量，然后将原始电测值和对应的物理量自动永久保存。

（2）选测数据：对选测数据，在取选测测值后系统将自动把采集到的电测量实时变换成物理量，然后将原始电测值和对应的物理量临时保存起来，如果用户需要，可以选"保存选测值"功能永久保存选测值。

（五）数据越限报警功能

取数据时，系统将自动对测值进行故障判别和粗差校验，对各校验结果给出报警标志。

（六）系统辅助功能

（1）日测值查询：选该功能时，系统将显示所有自动化仪器当天最后一次测值。若输入时间，则可显示该时间测量的测值。测值可选电测量或物理量。

（2）时段测值查询：选该功能时，系统将显示所选仪器指定时段的测值。测值可选电测量或物理量。

（3）单只仪器测值查询：该功能用于查询某只仪器指定时段的测值。测值可选电测量或物理量。

（4）测点信息查询：该功能用于查询某只仪器的特征信息。

（5）计算机系统信息查询：该功能用于查询计算机所有系统信息，包括 CPU 信息、系统资源状态信息。

（6）自报功能：该功能用于设置系统的工作方式，设置成自报方式时，系统将自动传输 NDA 的定时测量数据。

（7）过程线绘制：对每次传输的定时采集数据，只要选择某一测点，系统即自动绘制该测点的测值过程线。

（七）在线打印

该功能将即时打印当前激活窗口内系统设定的内容。

（八）在线帮助

系统为用户提供一个详细的具有标准 Windows 风格的在线帮助系统。

三、使用操作

大坝及工程安全自动监测数据采集系统是运行于 Windows 98/NT 平台的标准

Windows 应用程序，具有标准的 Windows 窗口风格，操作简便易学。大坝及工程安全自动监测数据采集系统主窗体如图4-3-1所示，图中的仪器布置图根据具体的工程而定。

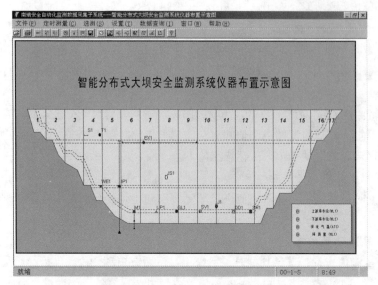

图 4-3-1　大坝及工程安全自动监测数据采集系统主窗体

该窗体为多文档窗体，由标题栏、菜单、工具栏以及状态提示栏组成，窗体中包含有各种功能的子窗体。所有操作均可用鼠标完成，当鼠标经过工具栏上各按钮时，鼠标右下角将有该按钮功能的简短提示。状态栏上将实时提示系统的运行状态。

四、使用说明

数据采集子系统用于采集和处理自动化监测的数据。单击"采集系统"按钮，进入数据采集子系统，此时屏幕上将出现数据采集窗体"××大坝或工程安全监测自动化数据采集系统"。该子系统共有九个菜单，其中七个为下拉式菜单列与窗体顶部，两个为弹出式菜单在图形窗口内，当选中时弹出。各部分功能及操作说明如下：

（一）文件

1. 打开布置图

选此菜单，弹出工程仪器布置图选择窗体，该窗体内包括一个列表框，一个图形预览框，一个预览复选框，一个确定按钮和一个取消按钮。列表框内列出了工程所有的自动化及人工观测仪器布置图图名，在要选择的图名上单击鼠标左键（当图名太长时应将列表框的水平滚动条拉到最右边）再单击确定按钮或双击鼠标左键选中该图；当标记了预览复选框时，单击某幅图时，将在图形预览框内显示该图，单击图片框的垂直滚动条或水平滚动条，可以漫游整幅图形。

2. 打印设置

该功能对打印机进行设置。

3. 打印

该功能打印当前活动子窗口内设定的内容。当前活动子窗口是指当前被选中的子窗口，选中标记为：窗体标题框变为高亮度。

（二）定时测量

定时监测用于处理 NDA 定时测量的数据。

1. 查询目前测次

单击此菜单，系统将弹出一窗体，该窗体中的"已有装置列表"中列出了系统所有 NDA，从"NDA 列表框"中双击要选的 NDA（或单击后按增加按钮）选中该 NDA，选中的 NDA 列在"已选装置列表"中，一次可选多个 NDA，选定后按确定，系统将依次呼叫 NDA，若呼叫成功，则在测次显示窗体内显示该 NDA 定时测量的所有测次及测量时间。

2. 取选定 NDA 测值

单击此菜单，系统将弹出一窗体，该窗体中的"已有装置列表"中列出了系统所有 NDA，从"NDA 列表框"中双击要选的 NDA（或单击后按增加按钮）选中该 NDA，一次可选多个 NDA，选定后按确定，系统将依次呼叫 NDA，若呼叫成功，则取回所有保存在该 NDA 中的定时测量值。对每一个模块，当模块中的测值都正确时，将自动清除保存在 NDA 中的数据，然后将测值自动换算入库，最后在定时测值窗体内显示本次接收数据的原始测值和换算值。数据的最后一列为测值标志信息，可能有以下几种情况：

（1）E——仪器故障（超过给定的仪器测量范围）。

（2）G——大于最大值。

（3）L——小于最小值。

（4）B——大于包络上限。

（5）K——小于包络下限。

（6）I——与上次正常测值比（变幅）大于给定值。

代号后的 1、2、3 分别代表第一测值、第二测值、第三测值。

3. 取所有 NDA 测值

单击此按钮，则取回所有 NDA 的定时测量值，与选定 NDA 的取值过程相同。

（三）选测

选测用于临时测量。

1. "仪器选择"

测量之前，必须先选定要测量的仪器，单击此菜单，弹出仪器选择窗体，仪器选择可以有三种方式，一种是按"设计代码"选：该标签中列出了所有自动化测点，双击某测点或单击后按"增加"按钮，该测点将已选测点队列中。第二种方式是按"测量装置"选：双击某 NDA 或单击后按"增加"按钮，该 NDA 中所有的测点都将加入已选测点队列中。第三种方式是按"监测对象"选：双击要选测的监测对象或单击要选测的监测对象后按"增加"按钮，该对象中包含的所有测点都将加入已选测点队列中。如果将测点加入了点选队列后又要删除该点，可在点选列表框中单击鼠标左键选中该点（按 Shift 键复选），然后单击"删除"按钮，将该点从点选队列清除。选定好后按"确定"按钮。

2. 测量

选此菜单，NDA 对仪器选择窗体中已选测点队列选定的点进行测量。

3. 取测量值

选此菜单，从 NDA 中取回选测的点的测量值。并将测值自动换算后在选测数据窗体内显示本次接收数据。

4. 保存

选此菜单，将保存本次选测的数据。

（四）设置

1. 查询时钟

单击此菜单，系统将弹出一窗体，该窗体中的"已有装置列表"中列出了系统所有 NDA，从 NDA 列表框中双击要选的 NDA（或单击后按增加按钮）选中该 NDA，一次可选多个 NDA，选定后按确定，系统将依次呼叫 NDA，若呼叫成功，则显示该 NDA 的时钟及测量周期。

2. 设置时钟

单击此菜单，系统将弹出一窗体，该窗体中的"已有装置列表"中列出了系统所有 NDA，从 NDA 列表框中双击要选的 NDA（或单击后按增加按钮）选中该 NDA，一次可选多个 NDA，选定后按确定，系统将依次呼叫 NDA，若呼叫成功，则系统将用本计算机的时钟校对该 NDA 的时钟。

要求用户至少每个月 1 次对计算机及模块的时钟进行校对。

3. 查询测量周期

单击此菜单，系统将弹出一窗体，该窗体中的"已有装置列表"中列出了系统所有 NDA，从 NDA 列表框中双击要选的 NDA（或单击后按增加按钮）选中该 NDA，一次可选多个 NDA，选定后按确定，系统将依次呼叫 NDA，若呼叫成功，则返回该

NDA 的测量周期。

4. 设置测量周期

单击此菜单，系统将弹出一窗体，该窗体中的"已有装置列表"中列出了系统所有 NDA，从 NDA 列表框中双击要选的 NDA（或单击后按增加按钮）选中该 NDA，一次可选多个 NDA，选定后按确定，系统将弹出一输入窗体，提示输入起始测量时间和测量周期，其中起始测量时间中的"时"的范围为 $0\sim23$，"分"的范围为"$00\sim59$"，测量周期的"天"的范围为"$0\sim99$"，"时"的范围为"$0\sim23$"，当天为 0 时，"时"设置才有效。输入完后，按该窗体内的确定按钮，系统将依次呼叫 NDA，若呼叫成功，则返回设置的结果，以后该 NDA 将按此设置工作。

5. 查询测点群

单击此菜单，系统将弹出一窗体，该窗体中的"已有装置列表"中列出了系统所有 NDA，从 NDA 列表框中双击要选的 NDA（或单击后按增加按钮）选中该 NDA，一次可选多个 NDA，选定后按确定，系统将依次呼叫 NDA，若呼叫成功，则返回该 NDA 的测点群。

6. 设置测点群

选此菜单，则弹出一测点选择窗体，测点的选择方法与选测测点的选择方法同，测点选定后按窗体内的确定按钮，系统将依次呼叫 NDA，若呼叫成功，则显示新的测点群，下次测量时，NDA 将按新的测点群测量。

7. 自诊断

单击此菜单，系统将弹出一窗体，该窗体中的"已有装置列表"中列出了系统所有 NDA，从 NDA 列表框中双击要选的 NDA（或单击后按增加按钮）选中该 NDA，一次可选多个 NDA，选定后按确定，系统将依次呼叫 NDA，若呼叫成功，则返回该 NDA 的自诊断结果。

8. 复位

从 NDA 列表框中选定某个 NDA，选此菜单，若呼叫成功，则将清除该 NDA 内所有测次。

9. 自报

若选中该功能，系统将自动传输 NDA 的定时测量数据。缺省情况下，在 NDA 定时测量后 3min 开始传输，若 NDA 在 3min 内没完成测量，用户可自行修改。

（五）测值查询

1. 日测值查询

在此菜单上单击鼠标左键，将打开"日测值查询"窗体，进入该窗体后，在测量日期和测量时间右边的文本框内输入要查询的日期和时间（缺省时显示当天最后一个测次），按"显示"按钮，将在网格内显示选定时间所有自动化测量仪器的测量值。按"显示"按钮退出。若要打印，请在文件菜单中选打印。在此窗体中请先显示数据，然后打印，否则将打印一空表格。另外，打印前请先将打印机复位。

2. 时段查询

该功能将查询和打印任意时段内选定测点的所有测值。

3. 报警值处理

当系统判定测值异常时，该仪器的原始测值与换算测值将以"88888"入库，实际的测值与换算测值被保留到报警值表中，对这些测值，须人工逐条处理。将光标定位到要处理的记录的任意一列即表示对该记录进行处理，当确认该记录为正常值时，按"入库"按钮将该记录入库，当确认该记录为仪器故障时，可将故障原因写到报警原因一栏保留在报警测值表内或按"删除"按钮将该记录从报警表中删除，但该次测值仍以"88888"保留在数据库中。

（六）单只仪器处理

在图上找到某只仪器，单击鼠标右键，在光标处出现一弹出式菜单。

1. 单检

选中此功能时，屏幕将提示输入单检测次，输入后按"确定"，如果该测点有几个方向的测值，屏幕将继续提示输入要单检那个方向的仪器，这里对输入的值有一个约定：上下游方向输 0，左右岸方向输 1，垂直方向输 2。输入结束后，等待 NDA 进行测量，测量完成后将在单检值显示窗体中显示单检的结果。

2. 测值查询

选中此功能时，将打开单点数据查询窗体，在该窗体内包含四个文本输入框，用于输入起止日期，将鼠标定位到相应位置后输入对应的值，例如要输入起始日期：将鼠标移到起始日期后的文本框上单击鼠标左键，此时键盘的输入就定位到了该文本框内，按给定的格式输入日期如"1997-1-5"即可。然后在"测值类型"单选框内选择要打印的内容，方法是将鼠标移到要打印的内容上单击鼠标左键，该项左边圆圈内打上一黑点表示选中了该项，缺省时选中原始结果，选择完后按"显示"按钮将在网格中显示该点起止时间内的所有测值，若要打印该内容，在文件菜单中选"打印"功能。按"退出"按钮，则关闭打印窗体，退回到采集主窗体。

3. 过程线

选中此功能时，将打开单点过程线绘制窗体，在该窗体内包含四个文本输入框，用于输入起止日期，将鼠标定位到相应位置后输入对应的值，如要输入起始日期：将鼠标移到起始日期后的文本框上单击鼠标左键，此时键盘的输入就定位到该文本框内，按给定的格式输入日期如"1997-1-5"即可。然后按"绘制"按钮即可。

4. 属性

选中此功能时，将显示该测点属性信息。

（七）注意事项

（1）取定时测值时，系统首先取回 NDA 的所有测次数据，然后将电测量换算成相对位移，并显示数据，最后各测点数据分别入库，此过程需要花费一定的时间，在该过程完成之前请不要作选测或退出采集系统。（仪器布置图上的提示消失后可认为过程结束）

（2）若在运行中出错，请重新启动计算机，再进入系统。

【思考与练习】

（1）采集软件的功能有哪些？

（2）如何进行定时测量？

（3）如何选测？

◢ 模块 4　数据整理（ZY4201203004）

【模块描述】本模块包含人工监测数据的导入、粗差的处理、各种图形的绘制、结果量报表的生成。通过操作技能训练，掌握监测数据的整理方法。

【模块内容】

一、数据录入

（一）测量项目数据录入

在工程资源浏览器中，选择【系统维护\系统工具】目录，在右边的列表中用鼠标双击"测量项目数据录入"条目。则出现测量项目数据录入对话框，按下列依次输入。

（1）输入值类型：选择输入数据的类型，注意可根据需要选择按原始测值、中间成果、最终成果进行录入。

（2）测量日期：选择录入数据的时间。

（3）选择测点：可按测量项目选择一批要录入数据的测点，注意选择一批要录入的测点（通常使用测量项目中的测点集合，因为在这个测点集合中可以按录入的顺序排好）。

（4）删除：删除表格中所选的行。

（5）检验：对当前录入数据进行计算后，对数据进行检验，注意根据测值的量程，和允许的变幅对测量数据进行验证，未通过验证的数据所在单元格显示红色背景，光标移动到单元格上时显示错误提示。

（6）测点属性：打开当前选中记录的测点属性对话框，可修改测点属性，注意对测点量程和变幅设置有误而导致的错误提示可以通过此功能方便地修改。

（7）确定：将录入数据存储到数据库。

（8）取消：取消当前录入数据，并退出对话框。

（9）注意可通过回车键进行录入数据的位置切换，回车后光标会自动移动到下个录入数据的位置。当某行数据已录入完成时，系统会自动进行计算和验证，未通过验证数据的所在单元格显示红色背景，光标移动到单元格上时显示错误提示。

（二）通过 Excel 文件将导入测量数据

在工程资源浏览器中选择"系统维护"栏，在"系统工具"目录下，在右边的列表中选择"Excel 数据导入"项，鼠标双击该项，则启动 Excel 导入工具。

（1）导入标准 Excel 格式文件首先选择需要导入的 Excel 文件，然后执行导入操作后会出现打开 Excel 文件所在目录，选择数据导入的测值项，顺序导入。

（2）建标准 Excel 导入样例文件通过 Excel 文件导入数据，该文件格式需要标准化，系统可以帮用户提供标准化格式的文件。在导入工具窗口中选择"创建样例文件"页面，点击"新建/打开"按钮选择输入 Excel 文件，该文件不存在时，会创建该文件。然后在下拉列表中选择文件中的工作表；选择导出项，该项的名称将写入 Excel 文件中；点击"选择测点"按钮，打开选择测点对话框，选择需要的测点。最后点击"创建表格"按钮生成 Excel 文件。

（3）导入 Excel 扩展格式文件选择需要导入的 Excel 文件，可以选择多个 Excel 文件。在表格中选择文件列名与数据库字段对应关系。在默认的情况下程序会选择"自动匹配"方案，无法识别的列名，必须手工选择对应字段，可以保存修改后的方案。特殊的格式需要保存方案，下次导入时选择该方案。手工修改了导入方案可以保存，点击"保存"按钮，输入方案名称后点击确定。按照导入方案的对应方式导入文件数据。

二、数据输出

（一）报表

1. 定制报表

在工程资源浏览器中选择图形报表栏，选择某报表目录，在右边的列表中的空白处点击鼠标右键，从快捷菜单中选择"新建"可创建报表模板，如果选择了一个已建报表模板，从快捷菜单中选择"属性"则可以编辑该报表模板。

（1）定制整编规范报表。整编规范报表是按照国家整编规范报表格式要求设计的报表，选择年报表目录，在列表处通过快捷菜单选择"新建"，弹出创建年报模板向导对话框，选择"整编规范格式"，然后按"下一步"。弹出"选择整编规范表"页，该页中给出了按不同监测对象的整编规范报表列表。选择一种想要输出的报表类型，然后按"下一步"，弹出"报表生成参数"页，按下列选项依次输入。

1）取值选项：设置报表中数据的取值方式。每月取值、取值密度参数只在除上游水位统计表、下游水位统计表、逐日降水量统计表、日平均气温统计表外的其他统计表中有效，且两者只能有一个生效。每月取值表示报表取值只取每个月中某号日期的数据，取值密度表示报表取值按某时间周期取值，取值的起始时间从1月1号开始，然后按取值密度（天）依次累加。每日取值表示需要输出的特征值类型。

2）测点列表：可以选择报表上能够输出的测点集合。

3）取值类型：选择输出数据的测值类型。设置好取值定义和所涉及的特点，按"下一步"，后面将出现选择具体测值的向导页，用户只要按照向导的提示完成相应的设置就能快速地完成创建相应的报表创建。

（2）定制用户自定义报表。选择某一个报表目录，在列表处通过快捷菜单选择"新建"，会弹出一个"新建报表"窗口，然后通过快捷菜单来设置报表中的输出内容。

（3）定制通用报表。选择通用报表目录，在右边的列表中的空白处点击鼠标右键，从快捷菜单中选择"新建"可创建一个通用报表。选择测点并输入报表名称即可生成一个通用报表的创建。

2. 输出报表

（1）输出自定义报表。在工程资源浏览器中选择某类报表目录，选择要输出的模板，双击鼠标即可获得输出。

（2）输出通用报表。在工程资源浏览器中选择通用报表目录，选择要输出的模板，按下列选项依次操作。

1）报表类型：系统提供五种通用报表类型，用户必须选择一项，默认为一般汇总报表。

2）时段选择：设置报表取数据的开始和结束时间段，如果需要精确到时分，可以选中"显示时分"选项。

3）结果数：设置报表输出哪些测点测值。

4）测值序列：设置报表输出的测点测值号。注意该选项是和结果数配合使用的，例如：结果数中选择了"最终成果"，测值序列中选择了"第一测值"，则表示要在报表中输出测点的"最终成果1"。

5）取值选项：设置报表取值的密度和取值方式，根据报表类型的不同选项略有不同。每月取值只在年汇总报表中有效，取值密度只在一般汇总报表中有效，每日取值只在一般汇总报表、月汇总报表、年汇总报表、单只仪器年汇总报表中有效。

6）环境量：在环境量组中设置通用报表中使用的环境量，如果要创建或进修改环境量，可以选择"…"按钮。

注：环境量组的设置可参看工程选项设置。

7）时段特征值：在通用报表中为监测量增加所选时段统计特征值。

8）历史特征值：在通用报表中为监测量增加历史统计特征值。

9）特征值时间不显示小时/分钟：设置在通用报表中输出的数据时间是否显示时分。

10）生成 Excel：将通用报表输出到 Excel。

11）生成 PDF：将通用报表输出到 PDF。

（二）综合报表

1. 定制综合报表

在【综合输出\导航地图】中选择某类报表目录，在其右边列表中鼠标右键，在菜单中选择"新建"会弹出一个"新建报表"窗口，然后通过快捷菜单来设置报表中的输出内容，其过程和单工程的报表定制过程相似。

2. 输出综合报表

在【综合输出\导航地图】中选择某类报表目录，选择要输出的模板，双击鼠标即可输出。

三、图形的绘制

（一）布置图

1. 定制布置图

在工程资源浏览器中选择图形报表栏，选择布置图目录，在右边的列表中的空白处点击鼠标右键，从快捷菜单中选择"新建"可创建布置图模板，选择一个已建布置图模板，然后点击鼠标右键，从快捷菜单中选择"属性"则可以修改该模板。注意定制布置图的操作都是在"设计模式"下进行，如果运行时需要调整布置图的某些输出特性，可通过菜单切换到"设计模式"再做设置。随后将弹出一个用于设置"布置图"的子窗口。

（1）设置布置图背景。在"图形"菜单中选择"图形设置"，弹出"设置布置图属性"对话框。按对话框进行操作。

（2）在布置图上放置测点和模块的热点对象。直接从工程资源浏览窗口中选择测点、模块或 DAU，然后拖放到布置图上，系统会自动创建热点对象。注意被拖放到布置图上的测点、模块或 DAU，在布置图输出时，会成为布置图上可操作的热点对象。

（3）在布置图上直接创建测点、模块或 DAU 箱。系统提供在布置图上创建测点、模块或 DAU 箱的功能，右键点击布置图需要放置对象的位置，如下图所示，在弹出的快捷菜单选择"添加"菜单中的相应子菜单即可。

2. 输出布置图

在工程资源浏览器中选择图形报表栏，选择布置图目录，从布置图列表中选择要输出的布置图，双击鼠标即可获得输出。布置图窗口弹出后可进行如下操作：

（1）鼠标移动到实时对象上观察最新信息。将鼠标移动到布置图的热点对象上去，会自动弹出提示框，显示该热点的最新信息。

（2）通过快捷菜单对热点进行测量操作。选择布置图上的一个热点对象，然后通过快捷菜单，对热点对象进行测量操作。

（3）设置布置图实时监测功能。通过定时刷新、实时数据监测功能，可以让布置图提供实时数据监控功能。

（4）定时刷新：通过"图形"选择"定时刷新"，设定刷新的定时间隔，然后布置图就能周期性地自动刷新信息。

（5）实时数据监测：通过"图形"选择"实时数据监测"，在布置图窗口的左侧会出现图中测点的最新数据列表，这些信息会随着窗口的刷新而自动更新。

（6）设置过程线测值项：点击实时监视测点数据表格的某行，会在窗口左下侧的位置显示该测点测值的过程线，所显示的过程线会随着窗口的刷新而自动更新。

（7）设置实时监测点：设置布置图上那些测点参与报警监视，这些测点的报警值在测点属性中设置当这些测点的达到报警值后，会在布置图上闪烁显示。

（二）过程线

1. 定制过程线

在工程资源浏览器中选择图形报表栏，选择过程线目录，在右边的列表中的空白处点击鼠标右键，从快捷菜单中选择"新建"可创建过程线模板，选择以一个已建过程线模板，然后点击鼠标右键，从快捷菜单中选择"属性"则可以修改该模板。

（1）添加过程图。一个过程线输出模板可以包括多个过程图，使用快捷键"Ctrl+"即可增加一个过程图。

（2）添加测值项。通过对话框添加测值项：通过图形设置来添加测值项；通过拖放来增加测值项：在工程资源浏览器中将测点向某一个过程图中拖放即可。

（3）设置模板输出特性。在设计模式下，在图形菜单中选择图形设置。

（4）设置某测值项的输出特性。在过程图中选择某测值项标签，通过快捷菜单选择"属性"，弹出设置数据绘图样式对话框。选择其中输出类型页，选择测值标签页，选择过程线页依次设置。

（5）设置数值轴的输出特性。在过程图中选择某测值坐标轴，通过快捷菜单选择"属性"，弹出数值坐标轴设置对话框。选择"一般"页，选择"刻度"页，选择"单位"页依次设置。

（6）统一过程图风格。一个过程线输出模板中可以包含多个过程图，当设置好某一副过程图时，可以将其输出风格同步复制到其他过程图中，方法是在过程线设计模式中，选中某一个过程图，然后通过快捷菜单选择"统一图形风格"即可。

（7）快速创建多点过程线。在工程资源浏览器中，在测点目录中选择多个测点，然后通过快捷菜单"查看过程线"，随即弹出选择测值对话框。选择你所需要输出的测值按确认后，就可立即输出所需的多点过程线。

（8）保存过程线模板。在过程线设计模式下，通过图形菜单选择"另存为"，弹出如下对话框，填写该过程线输出模板的名称，按"确定"将当前编辑的过程线存为输出模板。注意通过图形菜单选择"保存"，则会将窗口默认的标题当着模板名称保存。

2. 输出过程线

在工程资源浏览器中选择图形报表栏，选择过程线目录，从过程线列表中选择要输出的过程线，双击鼠标即可获得输出。过程线窗口弹出后可进行如下操作：

（1）使用滑竿。在某过程图中按下鼠标左键不放，然后在过程图中移动，则会出现一个滑动标杆，同时在测值标签处会显示该测值相应的测值和时间。

注意该操作要求鼠标操作方式为"滑竿"方式，过程图中的默认操作方式是"滑竿"方式，可以通过快捷菜单切换鼠标的操作方式。

（2）使用选择框。使用选择框可以用来局部放大过程线，将鼠标操作方式切换到"选择框"方式，在某过程图中按下鼠标左键不放，然后拖拽出一个矩形，松开鼠标，过程图将按用户选择的矩形对过程图进行局部放大。如果要恢复原来的输出，可通过快捷菜单选择"放大复位"。

（3）选择绘图密度。当过程线显示时段较长、数据较多时可以通过设置绘图密度，控制数据输出。具体方法是依次展开"图形"菜单"绘图测次密度设置"项，选择合适的测次密度。

注意默认的绘图密度可以在本机选项中设置。

（三）相关图

1. 定制相关图

选择图形报表栏，选择相关图目录，在右边的列表中的空白处点击鼠标右键，从快捷菜单中选择新建创建相关图模板，选择以一个已建相关图模板，点击鼠标右键，从快捷菜单中选择属性可修改该模板。

相关图模板容器中有以下区域，如下所示：

标题——相关图的主题名称。

相关图拟合曲线输出区域——相关图拟合曲线与数据点的画图区域。

拟合参数输出区域——相关图拟合结果参数输出区域。

X 轴取值——相关图参考值 X 轴取值定义。

Y 轴取值——相关图参考值 Y 轴取值定义。

（1）添加相关图。右键相关图模板区域，点击添加，则可在图形模板区域中添加一幅新的相关图。

（2）编辑相关图相关计算测值点。相关图是在所选择的时间范围内，对 X 轴，Y 轴取值定义进行相关性计算与拟合，结果通过曲线与参数的形式给出，X、Y 轴取值定义是计算的基础。

1）通过对话框编辑相关点。右键相关图区域，点击属性，出现相关图设置对话框，选择测值选项卡，通过设置和清除按钮来实现相关点的添加与删除，如下图所示。

2）通过鼠标拖放编辑相关点。在资源浏览器中选择测点选项卡，通过合适的分类选择需要的测点，利用鼠标左键拖动该点至相关图定制窗口 X 或 Y 轴取值定义坐标上后释放鼠标左键，选择相应的测值，确定后该相关点测值即被定制在对应坐标轴上。

3）设置数值轴的输出特性。在坐标轴区域右键鼠标选择属性即可弹出配置对话框，可以设置坐标刻度颜色、样式、字体、单位等。

4）设置相关图显示样式。在相关图区域右键鼠标选择属性即可弹出该幅相关图配置对话框，可以设置颜色，图例等相关属性等。

5）设置拟合参数与曲线样式。在相关图区域右键鼠标选择属性弹出该幅相关图配置对话框，选择拟合选项卡，可以设置拟合多项式阶数，以及拟合曲线的输出样式。

6）统一相关图风格。在主窗体中选择图形菜单，选择图形设置功能，弹出相关图模板容器显示设置对话框，可以设置相关图排列样式等，统一风格。

7）保存相关图模板。在相关图各项定制或修改完毕后，选择主窗体菜单图形，点击保存（或"Ctrl+S"键）、另存为功能按钮即可实现该定制相关图模板的保存与更新。

2. 输出相关图

选择图形报表栏，选择相关图目录，在右边的列表中选择相应的相关图模板，双击运行，在弹出的时间选择器里输入时间确定后即可查看相应的相关图。

（1）使用选择框放大局部。在拟合结果输出区域需要放大的输出部分通过鼠标左键拉框即可实现图形的放大功能。右键输出区域选择放大复位即可回到原视图大小。

（2）显示方式。在窗体中选择图形菜单，点击显示方式功能按钮，则可弹出设置对话框，配置相应的显示方式。显示方式说明：

自动适应页面——图形充满页面，根据页面大小自动缩放。

按指定比例——根据设定的高宽比例计算图形大小，且随页面大小自动缩放。

按固定尺寸——图形大小设置为固定尺寸，不随页面大小自动缩放。

按页面方式——按照页面的规格大小设置尺寸，随页面大小自动缩放。

（3）数据刷新。在主窗体中选择图形菜单，点击刷新功能按钮（或 F5 键），即可实现数据刷新功能。

（4）设置数据过滤条件。在主窗体中选择图形菜单，点击数据过滤条件功能按钮，即可弹出数据过滤条件设置对话框，选择合适的输出条件，点击确定。

（5）输出到图片。在主窗体中选择图形菜单，点击输出图片功能按钮，在确定输出比例后即可弹出图片保存对话框，可将相关图保存为需要格式的图片。

（6）使用打印功能。在主窗体中选择图形菜单，点击打印预览、打印功能按钮，即可实现打印预览，打印相关图的功能。

【思考与练习】

（1）如何录入人工数据？

（2）如何绘制过程线？

（3）如何生成年报表？

模块 5 系统故障处理（ZY4201203005）

【模块描述】本模块包含系统常见故障进行原因分析，查找故障点并进行处理。通过故障点查找操作，掌握系统故障处理的方法。

【模块内容】

一、仪器故障判断处理

（一）一般原则

（1）无读数故障：检查电缆电阻，绝缘是否符合要求？读数仪有否故障？

（2）读数不稳定：检查信号干扰或电缆绝缘。

（3）读数变化大或跳动：读数仪档位设置是否正确？电缆绝缘是否符合要求？

（二）案例：应变计的故障排除

（1）读数不稳定。检查读数仪档位设置是否合适，档位设置不合理将会造成读数不稳定，读数大幅变化；或者将应变计电缆上的屏蔽裸线分别与读数仪的蓝色（或黄色）或黑色相连接，如果读数稳定，说明传感器受到电磁干扰。

（2）无读数。最好的办法是使用数字万用表来检查仪器电缆是否正常，当电缆有短路、开路时均会产生无读数的现象。如果电缆回路电阻大于 $1k\Omega$ 以上，说明电缆有开路的可能；如果电缆电阻仅在 50Ω 以下或更小，说明电缆有短路的现象。

（3）无温度或温度超出正常范围。通常是电缆开路（不显示温度）、显示为零下值（电缆有短路，或电缆进水），或读数不稳定（电缆进水严重）。

（4）所有仪器均无法测出或只能测其中一个值，可能是读数仪出现故障。使用另一台读数仪进行测量，如正常则可断定读数仪某个功能出现故障。

二、系统网络通信中可能出现的故障

（一）光端机故障表现及判断

（1）发送端（TX）故障。

（2）接收端（RX）故障。

（3）系统停电将导致无法通信。

（4）供电故障表现。

（5）测试软件：串口通信调试器。

（6）光缆故障判断：光端机替换法、光纤替换法。

（7）推荐光纤检查工具：激光笔

（二）网络节点故障现象

（1）中间节点出现问题时，将导致故障点及其以远的设备无法通信。

（2）末端节点出现故障时，将导致该节点与设备无法通信。

（3）"T"形或十字节点故障时，将导致远端的通信异常。

（4）电源供电是否正常，雷击跳闸、检查后未合闸等原因。

三、电源故障

（1）当电源模块上电源指示灯熄灭时，应检查外接交流电源供电是否正常；若正常，再检查空气开关是处于合闸状态；若指示灯仍不发光，最后检查保险座上的保险管是否熔断，否则更换保险管（0.5A/250V）；更换保险后仍无指示，则说明模块有故障，需返厂检修。

（2）当主测量模块上的指示灯不发光时，除根据上述检查方法排除外，还需用万用表测量主模块电源输入端子的电压，正常应在 5.8～7.4V 之间。若无电压，需确定供电模块的开关是否呈关闭状态；排除上述故障，电源电压仍很低时，应做如下操作：测量蓄电池电压是否在上述范围内，若正常，可能是输出控制电路故障，送厂家检修；若电压低至上述范围，则可能是充电电路有故障，也需要送厂家检修。

（3）电源正常的情况下，主模块若不发光，则说明是主模块的问题。

（4）在断开蓄电池的前提下给模块直接供电，其待机时的空载电压有可能超过7.5V，此时不是故障，测量模块的最高工作电压可达 9V。

【思考与练习】

（1）简述仪器故障判断的一般原则。

（2）当电源模块上电源指示灯熄灭时应如何处理？

（3）网络节点故障现象有哪些？

◢ 模块 6 增设新观测项目 ZY4201203006

【**模块描述**】本模块介绍在系统中对新增加观测项目进行参数、公式的设置，并与历史数据进行衔接。通过操作技能训练，掌握安全管理系统新增观测项目的操作技能。

【**模块内容**】

随着大坝运行时间的增长，原有的观测项目不能满足要求时，会增加一些新的观测项目，而这些观测项目加入大坝安全管理系统时要进行参数、公式的设置，并与历史数据进行衔接。

（1）将新增观测项目安装完后，项目所用传感器已连接到相应的采集模块上，并记录该传感器所接模块的地址和具体在模块上的通道号。

（2）在大坝安全管理系统中选择【测点资源】目录下选择某个测点分类子目录（分类下的最终子目录），在右边的列表中点击鼠标右键，选择"新建"，弹出一个设置测点属性设置对话框。

（3）在"常规属性页"依次输入：设计代码、设计代码别名、工作方式、桩号、测点是否处于测量方式、安装部位、仪器安装高程、仪器位置坐标、测量位置坐标和廊道高程这些信息。注意，测点的设计代号，由字母、数字和符号组合而成，本系统要求某测点的设计代号在系统中是唯一的；工作方式是指测点测量的方式，自动代表测点数据自动化测量，第三方数据代表数据来自第三方导入，人工代表人工观测数据，比测代表人工观察数据与自动化测量数据对照，虚拟测点代表本测点无观测数据，其成果是引用其他测点数据通过计算获得。

（4）设置测点的测量信息。在"测量信息属性页"依次输入：使用的仪器名、测量目的、仪器生产厂家、与该测点配置的通道参数（显示当前测点的通道配置信息）和修改通道设置（选择此按钮后，将弹出设置通道对话框，配置测点的通道信息）。

为测点配置测量通道，测值名称中会列出当前测点的测值条目，选中一个测值，然后绑定相应通道和通道测值。

（5）同步通道类型，在资源列表中选择某一个测点（该测点已配置好测量通道），通过快捷菜单选择"工具\同步测点通道类型"，可将该测点通道配置信息同步到其他测点。

（6）设置测点的测值和成果参数，测值类型分为仪器测值、中间成果和最终成果。仪器测值和成果的默认的个数因不同类型的仪器而不同。各类型最多可以有 3 个。仪器测值是由仪器直接测出未经计算的值，中间成果是对仪器测值进行物理量转换计算后得到的中间值，最终成果是对中间成果计算处理而得到的最终值。

（7）设置测点的测值信息，在此页依次完成名称、单位、属性标注、最小值、最大值、输出小数位数、允许变化值、增加中间成果、减少中间成果、增加最终成果和减少最终成果信息。

（8）设置测点的算法，有固定公式算法和自定义算法 2 种方式。

（9）对新增观测项目进行数据采集，并验证公式中正负号是否正确，根据验证结果修改计算公式，至此完成在大坝安全管理系统中新增观测项目的操作。

【思考与练习】

简述增设新观测项目的步骤。

模块 7　安全管理系统数据库的维护（ZY4201203007）

【模块描述】本模块介绍数据备份、数据导出、数据库结构的还原。通过操作技能训练，掌握安全管理系统数据库的维护。

【模块内容】

一、用数据库管理辅助工具创建、备份、还原数据库

该辅助工具只能运行在 Sql Server 2005 工作组版及以上版本的服务器端。

（1）创建数据库。程序可以自动创建各种类型的数据库（单精度、双精度、英文和综合库）设置本地数据服务器连接参数，然后点击"测试连接"，连接成功后点击"创建数据库"，进行设置。点击"创建数据库"，会弹出"数据库创建程序"窗口，依次设置，然后点击"开始创建"会弹出安装 DOS 界面窗口，等待安装 DOS 窗口出现"数据库安装完成，请核查！"，表示安装完成。如果 DOS 窗口中没有明显提示错误表示安装成功，如果有错误提示需核查后重新安装。

（2）备份数据库。该辅助工具可以备份本地服务器中所有数据库，设置本地数据服务器连接参数，然后点击"测试连接"，连接成功后点击"备份数据库"，会出现窗口，按要求进行操作，然后点击"备份"会弹出如下备份 DOS 界面窗口，等待安装 DOS 窗口出现"数据库安装完成，请核查！"，表示安装完成。如果 DOS 窗口中没有明显提示错误表示安装成功，如果有错误提示需核查后重新安装。

（3）还原数据库。设置本地数据服务器连接参数，然后点击"测试连接"，连接成功后点击"还原数据库"，会弹出窗口，依次设置信息，然后点击"统一设置还原路径"，会弹出对话框，选择需设置路径的源文件，点击"确定"，则可将数据库数据文件名和日志文件名则修改为与填写的数据库名一致，并统一了数据文件和日志文件的存储路径。最后点击"开始还原"，会出现以下 DOS 界面窗口，等待安装 DOS 窗口出

现 "数据库还原完成"，表示还原完成。如果 DOS 窗口中没有明显提示错误表示还原成功，如果有错误提示需核查。

二、用数据库备份文件还原数据库

（1）打开 Sql Server 2005 客户端，右击"数据库"，选择"新建数据库"。

（2）在弹出的窗口中，填写"数据库名称"，并设置数据库数据文件和数据库日志文件保存路径（如默认路径为系统盘，建议更改至非系统盘），最后点击"确定"。

（3）右击新建好的数据库，选择"任务→还原→数据库"。

（4）选择备份文件。选择"源设备"，点击文本框右边的按钮"…"，在弹出的对话框中选择数据库的备份（注意：文件格式要选择"所有文件"）。

（5）选择左上角"选项"，会出现如下对话框，在右边的还原选项中选择"覆盖现有数据库"，默认为备份文件数据库数据文件和日志文件存储路径，必须改成新建数据库的数据文件存储路径和日志文件存储路径。

（6）更改对应路径正确后，即可完成对目标数据库的还原。

三、将数据库文件附加到数据库系统

（1）打开 Sql Server 2005 客户端，右击"数据库"，选择"附加"。

（2）选择添加，找到对应的数据库数据文件".mdf"文件。

（3）选择数据文件后，会弹出对话框，右下方会显示该数据库的详细信息，点击"确定"即可。

四、用系统配置信息备份来还原数据库

（1）首先打开客户端，选择"系统维护→系统设置→工程选项"。

（2）打开系统配置目录，查看下系统配置备份信息。

（3）然后，选择"系统维护→系统工具→还原系统配置信息"。

（4）点击后会出现对话框。

（5）确定后，会提示还原操作成功。

（6）点击"完成"，并重启程序即可。

五、用脚本创建数据库

（1）打开 Sql Server 2005 客户端，右击"数据库"，选择"新建数据库"。

（2）在弹出的窗口中，填写"数据库名称"，并设置数据库数据文件和数据库日志文件保存路径，如默认路径为系统盘，建议更改至非系统盘。

（3）点击"确定"后，数据库列表中会出现图例中新建的数据库"DMonline_Inteproj"，右击该数据库，选择"新建查询"，会出现查询命令窗口。

（4）首先用记事本打开客户端程序 DBScript 目录下的"InteProjSetup.MSSql2k5"，该脚本为多工程数据库创建脚本，复制该脚本全部内容，在查询命令窗口粘贴，接着点击"执行"。

（5）如果创建成功，消息窗口中会提示内容。

（6）最后用记事本打开客户端程序 DBScript 目录下的"InteProjInitConfig"，该脚本为多工程数据库初始化脚本，复制该脚本全部内容，在查询命令窗口粘贴，接着点击"执行"。

【思考与练习】

（1）如何用数据库管理辅助工具创建、备份、还原数据库？

（2）如何用数据库备份文件还原数据库？

（3）如何将数据库文件附加到数据库系统？

国家电网有限公司
技能人员专业培训教材 水工监测

第三部分

大坝巡视检查与详查

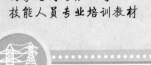
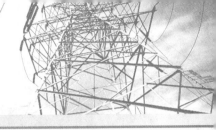

第五章

大坝日常巡视检查

▲ 模块 1　混凝土坝日常巡视检查（ZY4201701001）

【模块描述】本模块介绍混凝土坝日常巡视检查频率、项目和方法。通过案例分析，掌握混凝土坝日常巡视检查的方法。

【模块内容】

一、混凝土坝日常巡视检查的一般规定

1. 日常巡视检查的目的

大坝日常巡视检查系指水电站大坝运行后，对大坝结构及安全可靠性的检查。巡视检查的目的就是及时发现大坝的异常现象或存在的隐患和缺陷，提出补救措施和改善意见。以作为大坝维护、修复或加固、改善的基础。

2. 日常巡视检查的频率

日常巡视检查在施工期，宜每周两次；水库第一次蓄水或提高水位期间，宜每天一次或每两天一次（视库水位上升速率而定）；正常蓄水期间，可逐步减少次数，但每月不少于一次；汛期视汛情增加次数，库水位达到设计水位前后时每天至少一次。

3. 日常巡视检查的流程要求

日常巡视检查应根据大坝的具体情况和特点，制订切实可行的巡视检查制度，具体规定巡视检查的时间、部位、内容和要求，并确定日常的巡回检查路线和检查顺序，由有经验的技术人员负责进行。巡查人员、时间间隔、巡查路线、检查内容应保持一致。每次日常巡查应尽量连续进行。

二、混凝土坝日常巡视检查的项目和内容

（一）基础

大坝基础检查应注意其稳定性、渗漏，管涌和变形等。

（1）两岸坝肩区：绕渗；溶蚀、管涌；裂缝，滑坡、沉陷。

（2）下游坝脚：集中渗流、渗流量变化、渗漏水水质；管涌；沉陷；坝基冲刷、淘刷。

（3）坝体与岸坡交接处：坝体与岩体接合处错动、脱离；渗流；稳定情况。

（4）灌浆及基础排水廊道：排水量变化，浑浊度、水质；基础岩石挤压、松动、鼓出；错动。

（5）其他异常现象。

（二）坝体

坝体检查应注意沉陷，坝体渗漏，渗透和扬压力、过应力，施工期裂缝以及混凝土的碱骨料和其他化学反应、冻融；溶蚀，水流侵蚀、空蚀等。

（1）坝顶：坝面及防浪墙裂缝、错动；坝体位移，相邻两坝段之间不均匀位移；沉陷变形；伸缩缝开合情况、止水破坏或失效。

（2）上游面：裂缝；剥蚀；膨胀、伸缩缝开合。

（3）下游面：松软、脱落、剥蚀；裂缝、露筋；渗漏；杂草生长；膨胀、溶蚀、钙质离析、碱骨料反应；冻融破坏、溢流面冲蚀、磨损、空蚀。

（4）廊道：裂缝、漏水；剥蚀；伸缩缝开合情况。

（5）排水系统：排水不畅或堵塞；排水量变化。

（6）观测设备：仪器工作状况。

（7）其他异常现象。

（三）溢洪设施

溢洪设施检查，应着重于泄洪能力和运行情况，应对进水口，闸门及控制设备、过水部分和下游消能设施等各组成部分分项进行检查。

1. 开敞式溢洪道

（1）进水渠：进口附近库岩塌方、滑坡；漂浮物，堆积物、水草生长；渠道边坡稳定；护坡混凝土衬砌裂缝；沉陷；边坡及附近渗水坑、冒泡、管涌；动物洞穴；流态不良或恶化。

（2）溢流堰、边墙，堰顶桥：混凝土气蚀、磨损、冲刷；裂缝、漏水；通气孔淤沙；边墙不稳定；流态不良或恶化。

（3）泄水槽：漂浮物；气蚀（尤其是接缝处与弯道后）；冲蚀；裂缝。

（4）消能设施（包括消力池，鼻坎、护坦）：堆积物；裂缝；沉陷；位移；接缝破坏；冲刷；磨损；鼻坎或消力戽振动气蚀；下游基础淘蚀；流态不良或恶化。

（5）下游河床及岸坡：冲刷、变形；危及坝基的淘刷。

（6）其他异常现象。

2. 泄洪隧洞或管道

（1）进水口：漂浮物、堆积物；流态不良或恶化；闸门振动；通气孔（槽）通气不畅；混凝土空蚀。

（2）隧洞、竖井：混凝土衬砌剥落、裂缝、漏水；空蚀、冲蚀；围岩崩塌、掉块、淤积；排水孔堵塞；流态不良或恶化。

（3）混凝土管道：裂缝、鼓胀、扭变；漏水及混凝土破坏。

（4）其他异常现象。

3. 闸门及控制设备

（1）闸门，阀门：变形、裂纹、螺（铆）钉松动，焊缝开裂；油漆剥落、锈蚀；钢丝绳锈蚀、磨损、断裂；止水损坏、老化、漏水；闸门振动、空蚀。

（2）控制设备：变形、裂纹、螺（铆）钉松动、焊缝开裂；锈蚀；润滑不良、磨损；电、油、气、水系统故障；操作运行情况。

（3）备用电源：容量、燃料油量；防火、排气及保卫措施；自动化系统故障。

（4）其他异常现象。

4. 厂房

（1）厂房与大坝接缝：有无渗漏、裂缝现象。

（2）墙体：有无裂缝、渗水、混凝土剥落和鼓包。墙体上悬挂设备有无变形错位。

（3）厂房顶：有无裂缝、渗漏、混凝土剥落，表层是否完好。

（4）地面：有无破损；有无不均匀沉陷。

（5）其他异常情况。

5. 厂坝区道路

厂坝区道路系指坝区为观测大坝和事故处理所必需的主要交通干道。其主要检查内容概列如下：

（1）公路：路面情况；路基及上方边坡稳定情况；排水沟堵塞或不畅。

（2）桥梁：地基情况；支承结构总的情况；桥墩冲刷；混凝土破坏；桥面情况。

（3）其他异常情况。

6. 水库边坡

水库包括库区和库边。水库检查应注意水库渗漏、塌方、库边冲刷、断层活动以及冲击引起的水面波动等现象，尤应注意近坝库区的这些现象。主要检查内容概列如下：

（1）水库：渗漏，实测渗漏值；地下水位波动值；冒泡现象；库水流失；新的泉水。

（2）库区：附近地区渗水坑、地槽；四周山地植物生产情况；公路及建筑物的沉陷；煤、油、气、地下水开采情况；与大坝在同一地质构造上的其他建筑物的反应。

（3）库盆（有条件时，在水库低水位时检查）：表面塌陷；渗水坑；原地面剥蚀；淤积。

（4）塌方与滑坡：库区滑坡体规模，方位及对水库的影响和发展情况；坝区及上坝公路附近的塌方，滑坡体。

（5）岸坡：有无冲刷、塌陷、裂缝及滑移现象。

三、混凝土坝日常巡视检查的方法及要求

（一）检查方法

日常巡视检查主要采用目视、手摸、耳听、鼻嗅等方法，辅以量尺、放大镜、望远镜、照相机、摄像机等器材。

（二）检查工作要求

（1）检查人员应由专业人员组成，检查工作必须由经验丰富、熟悉本工程情况的水工专业技术人员主持，检查人员不应任意变动。

（2）日常巡视检查应做好检查记录并及时整理，检查记录应描述准确、清晰、完整，必要时应附略图、影响资料。每次巡视检查后，应将本次记录与上次记录进行对比，核实检查记录准确性。

（3）日常巡视检查发现异常应进行异常编录，并在以后的巡查时进行复查，记录其发展变化趋势，分析是否对建筑物安全或使用功能造成不利影响，直到异常消除。

（4）日常巡视检查中对存在隐患的部位要进行重点检查，并建立巡视检查档案，便于对隐患进行监测。

四、日常巡视检查案例

以某常规水电站为例，介绍其日常巡视检查工作。

该水电站为混凝土重力坝，其日常巡视检查主要包括：坝顶、上下游坝面、发电厂房、廊道、泄洪建筑物、近坝区库岸、公路和桥梁。

（一）巡视检查路线

限于篇幅，不能全部介绍该电站的巡视检查路线，仅列出发电厂房的巡视检查路线如下：

左岸厂房门口→生产副厂房→主厂房发电机层 9 号机段→主厂房装配间→副厂房母线层右岸侧→副厂房母线层左岸侧→副厂房电缆层 9 号机段→副厂房空气压缩机室→主厂房水轮机层 1 号机段→主厂房水轮机层 9 号机段→主厂房发电机层 9 号机段→生产副厂房→左岸厂房门口。

（二）巡视检查内容

介绍部分巡视检查内容如下：

（1）坝顶：坝面的裂缝、鼓胀、盖板完整情况；相邻两坝段之间的不均匀沉陷；伸缩缝止水破坏或失效。

（2）上下游坝面：裂缝、脱落、剥蚀、露筋、渗漏、鼓胀、冻融破坏；杂草生长；

溢流面裂缝、冲蚀、空蚀、磨损。

（3）廊道：裂缝、漏水、剥蚀、裂缝析出物；冒泡和气体；伸缩缝开合情况；排水堵畅。

（4）泄洪、消能建筑物及下游护岸漂浮物、堆积物、混凝土冲刷、空蚀磨损；裂缝、漏水、水流流态不良或恶化；下游基础淘蚀；护岸边坡稳定情况；滑坡、塌方、冲刷；杂物堆积、植物生长、动物洞穴。

（5）近坝库区道路交通和桥梁路面情况、路基塌陷、边坡稳定情况；排水沟堵塞或不畅；桥梁支撑结构的位移、变形；混凝土剥落、裂缝、露筋、风化破坏情况；桥墩冲刷；人行道栏杆是否齐全坚固。

【思考与练习】

（1）什么叫混凝土坝日常巡视检查？

（2）混凝土坝日常巡视检查的方法有哪些？

（3）混凝土坝日常巡视检查的频率如何规定？

▲ 模块2　土石坝日常巡视检查（ZY4201701002）

【模块描述】本模块介绍土石坝日常巡视检查频率、项目和方法。通过案例，分析掌握土石坝日常巡视检查的方法。

【模块内容】

一、土石坝日常巡视检查的一般规定

1. 日常巡视检查的目的

为贯彻执行《水电站大坝安全管理办法》和有关规范，确保水工建筑物安全运行，根据水工建筑物巡检制度组织进行日常巡视检查。

2. 日常巡视检查的频率

日常巡视检查的次数：在施工期宜每周两次，但每月不得少于4次；在初蓄期或水位上升期间，宜每天或每两天一次，但每周不少于2次，具体次数视水位上升或下降速度而定；在运行期，一般宜每周一次，或每月不少于2次，但汛期高水位时应增加次数，特别是出现大洪水时，每天应至少一次。

3. 日常巡视检查的流程要求

日常巡视检查应根据土石坝的具体情况和特点，制订切实可行的巡视检查制度，具体规定巡视检查的时间、部位、内容和要求，并确定日常的巡回检查路线和检查顺序，由有经验的技术人员负责进行。巡查人员、时间间隔、巡查路线、检查内容应保持一致。每次日常巡查应尽量连续进行。

二、日常巡视检查的项目和内容

（一）坝体主要检查项目及要求

（1）坝顶有无裂缝、异常变形、积水和植物滋生等现象；防浪墙有无开裂、挤碎、架空、错断、倾斜等情况。

（2）迎水坡护面或护坡有无裂缝、剥落、滑动、隆起、塌坑、冲刷或植物滋生等现象；近坝水面有无冒泡、变浑或漩涡等现象。

（3）背水坡及坝趾有无裂缝、剥落、滑动、隆起、塌坑、雨淋沟、散浸、积雪不均匀融化、冒水、渗水坑或流土、管涌等现象；排水系统是否通畅；草皮护坡植被是否完好；有无兽洞、蚁穴等隐患；滤水坝趾、减压井（或沟）等导渗降压设施有无异常或破坏现象。

（二）坝基和坝区主要检查项目及要求

（1）坝基基础排水设施的工况是否正常，渗漏水的水量、颜色、气味及浑浊度、酸碱度、温度有无变化，基础廊道是否有裂缝、渗水等现象。

（2）坝体与基岩（或岸坡）结合处有无错动、开裂及渗水等情况，两坝端区有无裂缝、滑动、崩塌、溶蚀、隆起、塌坑、异常渗水、蚁穴、兽洞等。

（3）坝趾区有无阴湿、渗水、管涌、流土和隆起等现象，基础排水及渗流监测设施的工作状况、渗漏水的漏水量及浑浊度有无变化。

（4）地下水露头及绕坝渗流情况是否正常，岸坡有无冲刷、塌陷、裂缝及滑动迹象，护坡有无隆起、塌陷和其他损坏现象。

（三）引水建筑物主要检查内容

进水口和引水渠道有无堵淤、裂缝及损伤，检查控制建筑物及进水口拦污设施状况、水流流态。

（四）泄水建筑物主要检查项目及要求

（1）溢洪道（泄水洞）的闸墩、边墙、胸墙、溢流面（洞身）、底板、工作桥等处有无裂缝和损伤。

（2）上游拦污设施情况。

（3）水流流态。

（4）消能设施有无磨损冲蚀和淤积情况。

（5）下游河床及岸坡有无冲刷和淤积情况。

（五）金属结构主要检查项目及要求

（1）闸门（包括门槽、门支座、止水及平压阀、通气孔等）工作情况。

（2）启闭设施工作情况。

（3）金属结构防腐及锈蚀情况。

（4）电气控制设备、正常动力和备用电源工作情况。

（六）监测设施主要检查项目及要求

检查各类监测仪器，各测点的保护装置及接地防雷装置，监测仪器电缆、监测自动化系统网络电缆、电源电缆及供电系统等。

三、日常巡视检查的方法及要求

（一）检查方法

检查的方法主要依靠目视、耳听、手摸、鼻嗅等直观方法，可辅以锤、钎、量尺、放大镜、望远镜、照相机、摄像机等工器具进行；如有必要，可采用坑（槽）探挖、钻孔取样或孔内电视、注水或抽水试验、化学试剂测试、水下检查或水下电视摄像、超声波探测及锈蚀检测、材质化验或强度检测等特殊方法进行检查。

（二）检查工作要求

（1）巡视检查必须是熟悉土石坝情况的管理人员参加。

（2）日常巡视检查人员应相对稳定，检查时应带好必要的辅助工具和记录笔、簿。

（3）日常巡查发现严重影响建筑物安全的异常情况或突发事件，应立即按照本单位相关应急预案规定的应急处置流程执行。

（4）日常巡查发现的异常情况应进行定级、填报，并进行消缺。

（5）日常巡查中对存在隐患的部位要进行重点检查。

（6）每月至少进行一次监测设施巡视检查，并编制《监测仪器运行月报》。

四、日常巡视检查的案例

以某抽水蓄能电站为例，介绍其日常巡视检查工作。

该抽水蓄能电站为混凝土面板堆石坝，其日常巡视检查主要包括：上水库、地下厂房洞室群、开关站以及下水库等水工建筑物的巡检的工作，分为日巡检、周巡检和月度巡检。

（一）巡检的项目

（1）日巡检项目包括库底廊道渗水量；右岸观测廊道渗水量；坝后渗水量；上水库初蓄期的日巡检项目：上水库大坝混凝土面板检查、上水库坝体检查、上水库右岸混凝土面板检查、上水库左岸混凝土面板检查、上水库库底廊道检查。

（2）周巡检项目包括右岸观测廊道；1号施工支洞；2号施工支洞；3号施工支洞；4号施工支洞；5号施工支洞；6号施工支洞；一层排水廊道；二层排水廊道；三层排水廊道；主副厂房；主变洞；尾闸洞；尾调洞；地面开关站；交通洞；下水库水工建筑物；上水库导流洞；上水库运行期的周巡检项目：上水库大坝坝体检查、上水库大坝混凝土面板检查、上水库右岸混凝土面板检查、上水库左岸混凝土面板检查、上水库库底廊道检查。

（3）月巡检项目包括电缆出线竖井、厂区内道路、厂区范围内其他水工建筑物。

（二）检查项目和内容

1. 上水库巡视检查项目及内容

上水库巡视检查内容见表5-2-1。

表5-2-1 上水库巡视检查内容

序号	巡检部位	巡检项目及内容
1	钢筋混凝土面板	有无裂缝、滑移、隆起、塌陷、冲刷、腐蚀及表层剥落等现象。接缝止水是否有集中渗水迹象。近水面有无冒泡、变浑、漩涡等异常情况
2	坝顶	有无裂缝、异常变形、积水或植物滋生等现象。防浪墙有无开裂、挤碎、架空、错断、倾斜等情况
3	迎水坡	护面或护坡是否损坏；有无裂缝、剥落、滑动、隆起、塌坑、冲刷或植物滋生等现象；近坝水面有无冒泡、变浑或漩涡等异常现象
4	背水坡及坝趾	有无裂缝、剥落、滑动、隆起、塌坑、雨淋沟、散浸、积雪不均匀融化、冒水、渗水坑或流土、管涌等现象。排水系统是否畅通；草皮护坡植被是否完好；有无兽洞、蚁穴等隐患
5	坝基及库底	基础排水设施的工况是否正常；渗漏水的水量、颜色、气味及浑浊度、温度有无变化；坝基和库底排水廊道是否有裂缝、渗水、不均匀沉陷变形。排水管是否正常工作，排水沟是否通畅。库底基础有无不均匀沉陷等情况
6	坝肩	坝体与岸坡连接部位有无裂缝、错动及渗水现象；两坝肩区有无裂缝、滑动、崩塌、溶蚀、隆起、塌坑、异常渗水和兽洞、蚁穴等
7	近坝趾区	有无阴湿、渗水、管涌、流土或隆起等现象；排水设施是否完好
8	上水库放空洞	顶拱有无坍塌、裂缝、异常渗水点、边墙有无异常裂缝、塌坑、底板有无涌水、排水系统是否通畅
9	右岸观测廊道	顶拱有无坍塌、裂缝、异常渗水点、边墙有无异常裂缝、塌坑、底板有无涌水、排水系统是否通畅
10	坝肩岸坡	绕坝渗流是否异常，有无裂缝、滑动迹象；岸坡有无隆起、塌陷或其他损坏现象
11	上水库边坡	边坡岩体有无裂缝、滑动、隆起、塌陷、卸荷张裂等变形失稳现象。岸坡表面有无渗水、溶蚀等。对施工期出现的滑坡体和潜在滑坡体，在蓄水运行期及大暴雨后，应重点监视其变形稳定情况
12	冬季库水结冰时	应巡视检查结冰和融冰时间、冰层厚度、冰与面板冻结情况等，并检查库水放空时冰盖对面板结构的影响
13	上水库观测设备工作情况	观测支墩、基准点有无损坏，观测房有无裂缝、错裂
14	上坝公路	路面情况，路基及上方边坡稳定情况，排水沟有无堵塞或不畅的情况

2. 地下洞室群及其他水工建筑物巡视检查项目及内容

地下洞室群及其他水工建筑物巡视检查内容见表5-2-2。

表 5-2-2　　　　　　　　　　地下洞室群及其他水工建筑物巡视检查内容

序号	巡检部位	巡检项目	巡检内容
1	主副厂房	顶拱	外观、有无缺陷、有无渗水点、有无裂缝
		高边墙	重点检查薄弱部位、排水系统
		各层底板	重点检查底板反水、排水系统
		排水系统	排水沟、排水管是否畅通，排水量是否有变化
		机墩混凝土	有无裂缝现象、渗水点
		观测设施	重点检查观测电缆有无损坏、泡水现象；通信设施是否完好
2	主变压器室	顶拱	外观、原有缺陷、有无渗水点、裂缝
		高边墙	重点检查薄弱部位、排水系统
		各层底板	重点检查排水系统
		排水系统	排水沟、排水管是否畅通，排水量是否有变化
		观测设施	重点检查观测电缆有无损坏、泡水现象；通信设施是否完好
3	尾闸室	顶拱	喷护层有无破损、有无渗水点、有无裂缝
		高边墙	重点检查薄弱部位、排水系统
		各层底板	重点检查排水系统
		排水系统	排水沟、排水管是否畅通，排水量是否有变化等现象
4	电缆竖井	板、梁、柱结构	有无裂缝、漏筋、渗水、沉陷等现象
		竖井井壁及边墙	有无裂缝、渗水等现象
		竖井台阶	踏步有无裂缝、栏杆有无损坏等现象
5	地面开关站	板、梁、柱结构	有无裂缝、漏筋、渗水、沉陷等现象
		四周边坡	有无滑坡、掉块等现象
6	地下厂房排水廊道	顶拱	有无掉块、裂缝、渗水点，集水板有无松动脱落等现象
		边墙及底板	边墙有无错裂、滑动、异常裂缝、塌坑、渗水点，底板有无涌水等现象
		排水系统	排水沟、排水管是否畅通，排水量是否有变化，有无大规模集中涌水等现象
7	各交通洞、地质探洞	顶拱及边墙底板	有无掉块、裂缝、坍塌、渗水点，底板反水现象，集水板有无松动脱落等现象
		排水系统	排水沟、排水管是否畅通，排水量是否有变化，有无大规模集中涌水等现象

序号	巡检部位	巡检项目	巡检内容
8	施工支洞	顶拱	有无掉块、裂缝、渗水点等情况；集水板有无松动脱落等现象
		边墙	边墙有无错裂、滑动、异常裂缝、塌坑、渗水点等现象
		排水系统	是否畅通、水量有无异常增大涌水现象
		支洞堵头	堵头混凝土衬砌有无裂缝、滑移，堵头与围岩结合面有无裂缝、底板连接处有无异常渗水点、涌流，堵头处有无漏筋等现象
9	下水库区域	启闭机室	板、梁、柱结构有无裂缝、漏筋、渗水、沉陷等现象
		工作及交通桥梁	是否有不均匀沉陷、裂缝、断裂等现象；是否畅通等现象
		拦污栅	拦污栅有无裂缝、渗水、空蚀等现象
		下水库进/出水口	进出水流形态、流量是否正常；闸门塔、伸缩缝是否完好；边坡是否有塌滑、排水孔是否畅通；护坡是否有冲刷、沉陷现象；排水系统是否通畅等
10	厂区路面及其他建筑物	路面、护坡及围栏、绿化带	路面情况，路基及护坡稳定情况，排水沟有无堵塞或不畅的情况；围栏有无损坏，绿化带有无被破坏情况等
		厂区其他建筑物	板、梁、柱结构有无裂缝、漏筋、沉陷等现象；地基有无沉陷情况等

3. 巡检路线

（1）日巡检路线。办公楼→上坝公路→上水库观测营地→环库公路→环库公路边坡左岸混凝土面板→右岸混凝土面板→库底廊道通风口→上水库进出水口→气象站→坝顶公路→库底廊道→坝后量水堰→近坝址区→坝肩→坝肩岸坡→右岸观测廊道→背水坡→办公楼。

（2）周巡检路线。办公楼→进厂交通洞→1 号施工支洞→2 号施工支洞→主副厂房→主变洞→主变施工洞→尾闸洞→尾闸施工洞→一层排水廊道→二层排水廊道→三层排水廊道→3 号施工支洞→5 号施工支洞→交通洞→尾调洞→通风兼安全洞→4 号施工支洞→上水库导流洞→开关站交通洞→右岸观测廊道→6 号施工支洞→地面开关站→下水库进出水口→办公楼。

（3）月巡检路线。办公楼→仓库→住宅区→水厂→通风兼安全洞道路→上水库道路→地面开关站→电缆出线竖井→地下厂房→下水库道路→办公楼。

【思考与练习】

（1）土石坝日常巡视检查的目的是什么？

（2）土石坝日常巡视检查的频率是什么？

（3）土石坝日常巡视检查的流程要求是什么？

（4）土石坝日常巡视检查的项目和内容有哪些？

（5）土石坝日常巡视检查的方法是什么？

（6）土石坝日常巡视检查的工作要求是什么？

模块 3　填写混凝土坝日常巡视检查的记录（ZY4201701003）

【模块描述】 本模块介绍混凝土坝日常各部位巡视检查的内容、记录。通过案例分析，掌握混凝土坝日常巡视检查的内容。

【模块内容】

一、日常巡视检查记录的项目

大坝日常巡视检查记录的项目应根据本章模块 1 的巡视检查内容，结合各电站的具体情况相对应，制定各自的检查项目。

二、日常巡视检查记录的内容

记录的内容应能够全面反映检查工作的经过和结果。日常巡视检查记录的内容包括检查工作的时间、天气、检查人员、检查部位、检查项目等概括性要素，还应包括检查过程中发现缺陷的部位、变化情况和对大坝产生的影响等情况。日常巡视检查应着重记录检查过程中新发现的缺陷及原有缺陷发展变化的情况，对于危害大坝安全的重大缺陷，要单独记录。

三、日常巡视检查记录案例

以某常规水电站为例，介绍日常巡视检查记录。发电厂房巡视检查表见表 5-3-1，坝顶及下游坝面巡视检查表见表 5-3-2，近坝区左右岸坡、公路巡视检查表见表 5-3-3，廊道及宽缝巡视检查表见表 5-3-4。

表 5-3-1　　　　　　　　　　　　发电厂房巡视检查表

检查时间：　　月　　日　　　　　　检查人：　　　　　　频次：1 次/月

天气情况：

项目	检查记录要求	检查结果
厂房结构	（1）有无柱梁结构变形。 （2）有无混凝土裂缝、膨胀。 （3）有无露筋。 （4）伸缩缝开合是否正常。 （5）有无渗漏水。 （6）有无析出物。 （7）其他情况	

续表

项目	检查记录要求	检查结果
厂房屋面	(1) 有无结构变形。 (2) 有无屋面渗漏水。 (3) 有无屋面开裂。 (4) 其他情况	
地面排水	(1) 排水是否顺畅,地漏是否堵塞。 (2) 排水沟有无其他设施占用	
辅助设施	(1) 观测设施是否完好。 (2) 照明设施是否完好。 (3) 通信设施是否完好。 (4) 安全防护、防雷设施是否完好。 (5) 警示标志是否完好。 (6) 其他设施情况	
孔(管)洞	(1) 有无外水渗入。 (2) 各对外管道阀门是否可靠。 (3) 门洞、电缆孔封堵是否严实	

表 5–3–2 　　　　　坝顶及下游坝面巡视检查表

检查时间: 　月　　日　　　　　　检查人: 　　　　　　　频次: 1 次/月
天气情况:

项目	检查记录要求	检查结果
坝顶	(1) 相邻坝段之间有无错动。 (2) 相邻坝段之间的止水情况。 (3) 有无混凝土破损。 (4) 有无裂缝。 (5) 伸缩缝开合是否正常。 (6) 其他情况	
下游坝面	(1) 有无混凝土破损、老化现象。 (2) 有无裂缝,裂缝中漏水情况。 (3) 漏水处有无析出物。 (4) 坝面及缝内有无杂草生长。 (5) 其他情况	

表 5–3–3 　　　　　近坝区左右岸坡、公路巡视检查表

检查时间: 　月　　日　　　　　　检查人: 　　　　　　　频次: 1 次/月
天气情况:

项目	检查记录要求	检查结果
左岸坡	(1) 有无冲刷、塌陷。 (2) 有无裂缝。 (3) 有无滑移迹象。 (4) 有无不规则温度裂缝。 (5).伸缩缝开合是否正常。 (6) 其他情况	

续表

项目	检查记录要求	检查结果
右岸坡	（1）有无冲刷、塌陷。 （2）有无裂缝。 （3）有无滑移迹象。 （4）有无不规则温度裂缝。 （5）伸缩缝开合是否正常。 （6）其他情况	
左岸山体	（1）有无危岩。 （2）有无滚石。 （3）有无塌方。 （4）有无滑坡趋势。 （5）拦石网有无破损	
右岸山体	（1）有无危岩。 （2）有无滚石。 （3）有无塌方。 （4）有无滑坡趋势。 （5）拦石网有无破损	
左岸上坝公路	（1）路面有无破损。 （2）公路标志牌是否缺失。 （3）路旁排水沟是否通畅。 （4）路面是否积水。 （5）有无影响车辆通行的其他情况	
右岸上坝公路	（1）路面有无破损。 （2）公路标志牌是否缺失。 （3）路旁排水沟是否通畅。 （4）路面是否积水。 （5）有无影响车辆通行的其他情况	

表 5-3-4　　　　　　　　　廊道及宽缝巡视检查表

检查时间：　　月　　日　　　　　　　　检查人：　　　　　　　频次：1次/月

天气情况：

项目	检查记录要求	检查结果
基础灌浆廊道	（1）廊道壁有无壁剥（脱）落、隆起、膨胀。 （2）廊道壁有无裂缝及渗水。 （3）廊道壁有无钙质离析（析出物）。 （4）廊道壁有无露筋。 （5）排水设施是否畅通，渗漏水量及浑浊有无变化。 （6）廊道地面有无裂缝。 （7）观测设施是否完好。 （8）照明系统是否完好	

项目	检查记录要求	检查结果
宽缝	（1）检查基岩有无挤压、错动、松动和鼓出等情况。 （2）检查坝体与岩体结合处检查有无错动、开裂、脱离及渗水等现象。 （3）检查墙面混凝土有无剥（脱）落、隆起、膨胀现象。 （4）检查墙面有无裂缝及渗水。 （5）检查墙面有无析出物。 （6）排水设施是否通畅，渗漏水量及浑浊有无变化。 （7）沉淀池是否已满。 （8）集水井是否淤积。 （9）观测设施是否完好。 （10）照明系统是否完好	
1 号排水廊道	（1）廊道壁有无壁剥（脱）落、隆起、膨胀。 （2）廊道壁有无裂缝及渗水。 （3）廊道壁有无钙质离析（析出物）。 （4）廊道壁有无露筋。 （5）排水设施是否畅通，渗漏水量及浑浊有无变化。 （6）廊道地面有无裂缝。 （7）观测设施是否完好。 （8）照明系统是否完好	
2 号排水廊道	（1）廊道壁有无壁剥（脱）落、隆起、膨胀。 （2）廊道壁有无裂缝及渗水。 （3）廊道壁有无钙质离析（析出物）。 （4）廊道壁有无露筋。 （5）排水设施是否畅通，渗漏水量及浑浊有无变化。 （6）廊道地面有无裂缝。 （7）观测设施是否完好。 （8）照明系统是否完好	
3 号排水廊道	（1）廊道壁有无壁剥（脱）落、隆起、膨胀。 （2）廊道壁有无裂缝及渗水。 （3）廊道壁有无钙质离析（析出物）。 （4）廊道壁有无露筋。 （5）排水设施是否畅通，渗漏水量及浑浊有无变化。 （6）廊道地面有无裂缝。 （7）观测设施是否完好。 （8）照明系统是否完好	
85 交通廊道	（1）廊道壁有无壁剥（脱）落、隆起、膨胀。 （2）廊道壁有无裂缝及渗水。 （3）廊道壁有无钙质离析（析出物）。 （4）廊道壁有无露筋。 （5）排水设施是否畅通，渗漏水量及浑浊有无变化。 （6）廊道地面有无裂缝。 （7）观测设施是否完好。 （8）照明系统是否完好	

项目	检查记录要求	检查结果
61 交通廊道	（1）廊道壁有无壁剥（脱）落、隆起、膨胀。 （2）廊道壁有无裂缝及渗水。 （3）廊道壁有无钙质离析（析出物）。 （4）廊道壁有无露筋。 （5）排水设施是否畅通，渗漏水量及浑浊有无变化。 （6）廊道地面有无裂缝。 （7）观测设施是否完好。 （8）照明系统是否完好	
38 交通廊道	（1）廊道壁有无壁剥（脱）落、隆起、膨胀。 （2）廊道壁有无裂缝及渗水。 （3）廊道壁有无钙质离析（析出物）。 （4）廊道壁有无露筋。 （5）排水设施是否畅通，渗漏水量及浑浊有无变化。 （6）廊道地面有无裂缝。 （7）观测设施是否完好。 （8）照明系统是否完好	

【思考与练习】

（1）混凝土坝日常巡视检查记录的内容有哪些？

（2）巡视检查记录内容可否增加？

（3）巡视检查记录有没有固定格式？

◢ 模块 4 填写土石坝日常巡视检查的记录（ZY4201701004）

【模块描述】本模块介绍土石坝日常各部位巡视检查的内容、记录。通过案例分析，掌握土石坝日常巡视检查的内容。

【模块内容】

一、日常巡视检查记录的一般规定

（1）每次巡视检查均应作出巡检记录。如发现异常情况，除应详细记述时间、部位、险情和绘出草图外，必要时应测图、摄影或录像。

（2）现场记录必须及时整理，还应将本次巡视检查结果与以往巡视检查结果进行比较分析，分析有无异常迹象，如有问题或异常现象，应立即进行复查，以保证记录的准确性。

（3）日常巡视检查中发现异常现象时，应作出判断是否紧急情况，水工建筑物出现险情征兆时，必须立即报相关领导，并立即组织分析，按照险情预测和应急处理预案处置并上报。不需要处理的，水工管理部门应做好记录，年底进行统计并整理归档。

二、日常巡视检查记录表

日常巡视检查记录总表样表见表 5-4-1。

表 5-4-1 巡 视 检 查 记 录 总 表

日期：　　年　月　日　　　　　库水位：　　　m　　　　　天气：

巡视检查部位		损坏或异常情况
坝体	（1）坝顶。 （2）防浪墙。 （3）迎水面。 （4）背水面。 （5）坝趾。 （6）排水系统。 （7）导渗降压设施。 （8）观侧设施	
坝基和坝区	（1）坝基。 （2）基础廊道。 （3）两岸坝端。 （4）坝趾近区。 （5）坝端岸坡。 （6）上游铺盖。 （7）观测设施	
输、泄水洞（管）	（1）引水段。 （2）进水塔（竖井）。 （3）洞（管）身。 （4）出口。 （5）消能工。 （6）闸门。 （7）动力及启闭机。 （8）工作桥。 （9）观测设施	
溢洪道	（1）进水段（引渠）。 （2）堰顶或闸室。 （3）溢流面。 （4）消能工。 （5）闸门。 （6）动力及启闭机。 （7）工作（交通）桥。 （8）下游河床及岸坡。 （9）观测设施	
其他		（包括备用电源等情况）

注 被巡视检查的部位若无损坏和异常情况时应写"无"字。

检查人：　　　　　　　　　　　　负责人：

三、案例分析

以下提供某抽水蓄能电站检查记录表格，可参考进行修改使用。记录表如下：

1. 排水廊道检查记录表

排水廊道巡视检查记录表见表5-4-2。

表5-4-2　　　　　　　　　　排水廊道巡视检查记录表

日期：　　年　月　日　　　　　　库水位：　　　m　　　　　　　　　天气：

巡视检查部位项目		损坏或异常情况
路面	（1）路面有无碎石、沟壑。 （2）路面有无隆起、沉陷、裂缝。 （3）路面有无积水、涌水	
顶拱	（1）顶拱有无掉块。 （2）顶拱有无裂缝。 （3）顶拱有无渗水点	
边墙	（1）边墙有无裂缝。 （2）边墙混凝土块有无脱落、塌坑。 （3）边墙有无异常渗水点	
结构缝	（1）结构缝有无错裂及滑动现象。 （2）结构缝渗漏量有无异常。 （3）结构缝封堵材料有无脱落、异常	
排水沟	（1）排水沟有无堵塞或不畅的。 （2）排水沟排水流量有无异常	
排水管	（1）排水管排水流量有无异常。 （2）排水管有无脱落	
测压管	（1）测压管压力表有无损坏。 （2）测压管水龙头有无损坏	
台阶	（1）台阶走道有无内杂物。 （2）栏杆有无损坏。 （3）踏步有无裂缝	
量水堰	（1）来水有无堵塞现象。 （2）堰内有无较多沉淀物。 （3）刻度尺、堰板有无损坏	
备注		

注　被巡视检查的部位若无损坏和异常情况时应写"无"字。

检查人：　　　　　　　　　　　　负责人：

2. 库区巡视检查记录表

上水库巡视检查记录表见表5-4-3。

表 5—4—3　　　　　　　　　　**上水库巡视检查记录表**

日期：　　年　月　日　　　　　　　　　库水位：　　　m　　　　　　　　天气：

巡视检查部位项目		损坏或异常情况
钢筋混凝土面板	（1）表层有无因冲刷、腐蚀而剥落等现象。 （2）面板有无裂缝、滑移、隆起、塌陷情况。 （3）止水接缝橡胶皮有无破损、翘起现象。 （4）止水压板有无翘起，螺母有无脱落现象。 （5）近水面有无冒泡、变浑、漩涡等异常情况	
坝顶	（1）坝顶及防浪墙上有无植物滋生等现象。 （2）有无裂缝、异常变形、积水等现象。 （3）防浪墙有无开裂、挤碎、架空、错断、倾斜等情况	
迎水坡	（1）护面或护坡有无损坏现象。 （2）有无裂缝、剥落、滑动、隆起、塌坑、冲刷或植物滋生等现象。 （3）近坝水面有无冒泡、变浑或漩涡等异常现象	
背水坡及坝趾	（1）草皮护坡植被是否完好，有无兽洞、蚁穴等隐患。 （2）排水系统是否畅通；有无裂缝、剥落、滑动、隆起、塌坑、雨淋沟、散浸等现象。 （3）有无积雪不均匀融化等现象。 （4）有无冒水、渗水坑或流土、管涌等现象	
坝基	（1）基础排水设施的工况是否正常。 （2）坝基是否有裂缝、不均匀沉陷变形。 （3）渗漏水颜色、气味及浑浊度有无异常	
近坝趾区	（1）排水设施是否完好。 （2）有无阴湿、渗水、管涌、流土或隆起等现象	
坝肩	（1）坝体与岸坡连接部位有无裂缝、错动及渗水现象。 （2）肩区有无裂缝、滑动、崩塌、溶蚀、隆起、塌坑、异常渗水和兽洞、蚁穴等	
坝肩岸坡	（1）绕坝渗流有无异常。 （2）有无裂缝、滑动迹象。 （3）岸坡有无隆起、塌陷或其他损坏现象	
上坝公路	（1）路面有无碎石、积水、沟壑。 （2）路面有无大的隆起、沉陷。 （3）路面有无阻碍交通的堆积物。 （4）排水沟有无堵塞或不畅的情况	
上水库边坡	（1）边坡岩体有无裂缝、滑动、隆起、塌陷、卸荷张裂等变形失稳现象。 （2）岸坡表面有无渗水、溶蚀等。 （3）岸坡混凝土喷护层有无剥落、杂草滋生现象。	
进出水口	（1）进出水口面板有无沉降、位移、滑动。 （2）有无裂缝、磨损、剥蚀、露筋（网）及钢筋锈蚀等情况。 （3）水面是有无、回流、漩涡等不良流态。 （4）水面有无异常漂浮物情况	

巡视检查部位项目		损坏或异常情况
观测营地	（1）边坡岩体有无裂缝、滑动、隆起、塌陷、卸荷张裂等变形失稳现象。 （2）有无冒水、渗水坑或流土、管涌等现象。 （3）地质探洞内有无石块剥落、塌陷的情况	
备注		

注　被巡视检查的部位若无损坏和异常情况时应写"无"字。

检查人：　　　　　　　　　　　　负责人：

3. 支洞巡视检查记录表

洞巡视检查记录表见表5-4-4。

表5-4-4　　　　　　　　　支洞巡视检查记录表

日期：　　年　月　日　　　　库水位：　　　m　　　　　　　天气：

巡视检查部位		损坏或异常情况
路面	（1）路面有无碎石、沟壑。 （2）路面有无大的隆起、沉陷、裂缝。 （3）路面有无积水、涌水。	
顶拱	（1）顶拱有无掉块。 （2）顶拱有无裂缝。 （3）顶拱有无渗水点。 （4）集水板松动脱落。 （5）顶拱灯具有无损坏情况	
边墙	（1）边墙岩壁有无裂缝。 （2）边墙岩壁块有无脱落、塌坑。 （3）边墙岩壁有无异常渗水点	
洞身	（1）洞内的温湿度有无异常。 （2）洞身有无变形，岩体有无脱落现象	
堵头	（1）堵头混凝土衬砌表面有无蚀落、剥落情况。 （2）堵头混凝土衬砌有无裂缝、滑移。 （3）堵头与围岩结合面有无裂缝、渗水。 （4）堵头与底板连接处有无异常渗水点、涌流现象。 （5）堵头处有无漏筋	
排水沟	（1）排水沟有无堵塞或不畅的。 （2）排水沟排水流量有无异常	
量水堰	（1）来水有无堵塞现象。 （2）堰内有无较多沉淀物。 （3）刻度尺、堰板有无损坏	
备注		

注　被巡视检查的部位若无损坏和异常情况时应写"无"字。

检查人：　　　　　　　　　　　　负责人：

4. 开关站巡视检查记录表

开关站巡视检查记录表见表 5–4–5。

表 5–4–5　　　　　　　　　　开关站巡视检查记录表

日期：　　年　月　日　　　　　　　库水位：　　　　m　　　　　　　天气：

巡视检查部位		损坏或异常情况
开关站边坡	（1）边坡岩体有无裂缝、滑动、隆起、塌陷、卸荷张裂等变形失稳现象。 （2）混凝土喷护层表面有无渗水、溶蚀等。 （3）混凝土喷护层有无剥落、杂草滋生现象。 （4）边坡顶部有无边缘碎石	
开关站建筑物	（1）墙体有无贯穿裂缝。 （2）边墙有无表层涂料、混凝土脱落、掉块现象。 （3）板、梁、柱有无裂缝、漏筋、渗水、沉陷等现象	
排水系统	（1）排水沟盖板有无缺失。 （2）排水沟有无堵塞或不畅。 （3）排水管有无脱落现象	
台阶	（1）踏步有无损坏。 （2）栏杆有无损坏。 （3）踢脚线有无损坏	
路面	路面有无碎石、路面大的隆起、沉陷、裂缝面有无积水、涌水象	
电缆沟槽	（1）沟槽盖板有无缺失。 （2）沟槽有无损坏	
备注		

注　被巡视检查的部位若无损坏和异常情况时应写"无"字。

检查人：　　　　　　　　　　负责人：

5. 厂区道路及厂区内建筑物巡视检查记录表

厂区道路及厂区内建筑物巡视检查记录表见表 5–4–6。

表 5–4–6　　　　　　　厂区道路及厂区内建筑物巡视检查记录表

日期：　　年　月　日　　　　　　　库水位：　　　　m　　　　　　　天气：

巡视检查部位		损坏或异常情况
厂区路面	（1）路面有无碎石、积水、沟壑。 （2）路面有无大的隆起、沉陷。 （3）路面有无阻碍交通的堆积物。 （4）照明设施有无损坏	

续表

巡视检查部位		损坏或异常情况
路面护坡	（1）草皮护坡植被是否完好。 （2）护坡有无兽洞、蚁穴等隐患	
排水设施	（1）排水沟有无堵塞或不畅的情况。 （2）排水设施有无损坏	
护栏及绿化带	（1）护栏有无损坏。 （2）绿化带有无被破坏	
工作及交通桥	（1）桥身有无不均匀沉陷。 （2）桥身有无裂缝、断裂现象。 （3）有无砾石、杂物堆弃	
厂区内建筑物	（1）地基有无不均匀沉陷。 （2）墙体有无裂纹、错裂、滑动现象。 （3）门窗有无损坏现。 （4）边墙表层抹面有无损坏。 （5）板梁柱有无裂缝、沉陷、漏筋	
备注：		

注　被巡视检查的部位若无损坏和异常情况时应写"无"字

检查人：　　　　　　　　　　　　负责人：

6. 观测设施、基点巡视检查记录表

观测设施、基点巡视检查记录表见表5-4-7。

表 5-4-7　　　　　　　　观测设施、基点巡视检查记录表

日期：　　年　月　日　　　　　库水位：　　　m　　　　　　天气：

巡视检查部位		损坏或异常情况
上水库边坡顶部	（1）顶部有无异常裂缝、张裂、错动现象。 （2）护栏有无损坏现象。 （3）岸坡顶部边缘有无碎石坠落隐患	
水准基点	（1）观测支墩有无损坏。 （2）对中底盘有无缺失。 （3）标心有无损坏、锈蚀	
库岸水平 变位标点	（1）观测支墩有无损坏。 （2）对中底盘有无缺失。 （3）标心有无损坏、锈蚀	
外观监测网点	（1）观测支墩有无损坏。 （2）对中底盘有无缺失。 （3）标心有无损坏、锈蚀	

续表

巡视检查部位		损坏或异常情况
环库垂直位移点	（1）标示是否脱落、模糊。 （2）变形观测点中心有无损坏。 （3）盖板有无碎裂	
大坝外部 变形观测	（1）观测支墩有无损坏。 （2）对中底盘有无缺失。 （3）标心有无损坏、锈蚀	
各观测房	（1）观测房有无裂缝，错裂、滑移。 （2）观测房内设施有无缺陷、损坏	
工作及交通桥	（1）桥身有无不均匀沉陷。 （2）桥身有无裂缝、断裂现象。 （3）有无砾石、杂物堆弃	
备注		

注　被巡视检查的部位若无损坏和异常情况时应写"无"字。

检查人：　　　　　　　　　　　负责人：

【思考与练习】

（1）日常巡视检查记录有哪些规定？

（2）坝体检查主要记录哪些内容？

（3）坝区和坝肩检查主要记录哪些内容？

▲ 模块 5　编写大坝日常巡视检查报告（ZY4201701005）

【模块描述】本模块介绍大坝日常巡视检查遇到特殊情况下报告编写方法。通过案例分析掌握大坝日常巡视检查报告的编写。

【模块内容】

一、大坝日常巡视检查报告编写的一般规定

（1）日常巡视检查报告由检查人员进行编写，大坝管理单位的技术部门进行审核、批准。

日常巡视检查报告需在检查工作结束后7天内完成。

（2）检查中发现异常情况时，应立即编写专门的检查报告，及时上报。

（3）各种填表和记录、报告至少应保留一份副本，存档备查。

二、大坝日常巡视检查报告的编写要求

（1）检查报告是现场检查的成果，报告内容简明扼要，力求全面、客观地叙述大坝状况。

（2）检查报告中的各种数据、报表都经过大坝管理单位的技术部门确认签名。

（3）检查报告需有检查人员的手写签名。

（4）报告提出的结论和建议要有充分的基础和依据，对存在的问题要有解决的办法。

（5）现场检查评价各建筑物结构性态和设备运行工况时，一般可使用如下术语：

良好：指建筑物形态和运行性能良好，能达到预期效果。

正常：指建筑物形态和运行性能正常，能达到预期效果，但需要维修。

较差：指建筑物形态和运行性能可能达不到预期效果，必须修理。

很差：指建筑物质量无法达到预期效果。

三、大坝日常巡视检查报告的内容

检查报告的内容应包括（但不局限于）以下几方面：

（1）工程简介和检查情况。

（2）现场审阅的数据、资料和运行情况。

（3）运行期间大坝承受的历史最大荷载及其工况和设备运行情况。

（4）现场检查结果。

（5）结论和建议。

（6）存在问题。

（7）现场检查照片、录像和图纸。

四、案例

×××大坝日常巡视检查报告

一、封面（占一页）

二、首页（检查人员签名、审核人签名，占一页）

三、目录（占一页）

四、正文

××××××××××××××××××××××××××××

（一）工程简介和检查情况

1.1　工程简介

×××××××××××××××（简要介绍工程情况）。

1.2　检查情况

×××××××××××××××（说明本次检查的目的、时间、参加人员及检查项目、路线等情况）。

（二）现场审阅的数据、资料和运行情况

2.1 历次检查情况

××××××××××××××（概括介绍历次检查的结论，重点说明检查时发现的问题）。

2.2 本次检查需注意的问题

××××××××××××××（叙述由以往的经验得出的需要重点关注的部位，检查时应注意哪些问题）。

（三）运行期间大坝承受的历史最大荷载及其工况和设备运行情况

××××××××××××××（阐述上次检查结束后至本次检查这段时间内大坝的运行情况，大坝荷载的变化情况，由资料分析得出的结果等内容）。

（四）现场检查结果

××××××××××××××（阐述本次检查的结论及其推理过程，要求思路明确，论证有力）。

（五）结论和建议

××××××××××××××（概述本次检查的结论，针对本次检查过程，对今后的工作有哪些建议）。

（六）存在问题

××××××××××××××（阐述本次检查中暴露的问题）。

（七）现场检查照片、录像和图纸

××××××××××××××（本次检查的各种照片、录像和图纸等资料附后）。

【思考与练习】

（1）简述大坝日常巡视检查报告编写的一般规定。

（2）简述"良好、正常、较差、很差"术语代表的运行工况含义。

（3）大坝日常巡视检查报告应包含哪些内容？

第六章

大坝年度和特殊情况下的详查

◢ 模块 1 混凝土坝年度详查（ZY4201801001）

【模块描述】本模块介绍重力坝、拱坝年度详查方法、各部位检查的内容。通过案例分析，掌握混凝土坝年度详查的方法。

【模块内容】

一、重力坝、拱坝年度详查的一般规定

1. 重力坝、拱坝年度详查的目的

每年汛前、汛后或枯水期（冰冻较严重地区为冰冻期）及高水位低气温时对大坝进行详细检查。重力坝、拱坝年度详查的内容包括分析观测资料数据，审阅检查、运行、维护记录等资料档案，对大坝各种设施进行全面或专项检查，提出大坝安全年度详查报告重力坝、拱坝年度详查的根本目的是保证大坝安全稳定运行。

2. 重力坝、拱坝年度详查的频次

重力坝、拱坝年度详查一般在每年汛前、汛后或枯水期（冰冻较严重地区为冰冻期）及高水位低气温时期进行。

3. 重力坝、拱坝年度详查的方法及要求

重力坝、拱坝年度详查主要采用查阅资料、目视、手摸、耳听、鼻嗅等方法，辅以量尺、放大镜、望远镜、照相机、摄像机等器材。

检查人员应由专业人员组成，检查工作必须由经验丰富、熟悉本工程情况的水工专业技术人员主持，检查人员不应任意变动。

重力坝、拱坝年度详查应做好检查记录并及时整理，检查记录应描述准确、清晰、完整，必要时应附略图、影响资料。每次检查后，应将本次记录与上次记录进行对比，核实检查记录准确性。

重力坝、拱坝年度详查发现的异常应进行异常编录，并在以后的巡查时进行复查，记录其发展变化趋势，分析是否对建筑物安全或使用功能造成不利影响，直到异常消除。

4. 重力坝、拱坝年度详查的分类

重力坝、拱坝年度详查根据检查部位分为坝基检查、坝体检查、溢洪设施检查、厂房检查、厂坝区道路和水库边坡检查。

二、重力坝、拱坝年度详查的流程

（1）每年年底，大坝管理单位应制定水工建筑物年度详查工作计划，计划包括检查的时间、检查人员和检查部位等。编制计划时应充分考虑库水位变化变化规律、机组检修等因素。

（2）重力坝、拱坝年度详查工作由大坝管理的技术部门牵头，组织本单位专业技术人员进行。

（3）重力坝、拱坝年度详查的检查前按照检查程序做好准备工作，同时做好以下几方面工作：

1）做好水库调度和电力安排，为检查引水、泄水建筑物提供检查条件及动力和照明。

2）排干检查部位积水，清除堆积物。

3）水下检查及专门检测设备、器具准备完成。

4）安装或搭设临时设施，便于检查人员接近检查部位。

5）准备交通工具和专门车辆、船只。

6）采取安全防护措施，确保检查工作及设备、人身安全。

（4）按照预定的行走路线进行检查工作。检查要细致，不得有遗漏。检查过后现场进行记录。

（5）整理检查记录，当日内完成，并与上一年的检查资料进行对比，做简单分析。如有疑问或发现异常现象，应立即对该检查项目进行复查，以保证记录准确无误。

现场工作结束后，应于检查结束后 20 天内完成检查情况的整理工作，汇总发现的缺陷或异常情况，综合分析各类异常的产生原因、发展趋势，并编写检查报告，存档。

三、重力坝、拱坝年度详查的年度检查项目及要求

（一）坝基

大坝基础检查应注意其稳定性、渗漏，管涌和变形等。

（1）两岸坝肩区：绕渗；溶蚀、管涌；裂缝，滑坡、沉陷。

（2）下游坝脚：集中渗流、渗流量变化、渗漏水水质；管涌；沉陷；坝基冲刷、淘刷。

（3）坝体与岸坡交接处：坝体与岩体接合处错动、脱离；渗流；稳定情况。

（4）灌浆及基础排水廊道：排水量变化，浑浊度、水质；基础岩石挤压、松动、鼓出；错动。

（5）其他异常现象。

（二）坝体

坝体检查应注意沉陷，坝体渗漏，渗透和扬压力、过应力，施工期裂缝以及混凝土的碱骨料和其他化学反应、冻融；溶蚀，水流侵蚀、空蚀等。

（1）坝顶：坝面及防浪墙裂缝、错动；坝体位移，相邻两坝段之间不均匀位移；沉陷变形；伸缩缝开合情况、止水破坏或失效。

（2）上游面：裂缝；剥蚀；膨胀、伸缩缝开合。

（3）下游面：松软、脱落、剥蚀；裂缝、露筋；渗漏；杂草生长；膨胀、溶蚀、钙质离析、碱骨料反应；冻融破坏、溢流面冲蚀、磨损、空蚀。

（4）廊道：裂缝、漏水；剥蚀；伸缩缝开合情况。

（5）排水系统：排水不畅或堵塞；排水量变化。

（6）观测设备：仪器工作状况。

（7）其他异常现象。

（三）溢洪设施

溢洪设施检查，应着重于泄洪能力和运行情况，应对进水口，闸门及控制设备、过水部分和下游消能设施等各组成部分分项进行检查。

1. 开敞式溢洪道

（1）进水渠：进口附近库岩塌方、滑坡；漂浮物，堆积物、水草生长；渠道边坡稳定；护坡混凝土衬砌裂缝；沉陷；边坡及附近渗水坑、冒泡、管涌；动物洞穴；流态不良或恶化。

（2）溢流堰、边墙，堰顶桥：混凝土空蚀、磨损、冲刷；裂缝、漏水；通气孔淤沙；边墙不稳定；流态不良或恶化。

（3）泄水槽：漂浮物；空蚀（尤其是接缝处与弯道后）；冲蚀；裂缝。

（4）消能设施（包括消力池，鼻坎、护坦）：堆积物；裂缝；沉陷；位移；接缝破坏；冲刷；磨损；鼻坎或消力戽振动空蚀；下游基础淘蚀；流态不良或恶化。

（5）下游河床及岸坡：冲刷、变形；危及坝基的淘刷。

（6）其他异常现象。

2. 泄洪隧洞或管道

（1）进水口：漂浮物、堆积物；流态不良或恶化；闸门振动；通气孔（槽）通气不畅；混凝土空蚀。

（2）隧洞、竖井：混凝土衬砌剥落、裂缝、漏水；空蚀、冲蚀；围岩崩塌、掉块、淤积；排水孔堵塞；流态不良或恶化。

（3）混凝土管道：裂缝、鼓胀、扭变；漏水及混凝土破坏。

（4）其他异常现象。

3. 闸门及控制设备

（1）闸门，阀门：变形、裂纹、螺（铆）钉松动，焊缝开裂；油漆剥落、锈蚀；钢丝绳锈蚀、磨损、断裂；止水损坏、老化、漏水；闸门振动、气蚀。

（2）控制设备：变形、裂纹、螺（铆）钉松动、焊缝开裂；锈蚀；润滑不良、磨损；电、油、气、水系统故障；操作运行情况。

（3）备用电源：容量、燃料油量；防火、排气及保卫措施；自动化系统故障。

（4）其他异常现象。

4. 厂房

（1）厂房与大坝接缝：有无渗漏，裂缝现象。

（2）墙体：有无裂缝、渗水、混凝土剥落和鼓包。墙体上悬挂设备有无变形错位。

（3）厂房顶：有无裂缝、渗漏、混凝土剥落，表层是否完好。

（4）地面：有无破损；有无不均匀沉陷。

（5）其他异常情况。

5. 厂坝区道路

厂坝区道路系指坝区为观测大坝和事故处理所必需的主要交通干道。

（1）公路：路面情况；路基及上方边坡稳定情况；排水沟堵塞或不畅。

（2）桥梁：地基情况；支承结构总的情况；桥墩冲刷；混凝土破坏；桥面情况。

（3）其他异常情况。

6. 水库边坡

水库包括库区和库边。水库检查应注意水库渗漏、塌方、库边冲刷、断层活动以及冲击引起的水面波动等现象，尤其应注意近坝库区的这些现象。

（1）水库：渗漏，实测渗漏值；地下水位波动值；冒泡现象；库水流失；新的泉水。

（2）库区：附近地区渗水坑、地槽；四周山地植物生产情况；公路及建筑物的沉陷；煤，油、气、地下水开采情况；与大坝在同一地质构造上的其他建筑物的反应。

（3）库盆（有条件时，在水库低水位时检查）：表面塌陷；渗水坑；原地面剥蚀；淤积。

（4）塌方与滑坡：库区滑坡体规模，方位及对水库的影响和发展情况；坝区及上坝公路附近的塌方，滑坡体。

（5）岸坡：有无冲刷、塌陷、裂缝及滑移现象。

四、案例

某水电站大坝年度详查情况。

（一）年度详查项目

1. 大坝

（1）坝顶。

（2）上游坝面。

（3）下游坝面。

（4）廊道。

1）灌浆廊道。

2）1号排水廊道。

3）2号排水廊道。

4）3号排水廊道。

（5）宽缝。

（6）母线道及10m高程。

1）1号母线道。

2）2号母线道。

3）3号母线道。

4）106m高程平台。

2. 厂房

（1）溢流厂房顶。

（2）主厂房。

（3）副厂房。

（4）副厂房顶室内侧（拉板层顶）。

3. 开关站

4. 岸山体

5. 右岸山体

6. 左右岸公路

（二）发现问题的记录方法

1. 文字记录

记录地点、位置、高程等坐标信息，描述缺陷的性质、数量等信息。举例如下：

1号母线道39.25m高程层，道口右侧墙体一条60°裂缝，$L=2m$，渗水，钙质析出。另有水平、竖向裂缝各1条。共计3条，相连接。

2. 重大缺陷对比分析

对发现的重大缺陷进行编号和拍照存档，可测量开度、长度或流量等数据的进行数字记录，在第二年同期检查时进行对比分析。

【思考与练习】

（1）什么是混凝土坝年度详查？

（2）混凝土坝年度详查的要求有哪些？

（3）混凝土坝年度检查开始前需着重做好哪些准备工作？

▲ 模块 2　土石坝年度详查（ZY4201801002）

【模块描述】 本模块介绍土石坝年度详查方法、各部位检查的内容。通过案例分析，掌握土石坝年度详查的方法。

【正文】

一、土石坝年度详查的一般规定

（一）年度详查的目的

土石坝年度详查指每年汛前、汛后或枯水期（冰冻较严重地区为冰冻期）及高水位低气温时对大坝进行详细检查。年度详查的内容包括分析观测资料数据，审阅检查、运行、维护记录等资料档案，对大坝各种设施进行全面或专项检查，提出大坝安全年度详查报告。年度详查的根本目的是保证大坝安全稳定运行。

（二）年度详查的频率

年度巡视检查一般在每年的汛前汛后、用水期前后、冰冻较严重的地区的冰冻期和融冰期、有蚁害地区的白蚁活动显著期等时期进行。年度巡视检查应按规定的检查项目，由管理单位负责人组织领导，对土石坝进行比较全面或专门的巡视检查。检查次数，视地区不同而异，一般每年不少于 2~3 次。

（三）年度详查的方法及要求

（1）年度详查的方法。年度检查的方法主要依靠目视、耳听、手摸、鼻嗅等直观方法，可辅以锤、钎、量尺、放大镜、望远镜、照相机、摄像机等工器具进行；如有必要，可采用坑（槽）探挖、钻孔取样或孔内电视、注水或抽水试验、化学试剂测试、水下检查或水下电视摄像、超声波探测及锈蚀检测、材质化验或强度检测等特殊方法进行检查。

（2）年度详查的准备工作。年度巡视检查须制定详细的检查计划并做好如下准备工作：

1）安排好水库调度，为检查输水、泄水建筑物或进行水下检查创造条件。

2）做好电力安排，为检查工作提供必要的动力和照明。

3）排干检查部位的积水，清除检查部位的堆积物。

4）安装好临时交通设施，便于检查人员行动。

5）采取安全防范措施，确保工程、设备及人身安全。

6）准备好工具、设备、车辆或船只，以及量测、记录、绘草图、照相、录像等器具。

（3）检查记录和报告。

1）每次巡视检查均应作出记录。如发现异常情况，除应详细记述时间、部位、险情外，必要时应测图、摄影或录像。

2）现场记录必须及时整理，还应将本次巡视检查结果与以往巡视检查结果进行比较分析，如有问题或异常现象，应立即进行复查，以保证记录的准确性。

（4）报告和存档。

1）年度巡视检查结束后，应提出简要报告，并对发现的问题及时采取应急措施，然后根据设计、施工、运行资料进行综合分析比较，写出详细报告，并立即报告主管部门。

2）巡视检查的记录、图件和报告应整理归档。

（5）年度详查的内容：

1）对监测资料进行年度整编分析。

2）对运行、检查、维护记录等资料进行审阅。

3）对与水电站大坝有关的设施进行全面检查或者专项检查。

（6）汛前年度详查可与防汛自查相结合。

（7）年度巡视检查组织。水库管理单位行政负责人或主管部门行政负责人为巡视检查总负责人。

巡视检查人员必须有专业技术人员或高级技术工人参加。必要时，可报请水行政主管部门及有关单位专家会同检查。

当地水行政主管部门，每年汛前应组织水库管理人员进行有关专业知识的培训。

巡视检查工作应根据工程的实际情况制订相应的工作程序，工作程序应包括检查项目、检查方式、检查顺序、检查路线、记录表式、每次巡查的文字材料及检查人员的组成和职责等内容，巡视检查情况应归入水库技术档案。

二、全面检查或者专项检查的项目及要求

土石坝年度详查应组织对与大坝有关的设施进行全面检查或者专项检查，其所包括项目及要求规定如下：

（一）坝体主要检查项目及要求

坝体主要检查项目及要求包括以下内容：

（1）坝顶有无裂缝、异常变形、积水和植物滋生等现象；防浪墙有无开裂、挤碎、架空、错断、倾斜等情况。

（2）迎水坡护面或护坡有无裂缝、剥落、滑动、隆起、塌坑、冲刷或植物滋生等现象；近坝水面有无冒泡、变浑或漩涡等现象。

（3）背水坡及坝趾有无裂缝、剥落、滑动、隆起、塌坑、雨淋沟、散浸、积雪不均匀融化、冒水、渗水坑或流土、管涌等现象；排水系统是否通畅；草皮护坡植被是否完好；有无兽洞、蚁穴等隐患；滤水坝趾、减压井（或沟）等导渗降压设施有无异常或破坏现象。

（二）坝基和坝区主要检查项目及要求

坝基和坝区主要检查项目及要求包括以下内容：

（1）坝基基础排水设施的工况是否正常，渗漏水的水量、颜色、气味及浑浊度、酸碱度、温度有无变化，基础廊道是否有裂缝、渗水等现象。

（2）坝体与基岩（或岸坡）结合处有无错动、开裂及渗水等情况，两坝端区有无裂缝、滑动、崩塌、溶蚀、隆起、塌坑、异常渗水、蚁穴、兽洞等。

（3）坝趾区有无阴湿、渗水、管涌、流土和隆起等现象，基础排水及渗流监测设施的工作状况、渗漏水的漏水量及浑浊度有无变化。

（4）地下水露头及绕坝渗流情况是否正常，岸坡有无冲刷、塌陷、裂缝及滑动迹象，护坡有无隆起、塌陷和其他损坏现象。

（三）引水建筑物主要检查内容

引水建筑物主要检查内容包括进水口和引水渠道有无堵淤、裂缝及损伤，检查控制建筑物及进水口拦污设施状况、水流流态。

（四）泄水建筑物主要检查项目及要求

泄水建筑物主要检查项目及要求包括以下内容：

（1）溢洪道（泄水洞）的闸墩、边墙、胸墙、溢流面（洞身）、底板、工作桥等处有无裂缝和损伤。

（2）上游拦污设施情况。

（3）水流流态。

（4）消能设施有无磨损冲蚀和淤积情况。

（5）下游河床及岸坡有无冲刷和淤积情况。

（五）金属结构主要检查项目及要求

金属结构主要检查项目及要求包括以下内容：

（1）闸门（包括门槽、门支座、止水及平压阀、通气孔等）工作情况。

（2）启闭设施工作情况。

（3）金属结构防腐及锈蚀情况。

（4）电气控制设备、正常动力和备用电源工作情况。

（六）监测设施主要检查项目及要求

监测设施主要检查项目包括检查各类监测仪器，各测点的保护装置及接地防雷装置，监测仪器电缆、监测自动化系统网络电缆、电源电缆及供电系统等。

三、土石坝年度详查的危险点分析

土石坝年度详查的危险点分析包括以下内容：

（1）为保证设备和人身安全，巡视检查工作应严格遵守有关规范的要求。

（2）巡视检查的部位或区域一般设备较多，检查过程中容易造成设备损坏和人身伤害。故巡视检查过程要按照预定的路线行走，不擅自进入与检查工作无关的区域，尤其是带电区域；检查过程中要注意四周，在拥挤的条件下动作幅度要小，以免伤害自己。

（3）巡视检查时（尤其在野外）若天气不好，容易发生事故。故巡视检查工作尽量安排在天气晴朗，能见度高的时段。若一定在天气不好时进行巡视检查，需做好预防措施。

（4）大坝巡视检查工作在野外工作时，由于树木杂草遍布，蚊虫蛇鼠较多，容易被其叮咬。故在野外进行巡视检查工作，需做好预防措施，穿长袖长腿工作服和工作鞋，随身携带急救药品，检查人员应具有紧急救护的一般技能。

四、案例分析

某抽水蓄能电站年度巡检。

1. 年度巡检的要求

年度巡检项目包括在每年的汛前汛后，应按规定的检查项目，对水工建筑物进行一次比较全面或专门的巡视检查。其中上水库各观测基点、设施，PD1探洞每半年检查一次。

2. 年度巡检包括的内容

年度巡检包括的内容见表6-2-1和表6-2-2。

表 6-2-1　　　　　　　　　　　上水库巡视检查内容

序号	巡检部位	巡检项目及内容
1	钢筋混凝土面板	有无裂缝、滑移、隆起、塌陷、冲刷、腐蚀或表层剥落等现象；接缝止水是否有集中渗水迹象；近水面有无冒泡、变浑、漩涡等异常情况
2	坝顶	有无裂缝、异常变形、积水或植物滋生等现象。防浪墙有无开裂、挤碎、架空、错断、倾斜等情况
3	迎水坡	护面或护坡是否损坏；有无裂缝、剥落、滑动、隆起、塌坑、冲刷或植物滋生等现象；近坝水面有无冒泡、变浑或漩涡等异常现象

序号	巡检部位	巡检项目及内容
4	背水坡及坝趾	有无裂缝、剥落、滑动、隆起、塌坑、雨淋沟、散浸、积雪不均匀融化、冒水、渗水坑或流土、管涌等现象。排水系统是否畅通；草皮护坡植被是否完好；有无兽洞、蚁穴等隐患
5	坝基及库底	基础排水设施的工况是否正常；渗漏水的水量、颜色、气味及浑浊度、温度有无变化；坝基和库底排水廊道是否有裂缝、渗水、不均匀沉陷变形。排水管是否正常工作，排水沟是否通畅。库底基础有无不均匀沉陷等情况
6	坝肩	坝体与岸坡连接部位有无裂缝、错动及渗水现象；两坝肩区有无裂缝、滑动、崩塌、溶蚀、隆起、塌坑、异常渗水和兽洞、蚁穴等
7	近坝趾区	有无阴湿、渗水、管涌、流土或隆起等现象；排水设施是否完好
8	上水库放空洞	顶拱有无坍塌、裂缝、异常渗水点、边墙有无异常裂缝、塌坑、底板有无涌水、排水系统是否通畅
9	右岸观测廊道	顶拱有无坍塌、裂缝、异常渗水点、边墙有无异常裂缝、塌坑、底板有无涌水、排水系统是否通畅
10	坝肩岸坡	绕坝渗流是否异常，有无裂缝、滑动迹象；岸坡有无隆起、塌陷或其他损坏现象
11	上水库边坡	边坡岩体有无裂缝、滑动、隆起、塌陷、卸荷张裂等变形失稳现象。岸坡表面有无渗水、溶蚀等。对施工期出现的滑坡体和潜在滑坡体，在蓄水运行期及大暴雨后，应重点监视其变形稳定情况
12	冬季库水结冰时	应巡视检查结冰和融冰时间、冰层厚度、冰与面板冻结情况等，并检查库水放空时冰盖对面板结构的影响
13	上水库观测设备工作情况	观测支墩、基准点有无损坏，观测房有无裂缝、错裂
14	上坝公路	路面情况，路基及上方边坡稳定情况，排水沟有无堵塞或不畅的情况

表 6-2-2　　　　**地下洞室群及其他水工建筑物巡视检查内容**

序号	巡检部位	巡检项目	巡检内容
1	主副厂房	顶拱	外观、有无缺陷、有无渗水点、裂缝
		高边墙	重点检查薄弱部位、排水系统
		各层底板	重点检查底板反水、排水系统
		排水系统	排水沟、排水管是否畅通、排水量的变化
		机墩混凝土	有无裂缝现象、渗水点
		观测设施	重点检查观测电缆有无损坏、泡水现象；通信设施是否完好

续表

序号	巡检部位	巡检项目	巡检内容
2	主变压器室	顶拱	外观、原有缺陷、有无渗水点、裂缝
		高边墙	重点检查薄弱部位、排水系统
		各层底板	重点检查排水系统
		排水系统	排水沟、排水管是否畅通、排水量的变化
		观测设施	重点检查观测电缆有无损坏、泡水现象；通信设施是否完好
3	尾闸室	顶拱	喷护层有无破损、有无渗水点、裂缝
		高边墙	重点检查薄弱部位、排水系统
		各层底板	重点检查排水系统
		排水系统	排水沟、排水管是否畅通、排水量的变化等现象
4	电缆竖井	板、梁、柱结构	有无裂缝、漏筋、渗水、沉陷等现象
		竖井井壁及边墙	有无裂缝、渗水等现象
		竖井台阶	踏步有无裂缝、栏杆有无损坏等现象
5	地面开关站	板、梁、柱结构	有无裂缝、漏筋、渗水、沉陷等现象
		四周边坡	有无滑坡、掉块等现象
6	地下厂房排水廊道	顶拱	有无掉块、裂缝、渗水点，集水板有无松动脱落等现象
		边墙及底板	边墙有无错裂、滑动、异常裂缝、塌坑、渗水点，底板有无涌水等现象
		排水系统	排水沟、排水管是否畅通、排水量的变化、有无大规模集中涌水等现象
7	各交通洞、地质探洞	顶拱及边墙底板	有无掉块、裂缝、坍塌、渗水点，底板反水现象，集水板有无松动脱落等现象
		排水系统	排水沟、排水管是否畅通、排水量的变化、有无大规模集中涌水等现象
8	施工支洞	顶拱	有无掉块、裂缝、渗水点等情况；集水板有无松动脱落等现象
		边墙	边墙有无错裂、滑动、异常裂缝、塌坑、渗水点等现象
		排水系统	是否畅通、水量有无异常大涌水现象
		支洞堵头	堵头混凝土衬砌有无裂缝、滑移，堵头与围岩结合面有无裂缝、底板连接处有无异常渗水点、涌流，堵头处有无漏筋等现象

续表

序号	巡检部位	巡检项目	巡检内容
9	下水库区域	启闭机室	板、梁、柱结构有无裂缝、漏筋、渗水、沉陷等现象
		工作及交通桥梁	是否有不均匀沉陷、裂缝、断裂等现象；是否畅通等现象
		拦污栅	拦污栅有无裂缝、渗水、空蚀等现象
		下水库进/出水口	进出水流形态、流量是否正常；闸门塔、伸缩缝是否完好；边坡是否有塌滑、排水孔是否畅通、护坡是否有冲刷、沉陷现象；排水系统是否通畅等
10	厂区路面及其他建筑物	路面、护坡及围栏、绿化带	路面情况，路基及护坡稳定情况，排水沟有无堵塞或不畅的情况；围栏有无损坏，绿化带有无被破坏情况等
		厂区其他建筑物	板、梁、柱结构有无裂缝、漏筋、沉陷等现象；地基有无沉陷情况等

3. 年度巡检路线

年度巡检路线：办公楼→PD1 探洞→上水库库岸边坡→水准基点→上水库库岸水平变位标点→外观监测网点→环库垂直位移点→大坝外部变形观测点→各观测房→办公楼。

【思考与练习】

（1）年度巡检的目的是什么？

（2）年度巡检的频率是多少？

（3）年度巡检的准备工作有哪些需要特别注意的事项？

（4）年度巡检的内容有哪些？

（5）年度巡检的组织有何规定？

▲ 模块 3 混凝土坝特殊情况下的详查（ZY4201901001）

【模块描述】本模块介绍混凝土坝特殊情况下的详查准备工作内容、检查工具选择、各部位检查。通过案例分析，掌握混凝土坝特殊情况下的详查的方法。

【正文】

一、混凝土坝特殊情况下详查的一般规定

1. 混凝土坝特殊情况下详查的目的

混凝土坝特殊情况下详查指当发生特大洪水或暴风雨、强烈地震、或重大事故、工程非常运用以及遇有紧急情况而迅速降低水位时，有异常迹象对大坝安全有怀疑时，应安排特种检查。混凝土坝特殊情况下详查的检查范围取决于自然事件的严重程度和所担忧的事故后果。混凝土坝特殊情况下检查后，应立即提出大坝安全特种检查报告。混凝土坝特殊情况下详查的根本目的是保证大坝安全稳定的运行。

2. 混凝土坝特殊情况下详查的方法及要求

混凝土坝特殊情况下详查主要采用目视、手摸、耳听、鼻嗅等方法，辅以量尺、放大镜、望远镜、照相机、摄像机等器材。

检查人员应由专业人员组成，检查工作必须由经验丰富、熟悉本工程情况的水工专业技术人员主持，检查人员不应任意变动。

混凝土坝特殊情况下详查应做好检查记录并及时整理，检查记录应描述准确、清晰、完整，必要时应附略图、影响资料。每次检查后，应将本次记录与上次记录进行对比，核实检查记录准确性。

混凝土坝特殊情况下详查发现的异常应进行异常编录，并在以后的巡查时进行复查，记录其发展变化趋势，分析是否对建筑物安全或使用功能造成不利影响，直到异常消除。

3. 混凝土坝特殊情况下详查的频次

特殊情况下详查没有固定的检查周期，在发生特大洪水或暴风雨、强烈地震、或重大事故、工程非常运用以及遇有紧急情况而迅速降低水位时，有异常迹象对大坝安全有怀疑时进行。

4. 混凝土坝特殊情况下详查查的分类

混凝土坝特殊情况下详查根据检查部位分为坝基检查、坝体检查、溢洪设施检查、厂房检查、厂坝区道路和水库边坡检查。

二、混凝土坝特殊情况下详查的流程

（1）混凝土坝特殊情况下详查由大坝管理的技术部门牵头，组织本单位专业技术人员进行。

（2）检查前按照检查程序做好准备工作，同时做好以下几方面工作：

1）做好水库调度和电力安排，为检查引水、泄水建筑物提供检查条件及动力和照明。

2）排干检查部位积水，清除堆积物。

3）水下检查及专门检测设备、器具准备完成。

4）安装或搭设临时设施，便于检查人员接近检查部位。

5）准备交通工具和专门车辆、船只。

6）采取安全防护措施，确保检查工作及设备、人身安全。

（3）按照预定的行走路线进行检查工作。检查要细致，不得有遗漏。检查过后现场进行记录。

（4）整理检查记录，当日内完成，并与上一年的检查资料进行对比，做简单分析。如有疑问或发现异常现象，应立即对该检查项目进行复查，以保证记录准确无误。

（5）现场工作结束后，应于检查结束后 20 天内完成检查情况的整理工作，汇总发现的缺陷或异常情况，综合分析各类异常的产生原因、发展趋势，并编写检查报告，存档。

三、混凝土坝特殊情况下详查项目及要求

（一）坝基

大坝基础检查应注意其稳定性、渗漏，管涌和变形等。

（1）两岸坝肩区：绕渗；溶蚀、管涌；裂缝，滑坡、沉陷。

（2）下游坝脚：集中渗流、渗流量变化、渗漏水水质；管涌；沉陷；坝基冲刷、淘刷。

（3）坝体与岸坡交接处：坝体与岩体接合处错动、脱离；渗流；稳定情况。

（4）灌浆及基础排水廊道：排水量变化、浑浊度、水质；基础岩石挤压、松动、鼓出。错动。

（5）其他异常现象。

（二）坝体

坝体检查应注意沉陷，坝体渗漏，渗透和扬压力、过应力，施工期裂缝以及混凝土的碱骨料和其他化学反应、冻融。溶蚀，水流侵蚀、空蚀等。

（1）坝顶：坝面及防浪墙裂缝、错动；坝体位移，相邻两坝段之间不均匀位移；沉陷变形；伸缩缝开合情况、止水破坏或失效。

（2）上游面：裂缝；剥蚀；膨胀、伸缩缝开合。

（3）下游面：松软、脱落、剥蚀；裂缝、露筋；渗漏；杂草生长；膨胀、溶蚀、钙质离析、碱骨料反应；冻融破坏、溢流面冲蚀、磨损、空蚀。

（4）廊道：裂缝、漏水；剥蚀；伸缩缝开合情况。

（5）排水系统：排水不畅或堵塞；排水量变化。

（6）观测设备：仪器工作状况。

（7）其他异常现象。

（三）溢洪设施

溢洪设施检查，应着重于泄洪能力和运行情况，应对进水口，闸门及控制设备、过水部分和下游消能设施等各组成部分分项进行检查。

1. 开敞式溢洪道

（1）进水渠：进口附近库岩塌方、滑坡；漂浮物，堆积物、水草生长；渠道边坡

稳定；护坡混凝土衬砌裂缝；沉陷；边坡及附近渗水坑、冒泡、管涌；动物洞穴；流态不良或恶化。

（2）溢流堰、边墙，堰顶桥：混凝土气蚀、磨损、冲刷；裂缝、漏水；通气孔淤沙；边墙不稳定；流态不良或恶化。

（3）泄水槽：漂浮物；气蚀（尤其是接缝处与弯道后）；冲蚀；裂缝。

（4）消能设施（包括消力池，鼻坎、护坦）：堆积物；裂缝；沉陷；位移；接缝破坏；冲刷；磨损；鼻坎或消力戽振动空蚀；下游基础淘蚀；流态不良或恶化。

（5）下游河床及岸坡：冲刷、变形；危及坝基的淘刷。

（6）其他异常现象。

2. 泄洪隧洞或管道

（1）进水口：漂浮物、堆积物；流态不良或恶化；闸门振动；通气孔（槽）通气不畅；混凝土气蚀。

（2）隧洞、竖井：混凝土衬砌剥落、裂缝、漏水；空蚀、冲蚀；围岩崩塌、掉块、淤积；排水孔堵塞；流态不良或恶化。

（3）混凝土管道：裂缝、鼓胀、扭变；漏水及混凝土破坏。

（4）其他异常现象。

3. 闸门及控制设备

（1）闸门、阀门：变形、裂纹、螺（铆）钉松动，焊缝开裂；油漆剥落、锈蚀；钢丝绳锈蚀、磨损、断裂；止水损坏、老化、漏水；闸门振动、空蚀。

（2）控制设备：变形、裂纹、螺（铆）钉松动、焊缝开裂；锈蚀；润滑不良、磨损；电、油、气、水系统故障；操作运行情况。

（3）备用电源：容量、燃料油量；防火、排气及保卫措施；自动化系统故障。

（4）其他异常现象。

4. 厂房

（1）厂房与大坝接缝：有无渗漏，裂缝现象。

（2）墙体：有无裂缝、渗水、混凝土剥落和鼓包。墙体上悬挂设备有无变形错位。

（3）厂房顶：有无裂缝、渗漏、混凝土剥落，表层是否完好。

（4）地面：有无破损；有无不均匀沉陷。

（5）其他异常情况。

5. 厂坝区道路

厂坝区道路系指坝区为观测大坝和事故处理所必需的主要交通干道。

（1）公路：路面情况；路基及上方边坡稳定情况；排水沟堵塞或不畅。

（2）桥梁：地基情况；支承结构总的情况；桥墩冲刷；混凝土破坏；桥面情况。

（3）其他异常情况。

6. 水库边坡

水库包括库区和库边。水库检查应注意水库渗漏、塌方、库边冲刷、断层活动以及冲击引起的水面波动等现象，尤应注意近坝库区的这些现象。主要检查内容概列如下：

（1）水库：渗漏，实测渗漏值；地下水位波动值；冒泡现象；库水流失；新的泉水。

（2）库区：附近地区渗水坑、地槽；四周山地植物生产情况；公路及建筑物的沉陷；煤、油、气、地下水开采情况；与大坝在同一地质构造上的其他建筑物的反应。

（3）库盆（有条件时，在水库低水位时检查）：表面塌陷；渗水坑；原地面剥蚀；淤积。

（4）塌方与滑坡：库区滑坡体规模，方位及对水库的影响和发展情况；坝区及上坝公路附近的塌方，滑坡体。

（5）岸坡：有无冲刷、塌陷、裂缝及滑移现象。

四、巡视检查的危险点分析

（1）为保证设备和人身安全，巡视检查工作应严格遵守有关规范的要求。

（2）巡视检查的部位或区域一般设备较多，检查过程中容易造成设备损坏和人身伤害。故巡视检查过程要按照预定的路线行走，不擅自进入与检查工作无关的区域，尤其是带电区域；检查过程中要注意四周，在拥挤的条件下动作幅度要小，以免伤害自己。

（3）巡视检查时（尤其在野外）若天气不好，容易发生事故。故巡视检查工作尽量安排在天气晴朗，能见度高的时段。若一定在天气不好时进行巡视检查，需做好预防措施。

（4）大坝巡视检查工作在野外工作时，由于树木杂草遍布，蚊虫蛇鼠较多，容易被其叮咬。故在野外进行巡视检查工作，需做好预防措施，穿长袖长腿工作服和工作鞋，随身携带急救药品，检查人员应具有紧急救护的一般技能。

五、特别巡视检查案例

某水电站规定，出现如下情况进行特殊情况检查。

（1）当日降雨量在 100mm 以上，需对厂坝区室内带电设备渗漏水情况和坝体上下游两岸山坡岩体危石塌方进行检查。

（2）在遇到其他特殊情况如最高库水位、最低库水位、岸坡塌滑和地震时，参加主管厂长或水工副总工程师组织的巡视检查。

特殊检查应遵循"全天候、无条件、通信畅、反应快"的原则。

【思考与练习】

（1）混凝土坝特殊情况下的详查开展的条件有哪些？

（2）混凝土坝特殊情况下的详查按检查部位可分为哪些内容？

（3）简述混凝土坝特殊情况下详查的危险点及预控措施。

▲ 模块4　土石坝特殊情况下的详查（ZY4201901002）

【模块描述】本模块介绍土石坝特殊情况下的详查准备工作内容、检查工具选择、各部位检查。通过案例分析，掌握土石坝特殊情况下的详查记录的方法。

【正文】

一、土石坝特殊情况下详查的一般规定

1. 土石坝特殊情况下详查的周期

在坝区（或其附近）发生有感地震、大坝遭受大洪水或库水位骤降、骤升，以及发生其他影响大坝安全运行的特殊情况时，应及时进行巡视检查。

2. 土石坝特殊情况下详查的方法及要求

土石坝特殊情况下详查的巡视检查主要由熟悉本工程情况的工程技术人员参加，并要求人员相对固定。每次检查前，应按照检查程序要求做好准备工作。

检查的方法主要依靠目视、耳听、手摸、鼻嗅等直观方法，可辅以锤、钎、量尺、放大镜、望远镜、照相机、摄像机等工器具进行；如有必要，可采用坑（槽）探挖、钻孔取样或孔内电视、注水或抽水试验、化学试剂测试、水下检查或水下电视摄像、超声波探测及锈蚀检测、材质化验或强度检测等特殊方法进行检查。

每次巡视检查均应按各类检查规定的程序进行现场填表和记录，必要时应附有略图、素描或照片等，并将本次检查结果与上次或历次检查对比、分析，发现异常迹象，应立即对该检查项目进行复查确认。

土石坝特殊情况下详查的巡视检查中发现异常情况时，应立即编写专门的检查报告，及时上报。特殊情况下的巡视检查，应在现场工作结束后立即提交一份简报，并在20天内提出详细报告。

二、土石坝特殊情况下详查的流程

（1）为了保证巡视检查有效，经验表明，巡视检查应根据每座大坝的具体情况和特点，制定详细的检查程序，做好事前准备。检查程序包括检查人员、检查内容、检查方法、携带工具、检查路线等内容，详尽而便于操作。并且，巡视检查前，需要做好必要的准备工作。

（2）检查前按照检查程序做好准备工作，同时做好以下几方面工作：

1）做好水库调度和电力安排，为检查引水、泄水建筑物提供检查条件、动力和照明。

2）排干检查部位积水、清除堆积物。

3）水下检查及专门检测设备、器具的准备和安排。

4）安装或搭设临时设施，便于检查人员接近检查部位。

5）准备交通工具和专门车辆、船只。

6）安全防护措施准备。

（3）按照预定的行走路线进行检查工作。检查要细致，不得有遗漏。检查过后现场进行记录。

（4）整理检查记录，当日内完成，并与上一年的检查资料进行对比，做简单分析。如有疑问或发现异常现象，应立即对该检查项目进行复查，以保证记录准确无误。

（5）现场工作结束后，应立即提交一份简报，汇总发现的缺陷或异常情况，综合分析各类异常的产生原因、发展趋势，并在 20 天内提出详细报告。土石坝特殊情况下详查的巡视检查中发现异常情况时，应立即编写专门的检查报告，及时上报。

三、土石坝特殊情况下详查检查项目及要求

土石坝特殊情况下详查的巡视检查应严格遵循相关规定开展，根据规范要求检查项目包括：

（一）坝体主要检查项目及要求

（1）坝顶有无裂缝、异常变形、积水和植物滋生等现象；防浪墙有无开裂、挤碎、架空、错断、倾斜等情况。

（2）迎水坡护面或护坡有无裂缝、剥落、滑动、隆起、塌坑、冲刷或植物滋生等现象；近坝水面有无冒泡、变浑或漩涡等现象。

（3）背水坡及坝趾有无裂缝、剥落、滑动、隆起、塌坑、雨淋沟、散浸、积雪不均匀融化、冒水、渗水坑或流土、管涌等现象；排水系统是否通畅；草皮护坡植被是否完好；有无兽洞、蚁穴等隐患；滤水坝趾、减压井（或沟）等导渗降压设施有无异常或破坏现象。

（二）坝基和坝区主要检查项目及要求

（1）坝基基础排水设施的工况是否正常，渗漏水的水量、颜色、气味及浑浊度、酸碱度、温度有无变化，基础廊道是否有裂缝、渗水等现象。

（2）坝体与基岩（或岸坡）结合处有无错动、开裂及渗水等情况，两坝端区有无裂缝、滑动、崩塌、溶蚀、隆起、塌坑、异常渗水、蚁穴、兽洞等。

（3）坝趾区有无阴湿、渗水、管涌、流土和隆起等现象，基础排水及渗流监测设施的工作状况、渗漏水的漏水量及浑浊度有无变化。

（4）地下水露头及绕坝渗流情况是否正常，岸坡有无冲刷、塌陷、裂缝及滑动迹象，护坡有无隆起、塌陷和其他损坏现象。

（三）引水建筑物主要检查内容如下

引水建筑物主要检查内容包括进水口和引水渠道有无堵淤、裂缝及损伤，检查控制建筑物及进水口拦污设施状况、水流流态。

（四）泄水建筑物主要检查项目及要求

（1）溢洪道（泄水洞）的闸墩、边墙、胸墙、溢流面（洞身）、底板、工作桥等处有无裂缝和损伤。

（2）上游拦污设施情况。

（3）水流流态。

（4）消能设施有无磨损冲蚀和淤积情况。

（5）下游河床及岸坡有无冲刷和淤积情况。

（五）金属结构主要检查项目及要求

（1）闸门（包括门槽、门支座、止水及平压阀、通气孔等）工作情况。

（2）启闭设施工作情况。

（3）金属结构防腐及锈蚀情况。

（4）电气控制设备、正常动力和备用电源工作情况。

（六）监测设施主要检查项目及要求

检查各类监测仪器，各测点的保护装置及接地防雷装置，监测仪器电缆、监测自动化系统网络电缆、电源电缆及供电系统等。

巡视检查应严格遵循相关规定开展，对以下几种情况，应有针对性地进行检查：

（1）在大洪水或暴雨期间，应加强库区山坡冲刷，排水情况及可能发生滑坡坍塌的部位的观察；应加密观测坝体渗流量，坝基扬压力，绕坝渗流的监测（如现场条件不允许，可利用自动化采集单元进行监测）。汛期高水位时应增加对上水库的巡检次数，特别是出现大洪水时，每天应至少一次。

（2）在高蓄水位或库水位骤涨骤落期间，应对坝体渗漏量、渗透压力、扬压力、绕坝渗流、大坝面板垂直缝缝、周边缝、应力应变进行加密观测，并应每天对坝基、坝体、库岸边坡等部位进行巡检，观察是否有新的渗流点或地下水出流点出现，渗漏水是否变浑浊，渗流量是否异常增大等。若高蓄水位时间较长时，应增加坝体水平垂直位移观测。

（3）在遭受地震之后，应立即对水工建筑物进行全面的观察，特别要注意有无裂缝、滑坡、坍塌、翻砂、冒水及渗流异常等现象，同时对所有监测项目应加密观测一次。

（4）在冬季恶劣天气期间，应加强对混凝土建筑物缝形的变化和渗流情况观察。

四、巡视检查的危险点分析

（1）为保证设备和人身安全，巡视检查工作应严格遵守有关规范的要求。

（2）巡视检查的部位或区域一般设备较多，检查过程中容易造成设备损坏和人身伤害。故巡视检查过程要按照预定的路线行走，不擅自进入与检查工作无关的区域，尤其是带电区域；检查过程中要注意四周，在拥挤的条件下动作幅度要小，以免伤害自己。

（3）巡视检查时（尤其在野外）若天气不好，容易发生事故。故巡视检查工作尽量安排在天气晴朗，能见度高的时段。若一定在天气不好时进行巡视检查，需做好预防措施。

（4）大坝巡视检查工作在野外工作时，由于树木杂草遍布，蚊虫蛇鼠较多，容易被其叮咬。故在野外进行巡视检查工作，需做好预防措施，穿长袖长腿工作服和工作鞋，随身携带急救药品，检查人员应具有紧急救护的一般技能。

五、特别巡视检查案例分析

以下介绍某抽水蓄能电站特别巡视检查的案例。

（一）高水位时加密巡检方案

（1）汛期高水位时应增加对上水库的巡检次数，特别是出现大洪水时，每天应至少一次。

（2）汛期高水位时应对水道和地下厂房系统加强巡视检查，增加检查次数，必要时应对可能出现险情的部位进行连续监视。

（3）汛期高水位时要加强对各施工支洞、尾调洞及下水库的巡视工作，确保各部位水工建筑物的安全运行。

（4）汛期高水位时应全面检查有关区域排水情况、设备间和配电室漏雨情况等，发现问题及时汇报或联系处理。

（5）高水位时上水库巡检路线。上坝公路→坝顶→环库公路→钢筋混凝土面板→坝基及库底→近坝址区→上水库边坡→坝肩→坝肩岸坡→背水坡。

（6）高水位时其他部位水工建筑物巡检路线。进厂交通洞→3号施工支洞→5号施工支洞→尾水闸门洞→主变洞→母线洞→副厂房→主厂房→安装场→厂房三层排水廊道→1号施工支洞→2号施工支洞→进厂交通洞→尾水调压室→通风兼安全洞→4号施工支洞→主变排风洞→通风兼安全洞→上水库库底观测廊道→开关站交通洞→6号施工支洞→开关站→220kV电缆出线竖井→下水库。

（7）巡检内容。

1）上水库巡视检查内容。上水库巡视检查内容见表6-4-1。

表 6-4-1　　　　　　　　　　　　上水库巡视检查内容

序号	巡检项目	巡检内容
1	钢筋混凝土面板	有无裂缝、滑移、隆起、塌陷、冲刷、腐蚀及表层剥落等现象。接缝止水是否有集中渗水迹象。近水面有无冒泡、变浑、漩涡等异常情况
2	坝顶	有无裂缝、异常变形、积水或植物滋生等现象。防浪墙有无开裂、挤碎、架空、错断、倾斜等情况
3	迎水坡	护面或护坡是否损坏；有无裂缝、剥落、滑动、隆起、塌坑、冲刷或植物滋生等现象；近坝水面有无冒泡、变浑或漩涡等异常现象
4	背水坡及坝趾	有无裂缝、剥落、滑动、隆起、塌坑、雨淋沟、散浸、积雪不均匀融化、冒水、渗水坑或流土、管涌等现象。排水系统是否畅通；草皮护坡植被是否完好；有无兽洞、蚁穴等隐患
5	坝基及库底	基础排水设施的工况是否正常；渗漏水的水量、颜色、气味及浑浊度、酸碱度、温度有无变化；坝基和库底排水廊道是否有裂缝、渗水、不均匀沉陷变形。排水管是否正常工作，排水沟是否通畅。库底基础有无不均匀沉陷等情况
6	坝肩	坝体与岸坡连接部位有无裂缝、错台及渗水现象；两坝肩区有无裂缝、滑动、崩塌、溶蚀、隆起、塌坑、异常渗水和兽洞、蚁穴等
7	近坝趾区	有无阴湿、渗水、管涌、流土或隆起等现象；排水设施是否完好
8	坝肩岸坡	绕坝渗流是否异常，有无裂缝、滑动迹象；岸坡有无隆起、塌陷或其他损坏现象
9	上水库边坡	边坡岩体有无裂缝、滑动、隆起、塌陷、卸荷张裂等变形失稳现象。岸坡表面有无渗水、溶蚀等。对施工期出现的滑坡体和潜在滑坡体，在蓄水运行期及大暴雨后，应重点监视其变形稳定情况
10	冬季库水结冰时	应巡视检查结冰和融冰时间、冰层厚度、冰与面板冻结情况等，并检查库水放空时冰盖对面板结构的影响
11	上水库观测设备工作情况	
12	上坝公路	路面情况，路基及上方边坡稳定情况，排水沟有无堵塞或不畅的情况
13	其他异常现象	

2）其他部位水工建筑物巡视检查内容。其他部位水工建筑物巡视检查内容见表 6-4-2。

表 6-4-2　　　　　　　　　其他部位水工建筑物巡视检查内容

序号	巡检部位	巡检项目	巡检内容
1	主副厂房	顶拱	外观、原有缺陷、有无渗水点、裂缝
		高边墙	重点检查薄弱部位、排水系统
		各层底板	重点检查底板反水、排水系统
		排水系统	排水沟、排水管是否畅通、排水量的变化
		机墩混凝土	有无裂缝现象、渗水点
		观测设施	重点检查观测电缆有无损坏、泡水现象；通信设施是否完好

续表

序号	巡检部位	巡检项目	巡检内容
2	主变压器室	顶拱	外观、原有缺陷、有无渗水点、裂缝
		高边墙	重点检查薄弱部位、排水系统
		各层底板	重点检查排水系统
		排水系统	排水沟、排水管是否畅通、排水量的变化
		观测设施	重点检查观测电缆有无损坏、泡水现象;通信设施是否完好
3	母线洞	顶拱	有无裂缝、渗水现象
		边墙、底板	有无裂缝、渗水现象,重点是检查排水
4	电缆出线竖井	竖井井壁	有无裂缝、渗水现象
5	地面开关站	板、梁、柱结构	有无裂缝、漏筋、渗水、沉陷等现象
		四周边坡	有无滑坡、掉块等现象
6	各交通洞、施工支洞、地质探洞以及排水廊道	洞身	有无坍塌、裂缝、底板反水现象,顶拱、边墙、封堵段有无渗水
		排水系统	排水沟、排水管是否畅通、排水量的变化、有无大规模集中涌水现象
7	引水、尾水压力管道	管身	有无变形、空蚀等损坏现象(只有结合水道放空进行)
		进人孔	重点观测渗水和锈蚀现象
		观测设施	重点检查观测电缆有无损坏、泡水现象
8	引水、尾水系统	引水、尾水隧洞	有无裂缝、空蚀、渗水等现象,洞身伸缩缝是否正常(只有结合水道放空进行)
		尾水闸门及闸门井	重点检查顶拱、边墙有无裂缝及排水系统是否畅通
		尾水调压井	是否有裂缝、渗水、冲刷等现象
		下水库进/出水口	进出水流形态、流量是否正常;闸门塔、拦污栅有无裂缝、渗水、空蚀等现象;工作桥是否有不均匀沉陷、裂缝、断裂等现象;伸缩缝是否完好;边坡是否有塌滑、排水孔是否畅通;护坡是否有冲刷、沉陷现象;排水系统是否通畅等

（二）水工特别巡检制度

1. 适用范围

（1）当水工建筑物遇到严重影响安全运用的情况（如：发生暴雨、大洪水、有感地震、强热带风暴等）、发生比较严重的破坏现象或出现其他危险迹象时，水工班组织专人对可能出现险情的部位进行巡视检查。

（2）为了防止和减少由于冬季恶劣天气（如：大雪、大风，冻雨以及气温剧降（零下10℃及以下）等）给水工设备带来的危害，水工人员对所辖水工建筑物的检测管路等进行检查，必要时对管路放水防冻。

2. 巡视检查的方法

巡视检查重要依靠人的感觉器官，即通过目视、耳听、手摸等直观感觉来进行，常备有量尺，放大镜，望远镜和照相机等简单的工具仪器。

3. 巡视检查的内容和要求

水工班针对不同的天气情况和影响水工建筑物的不安全情况由水工班长有针对性地安排至少2人以上进行巡视检查。巡视检查中带好充足的照明设施，佩戴好个人防护用品，在确保安全的情况下对需要巡检的部位进行巡检。

巡视检查应严格遵循相关规程的规定开展，对以下几种情况，应有针对性地进行检查：

（1）在大洪水或暴雨期间，应加强库区山坡冲刷，排水情况及可能发生滑坡坍塌的部位的观察；应加密观测坝体渗流量，坝基扬压力，绕坝渗流的监测（如现场条件不允许，可利用自动化采集单元进行监测）。汛期高水位时应增加对上水库的巡检次数，特别是出现大洪水时，每天应至少一次。

（2）在高蓄水位或库水位骤涨骤落期间，应对坝体渗漏量，渗透压力，扬压力，绕坝渗流，大坝面板垂直缝缝，周边缝，应力应变进行加密观测，并应每天对坝基，坝体，库岸边坡等部位进行巡检，观察是否有新的渗流点或地下水出流点出现，渗漏水是否变浑浊，渗流量是否异常增大等。若高蓄水位时间较长时，应增加坝体水平垂直位移观测。

（3）在遭受地震之后，应立即对水工建筑物进行全面的观察，特别要注意有无裂缝、滑坡、坍塌、翻砂、冒水及渗流异常等现象，同时对所有监测项目应加密观测一次。

（4）在冬季恶劣天气期间，应加强对混凝土建筑物缝形的变化和渗流情况观察。

4. 巡视检查的路线和内容

（1）上水库巡检路线：上坝公路→坝顶→环库公路→钢筋混凝土面板→坝基及库底→近坝址区→上水库边坡→坝肩→坝肩岸坡→背水坡

（2）上水库巡视检查内容。上水库巡视检查内容见表6-4-3。

表6-4-3　　　　　　　　　　　　上水库巡视检查内容

序号	巡检项目	巡检内容
1	钢筋混凝土面板	有无裂缝、滑移、隆起、塌陷、冲刷、腐蚀及表层剥落等现象；接缝止水是否有集中渗水迹象；近水面有无冒泡、变浑、漩涡等异常情况

续表

序号	巡检项目	巡检内容
2	坝顶	有无裂缝、异常变形、积水或植物滋生等现象;防浪墙有无开裂、挤碎、架空、错断、倾斜等情况
3	迎水坡	护面或护坡是否损坏;有无裂缝、剥落、滑动、隆起、塌坑、冲刷或植物滋生等现象;近坝水面有无冒泡、变浑或漩涡等异常现象
4	背水坡及坝趾	有无裂缝、剥落、滑动、隆起、塌坑、雨淋沟、散浸、积雪不均匀融化、冒水、渗水坑或流土、管涌等现象。排水系统是否畅通;草皮护坡植被是否完好;有无兽洞、蚁穴等隐患
5	坝基及库底	基础排水设施的工况是否正常;渗漏水的水量、颜色、气味及浑浊度、酸碱度、温度有无变化;坝基和库底排水廊道是否有裂缝、渗水、不均匀沉陷变形。排水管是否正常工作,排水沟是否通畅。库底基础有无不均匀沉陷等情况
6	坝肩	坝体与岸坡连接部位有无裂缝、错动及渗水现象;两坝肩区有无裂缝、滑动、崩塌、溶蚀、隆起、塌坑、异常渗水和兽洞、蚁穴等
7	近坝趾区	有无阴湿、渗水、管涌、流土或隆起等现象;排水设施是否完好
8	坝肩岸坡	绕坝渗流是否异常,有无裂缝、滑动迹象;岸坡有无隆起、塌陷或其他损坏现象
9	上水库边坡	边坡岩体有无裂缝、滑动、隆起、塌陷、卸荷张裂等变形失稳现象。岸坡表面有无渗水、溶蚀等。对施工期出现的滑坡体和潜在滑坡体,在蓄水运行期及大暴雨后,应重点监视其变形稳定情况
10	冬季库水结冰时	应巡视检查结冰和融冰时间、冰层厚度、冰与面板冻结情况等,并检查库水放空时冰盖对面板结构的影响
11	上水库观测设备工作情况	
12	上坝公路	路面情况,路基及上方边坡稳定情况,排水沟有无堵塞或不畅的情况
13	其他异常现象	

(3)其他部位水工建筑物巡检路线:进厂交通洞→3 号施工支洞→5 号施工支洞→尾水闸门洞→主变洞→母线洞→副厂房→主厂房→安装场→厂房三层排水廊道→1 号施工支洞→2 号施工支洞→进厂交通洞→尾水调压室→通风兼安全洞→4 号施工支洞→主变排风洞→通风兼安全洞→上水库库底观测廊道→开关站交通洞→6 号施工支洞→开关站→220kV 电缆出线竖井→下水库。

(4)其他部位水工建筑物巡视检查内容,见表 6-4-4。

表 6-4-4 其他部位水工建筑物巡视检查内容

序号	巡检部位	巡检项目	巡检内容
1	主副厂房	顶拱	外观、原有缺陷、有无渗水点、裂缝
		高边墙	重点检查薄弱部位、排水系统

续表

序号	巡检部位	巡检项目	巡检内容
1	主副厂房	各层底板	重点检查底板反水、排水系统
		排水系统	排水沟、排水管是否畅通、排水量的变化
		机墩混凝土	有无裂缝现象、渗水点
		观测设施	重点检查观测电缆有无损坏、泡水现象；通信设施是否完好
2	主变压器室	顶拱	外观、原有缺陷、有无渗水点、裂缝
		高边墙	重点检查薄弱部位、排水系统
		各层底板	重点检查排水系统
		排水系统	排水沟、排水管是否畅通、排水量的变化
		观测设施	重点检查观测电缆有无损坏、泡水现象；通信设施是否完好
3	母线洞	顶拱	有无裂缝、渗水现象
		边墙、底板	有无裂缝、渗水现象，重点是检查排水
4	电缆出线竖井	竖井井壁	有无裂缝、渗水现象
5	地面开关站	板、梁、柱结构	有无裂缝、漏筋、渗水、沉陷等现象
		四周边坡	有无滑坡、掉块等现象
6	各交通洞、施工支洞、地质探洞以及排水廊道	洞身	有无坍塌、裂缝、底板反水现象，顶拱、边墙、封堵段有无渗水
		排水系统	排水沟、排水管是否畅通、排水量的变化、有无大规模集中涌水现象
7	引水、尾水压力管道	管身	有无变形、空蚀等损坏现象（只有结合水道放空进行）
		进人孔	重点观测渗水和锈蚀现象
		观测设施	重点检查观测电缆有无损坏、泡水现象
8	引水、尾水系统	引水、尾水隧洞	有无裂缝、空蚀、渗水等现象，洞身伸缩缝是否正常（只有结合水道放空进行）
		尾水闸门及闸门井	重点检查顶拱、边墙有无裂缝及排水系统是否畅通
		尾水调压井	是否有裂缝、渗水、冲刷等现象
		下水库进/出水口	进出水流态、流量是否正常；闸门塔、拦污栅有无裂缝、渗水、空蚀等现象；工作桥是否有不均匀沉陷、裂缝、断裂等现象；伸缩缝是否完好；边坡是否有塌滑、排水孔是否畅通；护坡是否有冲刷、沉陷现象；排水系统是否通畅等

【思考与练习】

（1）简述土石坝特殊巡视检查的周期。

（2）简述土石坝特殊在情况下详查的常用方法和要求。

（3）简述土石坝在特殊情况下详查的流程安排。

▲ 模块 5 填写混凝土坝年度详查的记录（ZY4201801003）

【模块描述】 本模块介绍混凝土坝年度详查的记录方法与记录内容。通过案例分析，掌握混凝土坝年度详查记录的方法。

【正文】

一、混凝土坝年度详查记录的内容

混凝土坝年度详查记录的内容应能够全面反映检查工作的经过和结果。混凝土坝年度详查记录包括检查工作的时间、天气、检查人员、检查部位、检查项目等概括性要素，还应包括检查过程中发现缺陷的部位、变化情况和对大坝产生的影响等情况。混凝土坝年度详查记录应着重记录检查过程中新发现的缺陷及原有缺陷发展变化的情况，对于危害大坝安全的重大缺陷，要单独记录。

二、混凝土坝年度详查记录的方法

混凝土坝年度详查记录可采用文字记录、图像记录和图文结合记录，宗旨是能够准确进行描述。

对于一般的能够用文字阐述清楚的，应用文字记录；对于相对不重要的检查部位，可直接以图像的方式记录，附以简要的文字说明；对于文字不能完全阐述或文字阐述不明确的，应以图像进行辅助记录，并在图像上标明关键点，必要时进行摄像。

混凝土坝年度详查记录要及时，年度详查记录单独成册。检查工作结束后，需对所有记录资料分类整理，所有文字、图像资料必须归档。

三、记录的参考格式

1. 坝基记录的参考格式

坝基记录的参考格式见表 6–5–1。

表 6–5–1 坝基记录的参考格式

检查项	检查内容	检查结果	备注
总的情况	渗流、渗水量、颜色		
	管涌、排水		
	溶蚀		

续表

检查项	检查内容	检查结果	备注
总的情况	沉陷		
基础廊道、隧洞	错动		
	隆起或凹陷		
	岩石剥落		
	衬砌情况		
	排水量、浑浊度		
其他异常			

2. 坝体记录的参考格式

坝体记录的参考格式见表 6-5-2。

表 6-5-2　　　　　　　　　坝体记录的参考格式

检查项	检查内容	检查结果	备注
坝顶	位移迹象		
	裂缝、错动		
	冻融		
	路面		
	人行道		
	防浪墙		
	照明		
上游面	裂缝		
	剥蚀		
	膨胀		
	伸缩缝开台		
	冻融		
下游面	裂缝		
	剥蚀		
	溶蚀		
	冻融破坏		
	渗漏		

续表

检查项	检查内容	检查结果	备注
坝肩	绕坝渗流		
	裂缝		
	错动		
廊道	裂缝		
	漏水		
	剥蚀		
	伸缩缝开合		
	坝身排水管		
	廊道排水		
	机电设备情况		
原型观测	内部观测仪器		
	结构		
	温度		
	渗漏		
	扬压力		
	结构缝		

3. 溢洪设施记录的参考格式

溢洪设施记录的参考格式见表 6-5-3。

表 6-5-3 溢洪设施记录的参考格式

检查项	检查内容	检查结果	备注
堰顶、孔口	表面情况		
	裂缝及其他损坏现象		
	磨损、冲刷		
闸墩、导墙	裂缝		
	磨损、冲刷		
	振动		
	水力学现象		

续表

检查项	检查内容	检查结果	备注
工作闸门	总的情况		
	防护涂层		
	关门时漏水		
	检查时操作情况		
底板、挑流坎	池内堆积物		
	裂缝		
	磨损或冲刷		
	位移		
	接缝破坏		
	空蚀		
	底板排水		
边墙	沉陷		
	位移		
	裂缝及损坏区		
	接缝破坏		
	回填情况		
	水力学现象		
尾水渠	护坡情况		
	边坡稳定情况		
	植物生长		
	杂物堵塞		
	水力学现象		

4. 厂房记录的参考格式

厂房记录的参考格式见表6-5-4。

表6-5-4　　　　　　**厂房记录的参考格式**

检查项	检查内容	检查结果	备注
厂房与大坝接缝	渗漏		
	裂缝		

续表

检查项	检查内容	检查结果	备注
厂房顶	裂缝		
	渗漏		
	混凝土剥落		
墙体	裂缝		
	渗漏		
	混凝土剥落、鼓包		
	悬挂设备		
地面	破损		
	不均匀沉陷		

5. 厂坝区道路记录的参考格式

厂坝区道路记录的参考格式见表6-5-5。

表 6-5-5 厂坝区道路记录的参考格式

检查项	检查内容	检查结果	备注
道路交通	路面情况		
	排水沟		
	公路上方边坡情况		
	路基情况		
桥梁	桥墩旁植物生产情况		
	桥梁支承结构情况		
	下部墩柱		
	防护涂层冲刷		
	鸟禽栖息情况		
桥面板	排水情况		
	结构缝		
	护栏		
	标志		

6. 水库边坡记录的参考格式

水库边坡记录的参考格式见表6-5-6。

表 6-5-6 　　　　　　　　　　水库边坡记录的参考格式

检查项	检查内容	检查结果	备注
水库	近坝地区水面漩涡		
	冒泡		
	水库渗漏		
库区	四周山地植物生长情况		
	附近地区渗水坑		
	附近地区建筑物，公路沉陷		
塌方、滑坡	地点		
	范围		
	描述		

四、案例

某水电站年度巡视检查记录（限于篇幅，仅列一张表）见表 6-5-7。

表 6-5-7 　　　　　　　　某水电站年度巡视检查记录表

检查日期 2012-12-4 　　　　　　　库水位：102.80m　　　　　　　天气：晴

项目	检查记录要求	检查结果
上游坝面	（1）相邻坝段之间有无错动。 （2）相邻坝段之间的止水情况。 （3）有无混凝土破损、老化现象。 （4）有无裂缝，裂缝中漏水情况。 （5）漏水处有无析出物。 （6）坝面及缝内有无杂草生长。 （7）其他情况	1 号坝段右岸立面 109m 高程左右，水平裂缝长 6m，渗水，钙质析出 3 号坝段中部 112m，有 3 条竖向裂缝长 0.5m，一处渗水 3 号坝段 3-4 伸缩缝右 2.5m，106m 高程，一处蜂窝 4 号坝段 3-4 伸缩缝左 2m，106m 高程，水平裂缝长 2.5m，未见渗水 5 号坝段坝顶面板底面，轴向贯穿裂缝长 0.8m，有析出物 5 号坝段中部 104m 高程，水平裂缝长 2.5m，渗水，钙质析出 6 号坝段坝顶面板底面，轴向贯穿裂缝长 6m 6 号坝段 5-6 伸缩缝左 0-3m、左侧墙 0-4m，水平裂缝长 7m，渗水，钙质析出

续表

项目	检查记录要求	检查结果
上游坝面	（1）相邻坝段之间有无错动。 （2）相邻坝段之间的止水情况。 （3）有无混凝土破损、老化现象。 （4）有无裂缝，裂缝中漏水情况。 （5）漏水处有无析出物。 （6）坝面及缝内有无杂草生长。 （7）其他情况	7 号坝段 1 号溢洪道右闸墩迎水面 102m 高程，水平裂缝长 4m，渗水钙质析出 7 号坝段 1 号溢洪道右闸墩迎水面 104~102 m 高程，竖向裂缝长 2m，钙质析出 7 号坝段 1 号溢洪道右闸墩左立面 103m 高程，竖向裂缝长 1m，渗水 8 号坝段 1 号溢洪道左闸墩右立面 113~107 m 高程，竖向裂缝长 6m 16 号坝段 16–17 伸缩缝右 0–4m，103m 高程，水平裂缝长 4m，钙质析出 16 号坝段 16–17 伸缩缝右 5m，102 m 高程，一处渗水点 16 号坝段 9 号机左闸墩左立面拐角，一处渗水点 17 号坝段 17–18 伸缩缝右 0–6m，108 m 高程，水平裂缝长 6m，已修补，仍渗水，钙质析出 17 号坝段 7–18 伸缩缝右 0–1m，100 m 高程，水平裂缝长 1m，渗水，钙质析出 19 号坝段 19–20 伸缩缝 101.2～101.8 m 高程缝两侧混凝土崩裂 21 号坝段 20–21 伸缩缝左 0–5m，105 m 高程，水平裂缝长 5m，曾修补，仍渗水 21 号坝段 20–21 伸缩缝左 0–5m、缝右 0–2m，100m 高程，水平裂缝长 7m，已修补，未见渗水 21 号坝段举船道右侧墙外立面 115~101m 高程，60°剪力缝长 14m，并延伸至举船道右侧墙–大坝迎水面夹角处的竖向缝，一直至水面以下 22 号坝段举船道左侧墙内立面 102~99 m 高程，30°剪力缝长 5m

【思考与练习】

（1）混凝土坝年度详查记录的内容有哪些？

（2）混凝土坝年度详查记录的方式有哪些？

（3）混凝土坝年度详查中水库边坡记录的内容有哪些？

模块6　填写土石坝年度详查的记录（ZY4201801004）

【模块描述】本模块介绍土石坝年度详查的记录方法与记录内容。通过案例分析，掌握土石坝年度详查的记录的方法。

【正文】

一、土石坝年度详查记录的内容

土石坝年度详查记录的内容应能够全面反映检查工作的经过和结果。土石坝年度详查记录包括检查工作的时间、天气、检查人员、检查部位、检查项目等概括性要素，还应包括检查过程中发现缺陷的部位、变化情况和对大坝产生的影响等情况。土石坝年度详查记录应着重记录检查过程中新发现的缺陷及原有缺陷发展变化的情况，对于危害大坝安全的重大缺陷，要单独记录。

二、土石坝年度详查记录的方法

土石坝年度详查记录可采用文字记录、图像记录和图文结合记录，宗旨是能够准确进行描述。

对于一般的能够用文字阐述清楚的，应用文字记录；对于相对不重要的检查部位，可直接以图像的方式记录，附以简要的文字说明；对于文字不能完全阐述或文字阐述不明确的，应以图像进行辅助记录，并在图像上标明关键点，必要时进行摄像。

土石坝年度详查记录的检查记录要及时，年度详查记录单独成册。土石坝年度详查记录检查工作结束后，需对所有记录资料分类整理，所有文字、图像资料必须归档。

三、记录的参考格式

1. 坝基记录的参考格式

坝基记录的参考格式见表6-6-1。

表6-6-1　　　　　　　坝基记录的参考格式

（使用过程中可将判断标准加入巡查表备注栏，方便实际操作）

检查项	检查内容	检查结果	备注
总的情况	渗流、渗水量、颜色		
	管涌、排水		
	溶蚀		
	沉陷		
基础廊道、隧洞	错动		
	隆起或凹陷		

续表

检查项	检查内容	检查结果	备注
基础廊道、隧洞	岩石剥落		
	衬砌情况		
	排水量、浑浊度		
其他异常			

2. 坝体记录的参考格式

坝体记录的参考格式见表 6-6-2。

表 6-6-2 坝体记录的参考格式

检查项	检查内容	检查结果	备注
坝顶	位移迹象		
	裂缝、错动		
	冻融		
	路面		
	人行道		
	防浪墙		
	照明		
上游面	裂缝		
	剥蚀		
	膨胀		
	伸缩缝开台		
	冻融		
下游面	裂缝		
	剥蚀		
	溶蚀		
	冻融破坏		
	渗漏		
坝肩	绕坝渗流		
	裂缝		
	错动		

续表

检查项	检查内容	检查结果	备注
廊道	裂缝		
	漏水		
	剥蚀		
	伸缩缝开合		
	坝身排水管		
	廊道排水		
	机电设备情况		
原型观测	内部观测仪器		
	结构		
	温度		
	渗漏		
	扬压力		
	结构缝		

3. 溢洪设施记录的参考格式

溢洪设施记录的参考格式见表 6-6-3。

表 6-6-3　　　　　　　溢洪设施记录的参考格式

（使用过程中可将判断标准加入巡查表备注栏，方便实际操作）

检查项	检查内容	检查结果	备注
堰顶、孔口	表面情况		
	裂缝及其他损坏现象		
	磨损、冲刷		
闸墩、导墙	裂缝		
	磨损、冲刷		
	振动		
	水力学现象		
工作闸门	总的情况		
	防护涂层		
	关门时漏水		
	检查时操作情况		

续表

检查项	检查内容	检查结果	备注
底板、挑流坎	池内堆积物		
	裂缝		
	磨损或冲刷		
	位移		
	接缝破坏		
	空蚀		
	底板排水		
边墙	沉陷		
	位移		
	裂缝及损坏区		
	接缝破坏		
	回填情况		
	水力学现象		
尾水渠	护坡情况		
	边坡稳定情况		
	植物生长		
	杂物堵塞		
	水力学现象		

4. 厂房记录的参考格式

厂房记录的参考格式见表 6–6–4。

表 6–6–4 　　　　　　　　　　**厂房记录的参考格式**

检查项	检查内容	检查结果	备注
厂房与大坝接缝	渗漏		
	裂缝		
厂房顶	裂缝		
	渗漏		
	混凝土剥落		

续表

检查项	检查内容	检查结果	备注
墙体	裂缝		
	渗漏		
	混凝土剥落、鼓包		
	悬挂设备		
地面	破损		
	不均匀沉陷		

5. 厂坝区道路记录的参考格式

厂坝区道路记录的参考格式见表6-6-5。

表6-6-5 厂坝区道路记录的参考格式

检查项	检查内容	检查结果	备注
道路交通	路面情况		
	排水沟		
	公路上方边坡情况		
	路基情况		
桥梁	桥墩旁植物生产情况		
	桥梁支承结构情况		
	下部墩柱		
	防护涂层冲刷		
	鸟禽栖息情况		
桥面板	排水情况		
	结构缝		
	护栏		
	标志		

6. 水库边坡记录的参考格式

水库边坡记录的参考格式见表6-6-6。

表 6-6-6 水库边坡记录的参考格式

检查项	检查内容	检查结果	备注
水库	近坝地区水面漩涡		
	冒泡		
	水库渗漏		
库区	四周山地植物生长情况		
	附近地区渗水坑		
	附近地区建筑物，公路沉陷		
塌方、滑坡	地点		
	范围		
	描述		

四、案例分析

某抽水蓄能电站年度巡视检查记录表格见表 6-6-7。

表 6-6-7 某抽水蓄能电站年度巡检记录情况

日期： 年 月 日 上水库水位： m 下水库水位： m 天气：

年度巡检安排	
年度巡检相关要求	

巡检时刻	巡检基本情况及结论	巡检签字
时 分至 时 分		巡检：
		复核：
时 分至 时 分		巡检：
		复核：

续表

巡检时刻	巡检基本情况及结论	巡检签字
时　分至　时　分		巡检：
		复核：
时　分至　时　分		巡检：
		复核：
时　分至　时　分		巡检：
		复核：

某抽水蓄能电站上水库年度巡视检查记录表格见表6-6-8。

表6-6-8　　　　　　　上水库年度巡视检查记录表

日期：　　年　月　日　　　　库水位：　　m　　　　天气：

巡视检查部位项目		损坏或异常情况
钢筋混凝土面板	（1）表层有无因冲刷、腐蚀而剥落等现象。 （2）面板有无裂缝、滑移、隆起、塌陷情况。 （3）止水接缝橡胶皮有无破损、翘起现象。 （4）止水压板有无翘起，螺母有无脱落现象。 （5）近水面有无冒泡、变浑、漩涡等异常情况	
坝顶	（1）坝顶及防浪墙上有无植物滋生等现象。 （2）有无裂缝、异常变形、积水等现象。 （3）防浪墙有无开裂、挤碎、架空、错断、倾斜等情况	
迎水坡	（1）护面或护坡有无损坏现象。 （2）有无裂缝、剥落、滑动、隆起、塌坑、冲刷或植物滋生等现象。 （3）近坝水面有无冒泡、变浑或漩涡等异常现象	

续表

巡视检查部位项目		损坏或异常情况
背水坡及坝趾	（1）草皮护坡植被是否完好，有无兽洞、蚁穴等隐患。 （2）排水系统是否畅通；有无裂缝、剥落、滑动、隆起、塌坑、雨淋沟、散浸等现象。 （3）有无积雪不均匀融化等现象。 （4）有无冒水、渗水坑或流土、管涌等现象	
坝基	（1）基础排水设施的工况是否正常。 （2）坝基是否有裂缝、不均匀沉陷变形。 （3）渗漏水颜色、气味及浑浊度有无异常	
近坝趾区	（1）排水设施是否完好。 （2）有无阴湿、渗水、管涌、流土或隆起等现象	
坝肩	（1）坝体与岸坡连接部位有无裂缝、错动及渗水现象。 （2）肩区有无裂缝、滑动、崩塌、溶蚀、隆起、塌坑、异常渗水和兽洞、蚁穴等	
坝肩岸坡	（1）绕坝渗流有无异常。 （2）有无裂缝、滑动迹象。 （3）岸坡有无隆起、塌陷或其他损坏现象	
上坝公路	（1）路面有无碎石、积水、沟壑。 （2）路面有无大的隆起、沉陷。 （3）路面有无阻碍交通的堆积物。 （4）排水沟有无堵塞或不畅的情况	
上水库边坡	（1）边坡岩体有无裂缝、滑动、隆起、塌陷、卸荷张裂等变形失稳现象。 （2）岸坡表面有无渗水、溶蚀等。 （3）岸坡混凝土喷护层有无剥落、杂草滋生现象	
进出水口	（1）进出水口面板有无沉降、位移、滑动。 （2）有无裂缝、磨损、剥蚀、露筋（网）及钢筋锈蚀等情况。 （3）水面是有无、回流、漩涡等不良流态。 （4）水面有无异常漂浮物情况	
观测营地	（1）边坡岩体有无裂缝、滑动、隆起、塌陷、卸荷张裂等变形失稳现象。 （2）有无冒水、渗水坑或流土、管涌等现象。 （3）地质探洞内有无石块剥落、塌陷的情况	
备注		

注　被巡视检查的部位若无损坏和异常情况时应写"无"字。

检查人：　　　　　　　　　负责人：

某抽水蓄能电站尾调压室年度巡视检查记录表格见表6-6-9。

表 6-6-9　　　　　　　　　　　尾调压室年度巡视检查记录表

日期：　　年　　月　　日　　　　　　　　　库水位：　　　m　　　　　　天气：

巡视检查部位		损坏或异常情况
顶拱	（1）顶拱有无掉块。 （2）顶拱有无裂缝、滑移、隆起、塌陷情况。 （3）混凝土喷护层有无脱落、漏筋情况。 （4）顶拱有无异常渗水情况 （5）锚杆、索外出漏端部有无异常。 （6）顶拱排水管有无脱落。 （7）顶拱灯具有无损坏情况	
边墙	（1）边墙岩壁有无错裂、滑动现象。 （2）混凝土喷护层有无脱落、漏筋情况。 （3）边墙岩壁有无异常渗水点	
洞身	（1）洞内的温湿度有无异常。 （2）洞身有无变形，岩体有无脱落现象	
调压室	（1）调压室洞壁表层有无因冲刷、腐蚀而出现大块混凝土脱落等现象。 （2）调压室洞壁有无异常裂缝、错裂、滑动现象	
排水沟	（1）排水沟堵塞或不畅的。 （2）排水沟排水流量异常	
路面	（1）路面有无碎石、沟壑。 （2）路面有无大的隆起、沉陷、裂缝。 （3）路面有无积水、涌水	
底板	（1）底板有无积水、涌水现象。 （2）底板有无裂纹、裂缝现象	
备注		

注　被巡视检查的部位若无损坏和异常情况时应写"无"字。

检查人：　　　　　　　　　　　　负责人：

某抽水蓄能电站右岸观测廊道年度巡视检查记录表格见表 6-6-10。

表 6-6-10　　　　　　　　　右岸观测廊道年度巡视检查记录表

日期：　　年　　月　　日　　　　　　　　　库水位：　　　m　　　　　　天气：

巡视检查部位		损坏或异常情况
路面	（1）路面有无碎石、沟壑。 （2）路面有无隆起、沉陷、裂缝。 （3）路面有无积水、涌水	
顶拱	（1）顶拱有无掉块。 （2）顶拱有无裂缝。 （3）顶拱排水孔流量有无有异常。 （4）顶拱灯具有无损坏情况	

巡视检查部位		损坏或异常情况
边墙	（1）边墙有无错裂、滑动。 （2）边墙有无异常裂缝、塌坑。 （3）边墙有无异常的渗水点	
排水系统	（1）排水沟有无堵塞或不畅。 （2）排水沟排水流量有无异常。 （3）排水管内水有无异常浑浊、有无其他颗粒材料	
洞口处量水堰	（1）来水有无堵塞现象。 （2）堰内有无较多沉淀物。 （3）刻度尺、堰板有无损坏	
备注		

注 被巡视检查的部位若无损坏和异常情况时应写"无"字。

检查人： 负责人：

某抽水蓄能电站下水库区域年度巡视检查记录表格见表6-6-11。

表 6-6-11 下水库区域年度巡视检查记录表

日期： 年 月 日 库水位： m 天气：

巡视检查部位		损坏或异常情况
下水库进出水口护岸边坡	（1）边坡有无塌滑、排水系统有无堵塞不通。 （2）护坡有无冲刷、沉陷现象。 （3）边坡顶部有无边缘碎石	
下水库启闭机室	（1）墙体有无贯穿裂缝。 （2）边墙有无表层涂料、混凝土脱落、掉块现象。 （3）板、梁、柱有无裂缝、漏筋、渗水、沉陷等现象。 （4）台阶、栏杆有无损坏现象。 （5）门槽、止水有无异常情况。 （6）有无坍塌、崩岸、瘀堵或其他阻水现象	
下水库拦污栅室	（1）墙体有无贯穿裂缝。 （2）边墙有无表层涂料、混凝土脱落、掉块现象。 （3）板、梁、柱有无裂缝、漏筋、渗水、沉陷等现象	
下水库进出水口前池面板	（1）混凝土面板有无雨淋沟、塌陷、裂缝、渗漏、滑动。 （2）混凝土面板有无磨损、剥蚀、露筋（网）及钢筋锈蚀等情况	

续表

巡视检查部位		损坏或异常情况
前池水面	（1）水面是有无、回流、漩涡等不良流态。 （2）前池水面有异常的漂浮物情况。	
工作及交通桥	（1）桥身有无不均匀沉陷。 （2）桥身有无裂缝、断裂现象。 （3）有无砾石、杂物堆弃	
备注		

注　被巡视检查的部位若无损坏和异常情况时应写"无"字。

检查人：　　　　　　　　　　　　负责人：

　　某抽水蓄能电站厂区道路及厂区内建筑物年度巡视检查记录表格见表 6-6-12。

表 6-6-12　　　　　厂区道路及厂区内建筑物年度巡视检查记录表

日期：　　年　月　日　　　　　库水位：　　　m　　　　　　　天气：

巡视检查部位		损坏或异常情况
厂区路面	（1）路面有无碎石、积水、沟壑。 （2）路面有无大的隆起、沉陷。 （3）路面有无阻碍交通的堆积物。 （4）照明设施有无损坏	
路面护坡	（1）草皮护坡植被是否完好。 （2）护坡有无兽洞、蚁穴等隐患	
排水设施	（1）排水沟有无堵塞或不畅的情况。 （2）排水设施有无损坏	
护栏及绿化带	（1）护栏有无损坏。 （2）绿化带有无被破坏	
工作及交通桥	（1）桥身有无不均匀沉陷。 （2）桥身有无裂缝、断裂现象。 （3）有无砾石、杂物堆弃	
厂区内建筑物	（1）地基有无不均匀沉陷。 （2）墙体有无裂纹、错裂、滑动现象。 （3）门窗有无损坏现。 （4）边墙表层抹面有无损坏。 （5）板梁柱有无裂缝、沉陷、漏筋	
备注		

注　被巡视检查的部位若无损坏和异常情况时应写"无"字。

检查人：　　　　　　　　　　　　负责人：

　　某抽水蓄能电站观测设施、基点巡视检查记录表格见表 6-6-13。

表 6-6-13　　　　　　　　　　　观测设施、基点巡视检查记录表

日期：　　年　月　日　　　　　　　库水位：　　　　m　　　　　　　天气：

巡视检查部位		损坏或异常情况
上水库上水库边坡顶部	(1) 顶部有无异常裂缝、张裂、错动现象。 (2) 护栏有无损坏现象。 (3) 岸坡顶部边缘有无碎石坠落隐患	
水准基点	(1) 观测支墩有无损坏。 (2) 对中底盘有无缺失。 (3) 标心有无损坏、锈蚀	
库岸水平变位标点	(1) 观测支墩有无损坏。 (2) 对中底盘有无缺失。 (3) 标心有无损坏、锈蚀	
外观监测网点	(1) 观测支墩有无损坏。 (2) 中底盘有无缺失。 (3) 标心有无损坏、锈蚀	
环库垂直位移点	(1) 标示是否脱落、模糊。 (2) 变形观测点中心有无损坏。 (3) 盖板有无碎裂	
大坝外部变形观测	(1) 观测支墩有无损坏。 (2) 对中底盘有无缺失。 (3) 标心有无损坏、锈蚀	
各观测房	(1) 观测房有无裂缝，错裂、滑移。 (2) 观测房内设施有无缺陷、损坏	
工作及交通桥	(1) 桥身有无不均匀沉陷。 (2) 桥身有无裂缝、断裂现象。 (3) 有无砾石、杂物堆弃	
备注		

注　被巡视检查的部位若无损坏和异常情况时应写"无"字。

检查人：　　　　　　　　　　　　　　　负责人：

某抽水蓄能电站 PD1 探洞巡视检查记录表格见表 6-6-14。

表 6-6-14　　　　　　　　　　　　PD1 探洞巡视检查记录表

日期：　　年　月　日　　　　　　　库水位：　　　　m　　　　　　　天气：

巡视检查部位		损坏或异常情况
顶拱	(1) 顶拱有无掉块。 (2) 顶拱有无裂缝、滑移、隆起、塌陷情况。 (3) 顶拱有无异常渗水情况。 (4) 顶拱排水管有无脱落	
边墙	(1) 边墙岩壁有无裂缝。 (2) 边墙岩壁有无脱落、塌坑。 (3) 边墙岩壁有无异常渗水点	

续表

巡视检查部位		损坏或异常情况
洞身	(1) 洞内的温湿度有无异常。 (2) 洞身有无变形，岩体有无脱落现象	
排水沟	(1) 排水沟有无堵塞或不畅的。 (2) 排水沟排水流量有无异常	
路面	(1) 路面有无碎石、沟壑。 (2) 路面有无隆起、沉陷、裂缝。 (3) 路面有无积水、涌水	
底板	(1) 底板有无积水、涌水现象。 (2) 底板有无裂纹、裂缝现象	
备注		

注 被巡视检查的部位若无损坏和异常情况时应写"无"字。

检查人： 负责人：

【思考与练习】

（1）年度巡视检查记录的内容有哪些？

（2）年度巡视检查记录的方法是什么？

◢ 模块 7 填写混凝土坝特殊情况下的 详查记录（ZY4201901003）

【模块描述】本模块介绍混凝土坝特殊情况下的详查各部位检查的内容，记录方法与记录内容。通过案例分析，掌握混凝土坝特殊情况下的详查记录的方法。

【正文】

一、混凝土坝特殊情况下详查记录的内容

混凝土坝特殊情况下详查记录的内容应能够全面反映检查工作的经过和结果。混凝土坝特殊情况下详查记录包括检查工作的时间、天气、检查人员、检查部位、检查项目等概括性要素，还应包括检查过程中发现缺陷的部位、变化情况和对大坝产生的影响等情况。混凝土坝特殊情况下详查记录应着重记录检查过程中新发现的缺陷及原有缺陷发展变化的情况，对于危害大坝安全的重大缺陷，要单独记录。

二、混凝土坝特殊情况下详查记录的方法

混凝土坝特殊情况下详查记录可采用文字记录、图像记录和图文结合记录，宗旨是能够准确进行描述。

对于一般的能够用文字阐述清楚的，应用文字记录；对于相对不重要的检查部位，可直接以图像的方式记录，附以简要的文字说明；对于文字不能完全阐述或文字阐述不明确的，应以图像进行辅助记录，并在图像上标明关键点，必要时进行摄像。

混凝土坝特殊情况下详查记录的检查记录要及时，年度详查记录单独成册。检查工作结束后，需对所有记录资料分类整理，所有文字、图像资料必须归档。

三、混凝土坝特殊情况下详查记录的参考格式

1. 坝基记录的参考格式

坝基记录的参考格式见表 6–7–1。

表 6–7–1　　　　　　　　　　坝基记录的参考格式

检查项目	检查内容	检查结果
基础岩体	检查有无挤压、错动、松动和鼓出等情况	
坝体与岩体结合处	检查有无错动、开裂、脱离及渗水等现象	
两岸坝肩区	检查有无裂缝、滑坡、溶蚀及绕坝渗流等情况	
基础排水及坝基渗漏	检查排水畅通情况，渗漏水量及浑浊有无变化	

2. 坝体记录的参考格式

坝体记录的参考格式见表 6–7–2。

表 6–7–2　　　　　　　　　　坝体记录的参考格式

检查项目	检查内容	检查结果
相邻坝段间及伸缩缝	检查相邻坝段之间的错动，伸缩缝开合、止水情况	
坝体廊道	检查廊道壁、地面有无裂缝、裂缝渗漏水、析出物等情况	
上下游坝面	有无裂缝，裂缝中漏水情况	
混凝土	检查有无破损、水流侵蚀、脱落、露筋等情况	
坝体排水	检查排水畅通情况，渗漏水量及浑浊、水质有无变化情况	
坝顶、防浪墙	有无开裂、损坏情况	

3. 溢洪设施记录的参考格式

溢洪设施记录的参考格式见表 6–7–3。

表 6-7-3 溢洪设施记录的参考格式

检查项目	检查内容	检查结果
泄洪道	闸墩、边墙、门槽、溢流面等有无裂缝、冲淘气蚀、磨损，工作桥有无开裂、损坏等情况	
消能设施	鼻坎、护坦、二道坝等有无冲淘冲坑、破坏和淤积及流态不良情况	
下游河床	下游河床有无冲淘、冲坑、破坏和淤积等情况	

4. 厂房记录的参考格式

厂房记录的参考格式见表 6-7-4。

表 6-7-4 厂房记录的参考格式

检查项目	检查内容	检查结果
排水（交通）廊道	检查裂缝及施工缝、剥（脱）落、隆起、膨胀，露筋，伸缩缝开合，渗（冒）水，渗水量、颜色变化，浑浊度，钙质离析（析出物）	
地面排水	检查基础排水是否顺畅，排水沟、地漏是否堵塞	
厂房结构	检查柱梁结构变形、稳定情况，混凝土裂缝、膨胀，露筋，伸缩缝开合，渗漏水、析出物等现象	
厂房屋面	检查结构变形，屋面渗漏水、开裂等情况	
各辅助设施	观测、照明、通信、安全防护、防雷设施及警示标志完好等	
各孔（管）洞	有无外水渗入，各对外管阀门是否可靠，门洞、电缆孔封堵是否严实	

5. 厂坝区道路记录的参考格式

厂坝区道路记录的参考格式见表 6-7-5。

表 6-7-5 厂坝区道路记录的参考格式

检查项目	检查内容	检查结果
道路交通	路面情况 排水沟 公路上方边坡情况 路基情况	

续表

检查项目	检查内容	检查结果
桥梁	桥墩旁植物生产情况 桥梁支承结构情况 下部墩柱 防护涂层冲刷 鸟禽栖息情况	
桥面板	排水情况 结构缝 护栏 标志	

6. 水库边坡记录的参考格式

水库边坡记录的参考格式见表 6-7-6。

表 6-7-6 　　　　　　　　　　水库边坡记录的参考格式

检查项目	检查内容	检查结果
水库	近坝地区水面漩涡 冒泡 水库渗漏	
库区	四周山地植物生长情况 附近地区渗水坑 附近地区建筑物，公路沉陷	
塌方、滑坡	地点 范围 描述	

四、案例

某水电站特殊情况下检查记录表（限于篇幅，仅列一张）见表 6-7-7。

表 6-7-7 　　　　　　　　　坝顶及下游坝面特殊情况下检查表

检查时间：　　　月　　　日　　　　　　　　检查人：　　　　　　　　　　频次：1 次/月
天气情况：

项目	检查记录要求	检查结果
坝顶	（1）相邻坝段之间有无错动。 （2）相邻坝段之间的止水情况。 （3）有无混凝土破损。 （4）有无裂缝。 （5）伸缩缝开合是否正常。 （6）其他情况	

续表

项目	检查记录要求	检查结果
下游坝面	（1）有无混凝土破损、老化现象。 （2）有无裂缝，裂缝中漏水情况。 （3）漏水处有无析出物。 （4）坝面及缝内有无杂草生长。 （5）其他情况	

【思考与练习】

（1）混凝土坝特殊情况下详查记录的内容有哪些？

（2）混凝土坝特殊情况下详查记录有哪些要求？

（3）混凝土坝特殊情况下详查中厂房记录的内容有哪些？

▲ 模块 8 土石坝特殊情况下的详查记录（ZY4201901004）

【模块描述】本模块介绍土石坝特殊情况下的详查准备工作内容、检查工具选择、各部位检查。通过案例分析，掌握土石坝特殊情况下的详查记录的方法。

【正文】

一、土石坝特殊情况下详查记录的内容

土石坝特殊情况下详查记录的内容应能够全面反映检查工作的经过和结果。土石坝特殊情况下详查记录包括检查工作的时间、天气、检查人员、检查部位、检查项目等概括性要素，还应包括检查过程中发现缺陷的部位、变化情况和对大坝产生的影响等情况。土石坝特殊情况下详查记录应着重记录检查过程中新发现的缺陷及原有缺陷发展变化的情况，对于危害大坝安全的重大缺陷，要单独记录。

二、土石坝特殊情况下详查记录的方法

土石坝特殊情况下详查记录可采用文字记录、图像记录和图文结合记录，宗旨是能够准确进行描述。

对于一般的能够用文字阐述清楚的，应用文字记录；对于相对不重要的检查部位，可直接以图像的方式记录，附以简要的文字说明；对于文字不能完全阐述或文字阐述不明确的，应以图像进行辅助记录，并在图像上标明关键点，必要时进行摄像。

土石坝特殊情况下详查记录的检查记录要及时，年度详查记录单独成册。检查工作结束后，需对所有记录资料分类整理，所有文字、图像资料必须归档。

三、土石坝特殊情况下详查记录的参考格式

1. 坝基记录的参考格式

坝基记录的参考格式见表 6-8-1。

表 6-8-1 坝基记录的参考格式

（使用过程中可将判断标准加入巡查表备注栏，方便实际操作）

检查项	检查内容	检查结果	备注
总的情况	渗流、渗水量、颜色		
	管涌、排水		
	溶蚀		
	沉陷		
基础廊道、隧洞	错动		
	隆起或凹陷		
	岩石剥落		
	衬砌情况		
	排水量、浑浊度		
其他异常			

2. 坝体记录的参考格式

坝体记录的参考格式见表 6-8-2。

表 6-8-2 坝体记录的参考格式

检查项	检查内容	检查结果	备注
坝顶	位移迹象		
	裂缝、错动		
	冻融		
坝顶	路面		
	人行道		
	防浪墙		
	照明		
上游面	裂缝		
	剥蚀		
	膨胀		
	伸缩缝开台		
	冻融		

续表

检查项	检查内容	检查结果	备注
下游面	裂缝		
	剥蚀		
	溶蚀		
	冻融破坏		
	渗漏		
坝肩	绕坝渗流		
	裂缝		
	错动		
廊道	裂缝		
	漏水		
	剥蚀		
	伸缩缝开合		
	坝身排水管		
	廊道排水		
	机电设备情况		
原型观测	内部观测仪器		
	结构		
	温度		
	渗漏		
	扬压力		
	结构缝		

3. 溢洪设施记录的参考格式

溢洪设施记录的参考格式见表6-8-3。

表6-8-3　　　　　　　　溢洪设施记录的参考格式

（使用过程中可将判断标准加入巡查表备注栏，方便实际操作）

检查项	检查内容	检查结果	备注
堰顶、孔口	表面情况		
	裂缝及其他损坏现象		
	磨损、冲刷		

续表

检查项	检查内容	检查结果	备注
闸墩、导墙	裂缝		
	磨损、冲刷		
	振动		
	水力学现象		
工作闸门	总的情况		
	防护涂层		
	关门时漏水		
	检查时操作情况		
底板、挑流坎	池内堆积物		
	裂缝		
	磨损或冲刷		
	位移		
	接缝破坏		
	空蚀		
	底板排水		
边墙	沉陷		
	位移		
	裂缝及损坏区		
	接缝破坏		
	回填情况		
	水力学现象		
尾水渠	护坡情况		
	边坡稳定情况		
	植物生长		
	杂物堵塞		
	水力学现象		

4. 厂房记录的参考格式

厂房记录的参考格式见表6-8-4。

表 6-8-4　　　　　　　　　　　　厂房记录的参考格式

检查项	检查内容	检查结果	备注
厂房与大坝接缝	渗漏		
	裂缝		
厂房顶	裂缝		
	渗漏		
	混凝土剥落		
墙体	裂缝		
	渗漏		
	混凝土剥落、鼓包		
	悬挂设备		
地面	破损		
	不均匀沉陷		

5. 厂坝区道路记录的参考格式

厂坝区道路记录的参考格式见表 6-8-5。

表 6-8-5　　　　　　　　　　厂坝区道路记录的参考格式

（使用过程中可将判断标准加入巡查表备注栏，方便实际操作）

检查项	检查内容	检查结果	备注
道路交通	路面情况		
	排水沟		
	公路上方边坡情况		
	路基情况		
桥梁	桥墩旁植物生产情况		
	桥梁支承结构情况		
	下部墩柱		
	防护涂层冲刷		
	鸟禽栖息情况		
桥面板	排水情况		
	结构缝		
	护栏		
	标志		

6. 水库边坡记录的参考格式

水库边坡记录的参考格式见表 6-8-6。

表 6-8-6 水库边坡记录的参考格式

检查项	检查内容	检查结果	备注
水库	近坝地区水面漩涡		
	冒泡		
	水库渗漏		
库区	四周山地植物生长情况		
	附近地区渗水坑		
	附近地区建筑物，公路沉陷		
塌方、滑坡	地点		
	范围		
	描述		

四、特别巡视检查记录实例

特别巡视检查一般用专门的表格进行记录，并登记成册留存备查。以下为某抽水蓄能电站特别巡视记录检查相关表格。

1. 特殊巡检记录表格

某抽水蓄能电站特殊巡检记录见表 6-8-7。

表 6-8-7 某抽水蓄能电站特殊巡检记录

日期： 年 月 日 上水库水位： m 下水库水位： m 天气：

特殊巡检原因		
特殊巡检相关要求		
巡检时刻	巡检基本情况及结论	巡检签字
时 分至 时 分		巡检：
		复核：
时 分至 时 分		巡检：
		复核：

续表

巡检时刻	巡检基本情况及结论	巡检签字
时　分至　时　分		巡检： 复核：
时　分至　时　分		巡检： 复核：
时　分至　时　分		巡检： 复核：

检查人：　　　　　　　　　　　负责人：

2. 上水库巡视检查记录表

上水库巡视检查记录表见表6-8-8。

表6-8-8　　　　　　　　　　上水库巡视检查记录表

日期：　年　月　日　　　　　库水位：　　m　　　　　天气：

巡视检查部位项目		损坏或异常情况
钢筋混凝土面板	（1）表层有无因冲刷、腐蚀而剥落等现象。 （2）面板有无裂缝、滑移、隆起、塌陷情况。 （3）止水接缝橡胶皮有无破损、翘起现象。 （4）止水压板有无翘起，螺母有无脱落现象。 （5）近水面有无冒泡、变浑、漩涡等异常情况	
坝顶	（1）坝顶及防浪墙上有无植物滋生等现象。 （2）有无裂缝、异常变形、积水等现象。 （3）防浪墙有无开裂、挤碎、架空、错断、倾斜等情况	
迎水坡	（1）护面或护坡有无损坏现象。 （2）有无裂缝、剥落、滑动、隆起、塌坑、冲刷或植物滋生等现象。 （3）近坝水面有无冒泡、变浑或漩涡等异常现象	
背水坡及坝趾	（1）草皮护坡植被是否完好，有无兽洞、蚁穴等隐患。 （2）排水系统是否畅通；有无裂缝、剥落、滑动、隆起、塌坑、雨淋沟、散浸等现象。 （3）有无积雪不均匀融化等现象。 （4）有无冒水、渗水坑或流土、管涌等现象	

续表

巡视检查部位项目		损坏或异常情况
坝基	（1）基础排水设施的工况是否正常。 （2）坝基是否有裂缝、不均匀沉陷变形。 （3）渗漏水颜色、气味及浑浊度有无异常	
近坝趾区	（1）排水设施是否完好。 （2）有无阴湿、渗水、管涌、流土或隆起等现象	
坝肩	（1）坝体与岸坡连接部位有无裂缝、错动及渗水现象。 （2）肩区有无裂缝、滑动、崩塌、溶蚀、隆起、塌坑、异常渗水和兽洞、蚁穴等	
坝肩岸坡	（1）绕坝渗流有无异常。 （2）有无裂缝、滑动迹象。 （3）岸坡有无隆起、塌陷或其他损坏现象	
上坝公路	（1）路面有无碎石、积水、沟壑。 （2）路面有无大的隆起、沉陷。 （3）路面有无阻碍交通的堆积物。 （4）排水沟有无堵塞或不畅的情况	
上水库边坡	（1）边坡岩体有无裂缝、滑动、隆起、塌陷、卸荷张裂等变形失稳现象。 （2）岸坡表面有无渗水、溶蚀等。 （3）岸坡混凝土喷护层有无剥落、杂草滋生现象	
进出水口	（1）进出水口面板有无沉降、位移、滑动。 （2）有无裂缝、磨损、剥蚀、露筋（网）及钢筋锈蚀等情况。 （3）水面是有无、回流、漩涡等不良流态。 （4）水面有无异常漂浮物情况	
观测营地	（1）边坡岩体有无裂缝、滑动、隆起、塌陷、卸荷张裂等变形失稳现象。 （2）有无冒水、渗水坑或流土、管涌等现象。 （3）地质探洞内有无石块剥落、塌陷的情况	
备注		

注 被巡视检查的部位若无损坏和异常情况时应写"无"字。

检查人：　　　　　　　　　　负责人：

3. 尾调压室巡视检查记录表

尾调压室巡视检查记录表见表 6-8-9。

表 6-8-9　　　　　　　　　　**尾调压室巡视检查记录表**

日期：　　年　　月　　日　　　　　　库水位：　　　　m　　　　　　天气：

巡视检查部位		损坏或异常情况
顶拱	（1）顶拱有无掉块。 （2）顶拱有无裂缝、滑移、隆起、塌陷情况。 （3）混凝土喷护层有无脱落、漏筋情况。 （4）顶拱有无异常渗水情况。 （5）锚杆、索外出漏端部有无异常。 （6）顶拱排水管有无脱落。 （7）顶拱灯具有无损坏情况	
边墙	（1）边墙岩壁有无错裂、滑动现象。 （2）混凝土喷护层有无脱落、漏筋情况。 （3）边墙岩壁有无异常渗水点	
洞身	（1）洞内的温湿度有无异常。 （2）洞身有无变形，岩体有无脱落现象	
调压室	（1）调压室洞壁表层有无因冲刷、腐蚀而出现大块混凝土脱落等现象。 （2）调压室洞壁有无异常裂缝、错裂、滑动现象	
排水沟	（1）排水沟堵塞或不畅的。 （2）排水沟排水流量异常	
路面	（1）路面有无碎石、沟壑。 （2）路面有无大的隆起、沉陷、裂缝。 （3）路面有无积水、涌水	
底板	（1）底板有无积水、涌水现象。 （2）底板有无裂纹、裂缝现象	
备注		

注　被巡视检查的部位若无损坏和异常情况时应写"无"字。

检查人：　　　　　　　　　　　负责人：

4. 右岸观测廊道巡视检查记录表

右岸观测廊道巡视检查记录表见表 6-8-10。

表 6-8-10　　　　　　　　　　**右岸观测廊道巡视检查记录表**

日期：　　年　　月　　日　　　　　　库水位：　　　　m　　　　　　天气：

巡视检查部位		损坏或异常情况
路面	（1）路面有无碎石、沟壑。 （2）路面有无隆起、沉陷、裂缝。 （3）路面有无积水、涌水	
顶拱	（1）顶拱有无掉块。 （2）顶拱有无裂缝。 （3）顶拱排水孔流量有无异常。 （4）顶拱灯具有无损坏情况	

续表

巡视检查部位		损坏或异常情况
边墙	(1) 边墙有无错裂、滑动。 (2) 边墙有无异常裂缝、塌坑。 (3) 边墙有无异常的渗水点	
排水系统	(1) 排水沟有无堵塞或不畅。 (2) 排水沟排水流量有无异常。 (3) 排水管内水有无异常浑浊、有无其他颗粒材料	
洞口处量水堰	(1) 来水有无堵塞现象。 (2) 堰内有无较多沉淀物。 (3) 刻度尺、堰板有无损坏	
备注		

注 被巡视检查的部位若无损坏和异常情况时应写"无"字。

检查人： 负责人：

5. 下水库区域巡视检查记录表

下水库区域巡视检查记录表见表 6-8-11。

表 6-8-11 下水库区域巡视检查记录表

日期： 年 月 日 库水位： m 天气：

巡视检查部位		损坏或异常情况
下水库进出水口护岸边坡	(1) 边坡有无塌滑、排水系统有无堵塞不通。 (2) 护坡有无冲刷、沉陷现象。 (3) 边坡顶部有无边缘碎石	
下水库启闭机室	(1) 墙体有无贯穿裂缝。 (2) 边墙有无表层涂料、混凝土脱落、掉块现象。 (3) 板、梁、柱有无裂缝、漏筋、渗水、沉陷等现象。 (4) 台阶、栏杆有无损坏现象。 (5) 门槽、止水有无异常情况。 (6) 有无坍塌、崩岸、瘀堵或其他阻水现象	
下水库拦污栅室	(1) 墙体有无贯穿裂缝。 (2) 边墙有无表层涂料、混凝土脱落、掉块现象。 (3) 板、梁、柱有无裂缝、漏筋、渗水、沉陷等现象	
下水库进出水口前池面板	(1) 混凝土面板有无雨淋沟、塌陷、裂缝、渗漏、滑动。 (2) 混凝土面板有无磨损、剥蚀、露筋（网）及钢筋锈蚀等情况	
前池水面	(1) 水面是有无、回流、漩涡等不良流态。 (2) 前池水面有无异常的漂浮物情况	

续表

巡视检查部位		损坏或异常情况
工作及交通桥	（1）桥身有无不均匀沉陷。 （2）桥身有无裂缝、断裂现象。 （3）有无砾石、杂物堆弃	
备注		

注　被巡视检查的部位若无损坏和异常情况时应写"无"字。

检查人：　　　　　　　　　　　　负责人：

6. 厂区道路及厂区内建筑物巡视检查记录表

厂区道路及厂区内建筑物巡视检查记录表见表6-8-12。

表6-8-12　　　　　　厂区道路及厂区内建筑物巡视检查记录表

日期：　　年　月　日　　　　　　库水位：　　　m　　　　　　天气：

巡视检查部位		损坏或异常情况
厂区路面	（1）路面有无碎石、积水、沟壑。 （2）路面有无大的隆起、沉陷。 （3）路面有无阻碍交通的堆积物。 （4）照明设施有无损坏	
路面护坡	（1）草皮护坡植被是否完好。 （2）护坡有无兽洞、蚁穴等隐患	
排水设施	（1）排水沟有无堵塞或不畅的情况。 （2）排水设施有无损坏	
护栏及绿化带	（1）护栏有无损坏。 （2）绿化带有无被破坏	
工作及交通桥	（1）桥身有无不均匀沉陷。 （2）桥身有无裂缝、断裂现象。 （3）有无砾石、杂物堆弃	
厂区内建筑物	（1）地基有无不均匀沉陷。 （2）墙体有无裂纹、错裂、滑动现象。 （3）门窗有无损坏现。 （4）边墙表层抹面有无损坏。 （5）板梁柱有无裂缝、沉陷、漏筋	
备注		

注　被巡视检查的部位若无损坏和异常情况时应写"无"字

检查人：　　　　　　　　　　　　负责人：

7. 水工设备、建筑物防冻检查表

水工设备、建筑物防冻检查表见表6-8-13。

表 6-8-13　　　　　　　　　　水工设备、建筑物防冻检查表

序号	水工巡检区域	温度（℃）	检查情况
1	库底廊道		
2	上水库水工观测箱		
3	上水库水准基点等外观测点		
4	1 号上水库观测房		
5	2 号上水库观测房		
6	3 号上水库观测房		
7	4 号上水库观测房		
8	5 号上水库观测房		
9	右岸排水观测廊道		
10	PD1 探洞		

检查人：　　　　　　　　　　　　负责人：

【思考与练习】

（1）特别情况下巡视检查的内容有哪些？

（2）特别情况下巡视检查记录方法是什么？

▲ 模块 9　编写混凝土坝特殊情况下的详查报告（ZY4201901005）

【模块描述】本模块介绍编写混凝土坝特殊情况下的详查检查时间、检查手段、检查部位、缺陷内容，与历年对比新增缺陷的描述，消缺建议，并附缺陷检查图、表。通过案例分析，掌握混凝土坝特殊情况下的详查报告的编写。

【正文】

一、混凝土坝特殊情况下详查报告编写的一般规定

（1）特殊情况下详查报告由检查人员进行编写，大坝管理单位的技术部门进行审核、批准。

（2）特殊情况下详查报告需在检查工作结束后 7 天内完成。

（3）检查中发现异常情况时，应立即编写专门的检查报告，及时上报。

（4）各种填表和记录、报告至少应保留一份副本，存档备查。

（5）特殊情况下详查，在现场工作结束后，应立即提交一份简报。

二、混凝土坝特殊情况下的详查报告的编写要求

（1）混凝土坝特殊情况下详查的检查报告是现场检查的成果，报告内容简明扼要，力求全面、客观地叙述大坝状况。

（2）混凝土坝特殊情况下详查的检查报告中的各种数据、报表都经过大坝管理单位的技术部门确认签名。

（3）混凝土坝特殊情况下详查的检查报告需有检查人员的手写签名。

（4）混凝土坝特殊情况下详查的检查报告提出的结论和建议要有充分的基础和依据，对存在的问题要有解决的办法。

（5）混凝土坝特殊情况下详查中现场检查评价各建筑物结构性态和设备运行工况时，一般可使用如下术语：

良好：指建筑物形态和运行性能良好，能达到预期效果。

正常：指建筑物形态和运行性能正常，能达到预期效果，但需要维修。

较差：指建筑物形态和运行性能可能达不到预期效果，必须修理。

很差：指建筑物质量无法达到预期效果。

三、混凝土坝特殊情况下详查报告的内容

混凝土坝特殊情况下详查的检查报告的内容应包括（但不局限于）以下几方面：

（1）工程简介和检查情况。

（2）现场审阅的数据、资料和运行情况。

（3）现场检查结果。

（4）结论和建议。

（5）存在问题。

（6）现场检查照片、录像和图纸。

四、混凝土坝特殊情况下详查报告的格式

下面介绍一种混凝土坝特殊情况下详查报告的一般格式，以供参考，各单位可根据实际需要自行增减。

×××大坝特殊情况下详查报告

一、封面（占一页）

二、首页（检查人员签名、审核人签名，占一页）

三、目录（占一页）

四、正文

×××××××××××××××××××××××××××××××

（一）工程简介和检查情况

1.1　工程简介

××××××××××××××（简要介绍工程情况）。

1.2　检查情况

××××××××××××××（说明本次检查的目的、时间、参加人员及检查项目、路线等情况）。

（二）现场审阅的数据、资料和运行情况

2.1　历次检查情况

××××××××××××××（概括介绍历次检查的结论，重点说明检查时发现的问题）。

2.2　本次检查需注意的问题

××××××××××××××（叙述由以往的经验得出的需要重点关注的部位，检查时应注意哪些问题）。

（三）现场检查结果

××××××××××××××（阐述本次检查的结论及其推理过程，要求思路明确，论证有力）。

（四）结论和建议

××××××××××××××（概述本次检查的结论，针对本次检查过程，对今后的工作有哪些建议）。

（五）存在问题

××××××××××××××（阐述本次检查中暴露的问题）。

（六）现场检查照片、录像和图纸

××××××××××××××（本次检查的各种照片、录像和图纸等资料附后）。

【思考与练习】

（1）简述大坝特殊情况下详查报告编写的一般规定。

（2）大坝特殊情况下详查报告应包含哪些内容？

▶ 模块 10　编写土石坝特殊情况下的详查报告（ZY4201901006）

【模块描述】本模块介绍编写土石坝特殊情况下的详查检查时间、检查手段、检查部位、缺陷内容，与历年对比新增缺陷的描述，消缺建议，并附缺陷检查图、表。通过案例分析，掌握土石坝特殊情况下的详查报告的编写。

【正文】

一、土石坝特殊情况下的详查报告编写的一般规定

（1）土石坝特殊情况下的详查报告由检查人员进行编写，大坝管理单位的技术部门进行审核、批准。

（2）土石坝特殊情况下的详查的巡视检查，应在现场工作结束后立即提交一份简报，并在 20 天内提出详细报告。

（3）土石坝特殊情况下的详查的巡视检查中发现异常情况时，应立即编写专门的检查报告，及时上报。

（4）各种填表和记录、报告至少应保留一份副本，存档备查。

二、土石坝特殊情况下的详查中巡视检查报告的编写要求

（1）土石坝特殊情况下的详查中的巡视检查报告是现场检查的成果，报告内容简明扼要，力求全面、客观地叙述大坝状况。

（2）土石坝特殊情况下的详查中的巡视检查报告中的各种数据、报表都经过大坝管理单位的技术部门确认签名。

（3）巡视检查报告需有检查人员的手写签名。

（4）巡视检查报告提出的结论和建议要有充分的基础和依据，对存在的问题要有解决的办法。

（5）现场检查评价各建筑物结构性态和设备运行工况时，一般可使用如下术语：

良好：指建筑物形态和运行性能良好，能达到预期效果。

正常：指建筑物形态和运行性能正常，能达到预期效果，但需要维修。

较差：指建筑物形态和运行性能可能达不到预期效果，必须修理。

很差：指建筑物质量无法达到预期效果。

三、土石坝特殊情况下的详查中的巡视检查报告的内容

土石坝特殊情况下的详查中的巡视检查报告的内容应包括（但不局限于）以下几方面：

（1）检查日期。

（2）本次检查的目的和任务。

（3）检查组参加人员名单及其职务。

（4）对规定项目的检查结果（包括文字记录、略图、素描和照片等）。

（5）历次检查结果的对比、分析和判断。

（6）不属于规定检查项目的异常情况发现、分析和判断。

（7）必须加以说明的特殊问题。

（8）检查结论（包括对某些检查结论的不一致意见）。

（9）检查组的建议。

（10）检查组成员的签名。

四、土石坝特殊情况下的详查中的巡视检查报告的格式

下面介绍一种土石坝特殊情况下的详查中的巡视检查报告的一般格式，以供参考，各单位可根据实际需要自行增减。

×××土石坝特殊情况下的详查中的巡视检查报告

一、封面（占一页）

二、首页（检查人员签名、审核人签名，占一页）

三、目录（占一页）

四、正文

××××××××××××××××××××××××

1. 工程简介和检查情况

1.1 工程简介

××××××××××××××（简要介绍工程情况）。

1.2 检查情况

××××××××××××××（说明本次检查的目的、时间、参加人员及检查项目、路线等情况）。

2. 现场审阅的数据、资料和运行情况

2.1 历次检查情况

××××××××××××××（概括介绍历次检查的结论，重点说明检查时发现的问题）。

2.2 本次检查需注意的问题

×××××××××××××××（叙述由以往的经验得出的需要重点关注的部位，检查时应注意哪些问题）。

3. 运行期间大坝承受的历史最大荷载及其工况和设备运行情况

×××××××××××××××（阐述上次检查结束后至本次检查这段时间内大坝的运行情况，大坝荷载的变化情况，由资料分析得出的结果等内容）。

4. 现场检查结果

×××××××××××××××（阐述本次检查的结论及其推理过程，要求思路明确，论证有力）。

5. 结论和建议

×××××××××××××××（概述本次检查的结论，针对本次检查过程，对今后的工作有哪些建议）。

6. 存在问题

××××××××××××××（阐述本次检查中暴露的问题）。

7. 现场检查照片、录像和图纸

××××××××××××××（本次检查的各种照片、录像和图纸等资料附后）。

【思考与练习】

（1）土石坝特殊情况下巡视检查报告的一般规定是怎么规定的？

（2）土石坝特殊情况下巡视检查报告有何编写要求？

（3）土石坝特殊情况下巡视检查报告的内容应包括哪些？

▲ 模块 11 编写混凝土坝年度详查报告（ZY4201801005）

【模块描述】本模块介绍编写混凝土坝年度详查检查时间、检查手段、检查部位、缺陷内容，与历年对比新增缺陷的描述，消缺建议，并附缺陷检查图、表。通过案例分析，掌握混凝土坝年度详查报告的编写。

【正文】

一、混凝土坝年度详查报告编写的一般规定

（1）混凝土坝年度详查报告由检查人员进行编写，大坝管理单位的技术部门进行审核、批准。

（2）混凝土坝年度详查报告需在检查工作结束后 20 天内完成。

（3）混凝土坝年度详查的检查中发现异常情况时，应立即编写专门的检查报告，及时上报。

（4）各种填表和记录、报告至少应保留一份副本，存档备查。

二、混凝土坝年度详查报告的编写要求

（1）混凝土坝年度详查的检查报告是现场检查的成果，报告内容简明扼要，力求全面、客观地叙述大坝状况。

（2）混凝土坝年度详查的检查报告中的各种数据、报表都经过大坝管理单位的技术部门确认签名。

（3）混凝土坝年度详查的检查报告需有检查人员的手写签名。

混凝土坝年度详查的检查报告提出的结论和建议要有充分的基础和依据，对存在的问题要有解决的办法。

（4）混凝土坝年度详查中现场检查评价各建筑物结构性态和设备运行工况时，一般可使用如下术语：

良好：指建筑物形态和运行性能良好，能达到预期效果。

正常：指建筑物形态和运行性能正常，能达到预期效果，但需要维修。

较差：指建筑物形态和运行性能可能达不到预期效果，必须修理。

很差：指建筑物质量无法达到预期效果。

三、混凝土坝年度详查报告的内容

混凝土坝年度详查的检查报告的内容应包括（但不局限于）以下几方面：

（1）工程简介和检查情况。

（2）现场审阅的数据、资料和运行情况。

（3）运行期间大坝承受的历史最大荷载及其工况和设备运行情况。

（4）现场检查结果。

（5）结论和建议。

（6）存在问题。

（7）现场检查照片、录像和图纸。

四、混凝土坝年度详查报告的格式

下面介绍一种混凝土坝年度详查报告的一般格式，以供参考，各单位可根据实际需要自行增减。

×××混凝土坝年度详查报告

一、封面（占一页）

二、首页（检查人员签名、审核人签名，占一页）

三、目录（占一页）

四、正文

××××××××××××××××××××××××××××

1. 工程简介和检查情况

1.1 工程简介

××××××××××××××××（简要介绍工程情况）。

1.2 检查情况

××××××××××××××××（说明本次检查的目的、时间、参加人员及检查项目、路线等情况）。

2. 现场审阅的数据、资料和运行情况

2.1 历次检查情况

××××××××××××××××（概括介绍历次检查的结论，重点说明检查时发现的问题）。

2.2 本次检查需注意的问题

×××××××××××××××（叙述由以往的经验得出的需要重点关注的部位，检查时应注意哪些问题）。

3. 运行期间大坝承受的历史最大荷载及其工况和设备运行情况

×××××××××××××××（阐述上次检查结束后至本次检查这段时间内大坝的运行情况，大坝荷载的变化情况，由资料分析得出的结果等内容）。

4. 现场检查结果

×××××××××××××××（阐述本次检查的结论及其推理过程，要求思路明确，论证有力）。

5. 结论和建议

×××××××××××××××（概述本次检查的结论，针对本次检查过程，对今后的工作有哪些建议）。

6. 存在问题

×××××××××××××××（阐述本次检查中暴露的问题）。

7. 现场检查照片、录像和图纸

×××××××××××××××（本次检查的各种照片、录像和图纸等资料附后）。

【思考与练习】

（1）混凝土坝年度详查报告编写的一般规定？

（2）混凝土坝年度详查报告应包含哪些内容？

▲ 模块 12　编写土石坝年度详查报告（ZY4201801006）

【模块描述】本模块介绍编写土石坝年度详查检查时间、检查手段、检查部位、缺陷内容，与历年对比新增缺陷的描述，消缺建议，并附缺陷检查图、表。通过案例分析，掌握土石坝年度详查报告的编写。

【正文】

一、土石坝年度详查报告编写的一般规定

（1）土石坝年度详查报告由检查人员进行编写，大坝管理单位的技术部门进行审核、批准。

（2）土石坝年度详查的年度巡视检查报告应在现场工作结束后 20 天内提出。

（3）土石坝年度详查的巡视检查中发现异常情况时，应立即编写专门的检查报告，及时上报。

（4）各种填表和记录、报告至少应保留一份副本，存档备查。

二、土石坝年度详查报告的编写要求

（1）土石坝年度详查的检查报告是现场检查的成果，报告内容简明扼要，力求全面、客观地叙述大坝状况。

（2）土石坝年度详查的检查报告中的各种数据、报表都经过大坝管理单位的技术部门确认签名。

（3）土石坝年度详查的检查报告需有检查人员的手写签名。

（4）土石坝年度详查报告提出的结论和建议要有充分的基础和依据，对存在的问题要有解决的办法。

（5）土石坝年度详查中现场检查评价各建筑物结构性态和设备运行工况时，一般可使用如下术语：

良好：指建筑物形态和运行性能良好，能达到预期效果。

正常：指建筑物形态和运行性能正常，能达到预期效果，但需要维修。

较差：指建筑物形态和运行性能可能达不到预期效果，必须修理。

很差：指建筑物质量无法达到预期效果。

三、土石坝年度详查报告的内容

土石坝年度详查的年度巡视检查报告的内容应包括（但不局限于）以下几方面：

（1）检查日期。

（2）本次检查的目的和任务。

（3）检查组参加人员名单及其职务。

（4）对规定项目的检查结果（包括文字记录、略图、素描和照片等）。

（5）历次检查结果的对比、分析和判断。

（6）不属于规定检查项目的异常情况发现、分析和判断。

（7）必须加以说明的特殊问题。

（8）检查结论（包括对某些检查结论的不一致意见）。

（9）检查组的建议。

（10）检查组成员的签名。

四、土石坝年度详查报告的格式

下面介绍一种土石坝年度详查报告的一般格式，以供参考，各单位可根据实际需要自行增减。

×××土石坝年度详查报告

一、封面（占一页）

二、首页（检查人员签名、审核人签名，占一页）

三、目录（占一页）

四、正文

×××××××××××××××××××××××××××

1. 工程简介和检查情况

1.1　工程简介

×××××××××××××××（简要介绍工程情况）。

1.2　检查情况

×××××××××××××××（说明本次检查的目的、时间、参加人员及检查项目、路线等情况）。

2. 现场审阅的数据、资料和运行情况

2.1　历次检查情况

×××××××××××××××（概括介绍历次检查的结论，重点说明检查时发现的问题）。

2.2　本次检查需注意的问题

×××××××××××××××（叙述由以往的经验得出的需要重点关注的部位，检查时应注意哪些问题）。

3. 运行期间大坝承受的历史最大荷载及其工况和设备运行情况

×××××××××××××××（阐述上次检查结束后至本次检查这段时间内大坝的运行情况，大坝荷载的变化情况，由资料分析得出的结果等内容）。

4. 现场检查结果

×××××××××××××××（阐述本次检查的结论及其推理过程，要求思路明确，论证有力）。

5. 结论和建议

×××××××××××××××（概述本次检查的结论，针对本次检查过程，对今后的工作有哪些建议）。

6. 存在问题

×××××××××××××××（阐述本次检查中暴露的问题）。

7. 现场检查照片、录像和图纸

×××××××××××××××（本次检查的各种照片、录像和图纸等资料附后）。

【思考与练习】

（1）土石坝年度详查报告编写的一般规定是什么？

（2）土石坝年度详查报告有什么编写要求？

（3）土石坝年度详查报告的内容主要包括哪些部分？